Zitiervorschlag

Burgstaller in *Orou/Trasser,* MARKE (2010) [Seite]

Alle Rechte, insbesondere das Recht der Vervielfältigung und Verbreitung sowie der Übersetzung, vorbehalten. Kein Teil des Werkes darf in irgendeiner Form (durch Fotokopie, Mikrofilm oder andere Verfahren) ohne schriftliche Genehmigung des Verlages reproduziert werden oder unter Verwendung elektronischer Systeme gespeichert, verarbeitet, vervielfältigt oder verbreitet werden. Es wird darauf hingewiesen, dass alle Angaben in diesem Fachbuch trotz sorgfältiger Bearbeitung ohne Gewähr erfolgen und eine Haftung der Autoren oder des Verlages ausgeschlossen ist.

Covergestaltung: versal.at

ISBN 978-3-200-01551-7

© 2010 Dr. A. Schendl GmbH & Co. Medien KG

Absicherung – Positionierung – Lizenzierung – Verteidigung

RA Dr. Franz-Martin Orou (Hrsg)

Dr. Robert Trasser (Hrsg)

Autoren (alphabetisch):

Dr. Maximilian Burger-Scheidlin

StB Mag. Iris Burgstaller

RA Dr. Franz-Martin Orou, LL.M.

RA Dr. Christian Schumacher, LL.M.

Dr. Robert Trasser

Verlag A. SCHENDL

INHALTSÜBERSICHT

INHALTSVERZEICHNIS 5

I. KAPITEL: AM ANFANG WAR DIE MARKE 13

    1. Abschnitt: Markenentwicklung – wirtschaftlicher Teil 13
    2. Abschnitt: Markenentwicklung – rechtlicher Teil 27

II. KAPITEL: MARKEN SIND LEUCHTTÜRME 53

    1. Abschnitt (wirtschaftlicher Teil): Positionierung der Marke 53
    2. Abschnitt (rechtlicher Teil): Markenpflege juristisch 62

III. KAPITEL: MARKEN SIND WIRTSCHAFTSGÜTER 71

IV. KAPITEL: NUTZUNG DER MARKE 118

    1. Abschnitt: Nutzung der Marke - wirtschaftlicher Teil 118
    2. Abschnitt: Nutzung der Marke - rechtlicher Teil 162

V. KAPITEL: MARKENVERTEIDIGUNG 176

    1. Abschnitt: Markenverteidigung – wirtschaftlicher Teil 176
    2. Abschnitt: Markenverteidigung – rechtlicher Teil 242

AUTORENVERZEICHNIS 264

INHALTSVERZEICHNIS

I. KAPITEL: AM ANFANG WAR DIE MARKE 13
   1. Abschnitt: Markenentwicklung – wirtschaftlicher Teil 13
      I. Geschichte der Marken 14
      II. Was macht den Nutzen einer Marke aus? 17
      III. Aber was ist eine Marke eigentlich? 19
      IV. Die „Magie" der Waren 20
      V. Die emotionale Aufladung 20
      VI. Wesensmerkmale von Markensystemen 23
      VII. Wie führt man Marken erfolgreich? 23
      VIII. Checkliste für Ihr Markenkonzept 24
   2. Abschnitt: Markenentwicklung – rechtlicher Teil 27
      I. Passt die neue Marke ins Konzept des Unternehmens? 27
      II. Ist die Marke unterscheidungskräftig? 29
      III. Wird die neue Marke wirklich benutzt werden? 31
         A. Vorratsmarke 31
         B. Sperrmarke 32
      IV. Markenrecherche in den geplanten Vertriebsländern 33
      V. Registrierung der Marke 34
         A. Was soll als Marke registriert werden? 35
         B. Das Klassenverzeichnis 37
         C. Wo registrieren? 37
      Anhang zum rechtlichen Teil des I. Kapitels 43
         Anhang A: Liste der Waren und Dienstleistungen 43

II. KAPITEL: MARKEN SIND LEUCHTTÜRME 53
   1. Abschnitt (wirtschaftlicher Teil): Positionierung der Marke 53
      I. Vom Urknall zum Mythos 53
      II. Wie entstehen Marken? 53
         A. Das Kernleistungsversprechen 55
         B. Die Kernleistungswerte 56
         C. Der alleinstellende Stil 57
      III. Pflege von Marken 58
      IV. Aufgabe und Ziele der Markenführung 59
      V. Schritte zur Positionierung der Marke 60
   2. Abschnitt (rechtlicher Teil): Markenpflege juristisch 62
      I. Welche Fristen sind zu beachten? 63
      II. Dokumentation der Benützung 65
      III. Markenüberwachung 66
      IV. Vorgehen gegen Markenverletzer 68

III. KAPITEL: MARKEN SIND WIRTSCHAFTSGÜTER 71
I. Worin Shakespeare und Goethe sich irrten.. 71
II. Marken als Werte und Markenmanagement 73
    A. Markeninvestitionen 74
    B. Markenwerttreiber 75
III. State of the art der Markenbewertung 77
    A. Wer Marken bewerten will 78
    B. Anforderungen an ein objektiviertes Markenbewertungsverfahren 79
        1. Berücksichtigung von Bewertungsanlass und Bewertungsfunktion 81
        2. Berücksichtigung von Markenart und Markenfunktion 82
        3. Berücksichtigung des bestehenden Markenschutzes 83
        4. Berücksichtigung der Marken- und Zielgruppenrelevanz 82
        5. Berücksichtigung des Markenstatus 83
        6. Berücksichtigung der wirtschaftlichen Lebensdauer der Marke 85
        7. Isolierung von markenspezifischen Einzahlungsüberschüssen 85
        8. Berücksichtigung eines kapitalwertorientierten Verfahrens und eines
        angemessenen Diskontierungssatzes 86
        9. Markenspezifische Risiken 89
        10. Nachvollziehbarkeit und Transparenz.. 89
    C. Praktische Ansätze zur Markenbewertung... 90
        1. Kostenansatz.. 90
        2. Lizenzansatz 91
        3. Retrograde Ermittlung... 92
        4. Multiplier-Ansatz... 93
IV. Die Marke im UGB-Jahresabschluss 94
    A. Unter welchen Voraussetzungen können Markenrechte aktiviert werden?........ 95
        1. Was ist unter einem entgeltlichen Erwerb zu verstehen?............................ 96
        2. Wie hoch ist der aktivierbare Ansatz in der Bilanz?.................................... 97
    B. Müssen Marken planmäßig abgeschrieben werden?..................................... 97
    C. Wann werden entgeltlich erworbene Marken außerplanmäßig in der Bilanz
    abgeschrieben?... 98
    D. Die Ausnahme zur Regel: Markenerstellung als Ingangsetzungs- oder
    Erweiterungsaufwand.. 98
V. Die Marke im IFRS-Jahresabschluss 99
    A. Unter welchen Voraussetzungen werden Markenrechte aktiviert? 99
    B. Unter welchen Voraussetzungen werden Marken nach IFRS abgeschrieben?........... 100
VI. Die Marke im Steuerrecht 100
    A. Anschaffung und Entwicklung von Marken 100
        1. Können entgeltlich erworbene Markenrechte steuerlich laufend abgeschrieben
        werden?... 101
        2. Können Markenrechte steuerlich außerplanmäßig abgeschrieben werden? 103

　　　　B. Markentransaktionen aus steuerlicher Sicht 103
　　　　　　1. Lizenzierung von Marken 103
　　　　　　　　a) Internationale Aspekte 104
　　　　　　2. Veräußerung von Marken 106
　　　　　　　　a) Asset Deal 108
　　　　　　　　b) Share Deal 111
　　　　　　3. Sale-and-lease-back Transaktionen 114
　　　　　　4. Unternehmensinterne Übertragung von Marken ins Ausland 115
　　　　　　　　a) Entgeltlich erworbene Marken 116
　　　　　　　　b) Selbst erstellte Marken 116

IV. KAPITEL: NUTZUNG DER MARKE 118
1. Abschnitt: Nutzung der Marke – wirtschaflicher Teil 118
　　I. Begriffe und Systematik 119
　　II. Die Formen des Merchandisings 121
　　　　A. Die Eigenvermarktung 121
　　　　B. Lizenzierung 122
　　　　C. Gemischte Formen 123
　　III. Der Lizenzmarkt – umsatzstarke Lizenzthemen und Branchen 123
　　IV. Voraussetzungen für erfolgreiche Lizenzierung 126
　　　　A. Geschützter Auftritt 126
　　　　B. Bekanntheitsgrad, Image und Mehrwert des Lizenzthemas 127
　　　　C. Zielgruppe 127
　　　　D. Umsetzung des Lizenzthemas auf Produkten 128
　　　　E. Das Lizenzprofil 128
　　　　F. Die Marktanalyse 129
　　　　G. Die Bereinigung des Marktes 129
　　V. Zielsetzungen von Lizenzierung 129
　　　　A. Die finanziellen Ziele 129
　　　　B. Erschließung neuer Vertriebswege und Kunden 130
　　　　C. Die Wirkung auf den Markenwert 130
　　VI. Lizenzgegenstände 131
　　　　A. Reale Personen 132
　　　　B. Fiktive Figuren 133
　　　　C. Namen, Titel und andere wörtliche Zeichen 133
　　　　D. Marken, Signets, Etiketten und andere bildliche Zeichen 134
　　　　E. Music Licensing 134
　　　　F. Sport & Event Licensing 135
　　　　G. Kinofilm- & TV Licensing 135
　　　　H. Art Licensing 136
　　VII. Produktbereiche 136
　　　　A. Apparel, Textiles & Accessories 137

- B. Toys & Games 138
- C. Publishing & Stationery 138
- D. Food & Beverage 139
- E. Audio, Video & Multimedia 139
- F. Home & Living 140
- VIII. Ergänzende Maßnahmen – das Maskottchen 140
- IX. Lizenzeinsatz und Lizenzgebühren 141
  - A. Promotion-Lizenzen 142
  - B. Produkt-Lizenzen 145
- X. Lizenzierungssysteme 149
- XI. Die Lizenznehmergewinnung 151
- XII. Ziele, Rechte und Pflichten von Lizenznehmern 152
- XIII. Ziele, Rechte und Pflichten von Lizenzgebern 153
- XIV. Rechtliche Grundlagen 154
  - A. Der Lizenzvertrag 154
  - B. Empfehlung für Lizenzgeber 156
- XV. Ausblick 156
- Anhänge zum wirtschaftlichen Teil des IV. Kapitels 158
  - Anhang A: Ablaufplan Neukundengewinnung 158
  - Anhang B: Formular Businessplan 159
  - Anhang C: Formular Angebot 160
  - Anhang D: Formular Proposal 161

2. Abschnitt: Nutzung der Marke – rechtlicher Teil 162
- I. Vertrieb und Lizenzierung 162
  - A. Wann ist ein Marken-Lizenzvertrag überhaupt notwendig? 163
  - B. Wichtiges zum Handelsvertretervertrag 164
  - C. Wichtiges zu Lizenzverträgen 165
    - 1. Zahlungsbedingungen 165
      - a) Höhe der Lizenzzahlungen 166
      - b) Fälligkeit und mangelhafte Abrechnung durch den Lizenznehmer 166
      - c) Sicherstellung der Zahlung der Lizenzgebühren 167
      - d) Durchsetzung und Exekutierbarkeit des Anspruches auf Lizenzzahlungen 167
    - 2. Auflösungsgründe 169
    - 3. Konsequenzen der Auflösung des Marken-Lizenzvertrages 169
    - 4. Art der Lizenz 169
      - a) Exklusiv-Lizenz 169
      - b) Allein-Lizenz („sole licence") 170
      - c) Einfache Marken-Lizenz 170
    - 5. Juristisch heikle Vertragspunkte eines Marken-Lizenzvertrages 171
      - a) Preisbindungen und Beschränkungen der Preisgestaltungsfreiheit des Lizenznehmers 172
      - b) Wettbewerbsverbote 172

  c) Unsachgemäße Bezugspflichten 173
  d) Marktabschottung durch Exklusiv-Lizenzen in Verbindung mit dem
    Verbot von „passiven Verkäufen" 174
 II. Verkauf einer Marke 174

V. KAPITEL: MARKENVERTEIDIGUNG 176
1. Abschnitt: Markenverteidigung – wirtschaftlicher Teil 176
 I. Einführung 176
  A. Welche Rechte werden durch Produktpiraterie verletzt? 176
  B. Definition 177
  C. Wie reagieren Konsumenten? 177
   1. Was viele aber leider nicht bedenken ist, … 177
   2. Verfolgung von Konsumenten beim Kauf einer gefälschten Ware? 178
 II. Was wird gefälscht? 179
 III. Makroökonomische Dimension 181
  A. Langfristige Kosten von Produktfälschungen 182
  B. Historische Relativierung 183
 IV. Verletzung von Urheberrechten? – die Spielwiese der Produktpiraten 184
  A. Nachahmen und Kopieren von technischen Lösungen 184
  B. Nachahmen und Kopieren von Design 186
  C. Profitieren vom guten Ruf der Produkte 187
 V. Wer und was steckt hinter Produktfälschungen? 189
  A. Involvierung der organisierten Kriminalität 189
  B. Gibt es heute häufiger Produktpiraterie-Fälle? 191
  C. Wo und wie wird produziert? 191
  D. Transport und Logistik 193
  E. Preis-Vertriebsstrategien der Produktpiraten 193
  F. Der Großhandel 194
  G. Der Endverkauf 195
   1. In etablierten Geschäften 195
   2. Auf Tages- und Wochenmärkten 195
   3. Der Untergrund-Endvertrieb 196
   4. Gefahr – Internethandel 196
   5. Produktfälschungen und Terrorfinanzierung 197
  H. Fälschung als Strategie bei Marktbeherrschung? 197
 VI. Aufgriff von Fälschungen 197
  A. Probleme nach Aufgriffen 200
   1. Öffentlichkeitsarbeit nach Aufgriffen? 200
   2. Offizielle Wartung gefälschter Produkte?! 201
 VII. Vorgehen gegen Produzenten gefälschter Waren – Strategien nach Aufgriffen ... 203
  A. Im Inland bzw der EU 203
  B. Außerhalb Europas 203

    1. Liquidierung des Produzenten gefälschter Waren 204
    2. Knebelung und Eingliederung der Fälscher als Zulieferer!? 204
    3. Ohnmacht gegen große Fälscherunternehmen? 205
  C. Piraten auf andere Marken/Produkte verdrängen!? 207
  D. Temporäre, punktuelle Änderung der Vertriebsstrategie nach Aufgriffen? 208
VIII. Prävention – billig und recht effizient 208
  A. Strategien der Marktbeobachtung 208
    1. In Europa – auf den Märkten 209
    2. In Europa – beim Zoll 209
    3. Außerhalb der EU 210
    4. Rückkoppelung mit Vertriebspartnern 211
    5. Rückkoppelung mit Endverbrauchern 211
  B. Kennzeichnung zur Erkennung von Manipulationen und Fälschungen 212
    1. Offene Merkmale 212
    2. Halboffene Merkmale 213
    3. Verdeckte Merkmale 213
  C. Einbau bewusster technischer Umwege 213
  D. Öffentlichkeitsarbeit 214
  E. Präsentation Ihrer Ware in der Öffentlichkeit 214
  F. Prävention – Informationsweitergabe und Spionage 215
  G. Prävention – bei Outsourcing 217
    1. Wartung Ihrer IT-Infrastruktur 217
    2. Outsourcen von Teilen der Produktion 217
  H. Prävention im Einkauf – spezielle Gefahren für Handelsfirmen 218
  I. Parallelgeschäfte – Gefahren und Präventionsmöglichkeiten 219
  J. Prävention – Kooperation mit Ihrem Mitbewerb!? 220
  K. Makroökonomische Präventionsarbeit der ICC – BASCAP 220
IX. Spezialproblem China 221
  A. China – Fälschung von Fabriken und ganzen Unternehmen 223
  B. Outsourcing nach China 224
  C. Sicherung Ihrer Schutzrechte – juristische Basis 225
    1. „China Trade Mark Office" 227
    2. „State Intellectual Property Office" 227
    3. „National Copyright Administration" 228
    4. China Internet Network Information Center 228
  D. Eintragung der Marken- und Schutzrechte in China – zweckmäßig ? 228
X. Bekämpfung in China 229
  A. Ihre Schutzrechte wurden von anderen bereits in China registriert 232
  B. Verletzung Ihrer eingetragenen Schutzrechte in China 231
  C. Rechtliche Maßnahmen 232
    1. Zivilverfahren vor den ordentlichen Gerichten 233
    2. Verwaltungsverfahren vor der SAIC – State Administration for Industry and

   Commerce - bei Markenrechtsverletzungen 233
   3. Verwaltungsverfahren vor dem „Technical Supervision Bureau" – TSB – der
   General Administration of Quality Supervision, Inspection and Quarantine 234
   4. Verwaltungsverfahren vor dem „Intellectual Property Office" – SIPO 235
   5. Intellectual Property Right – IPR Complaint Center 236
   6. „General Administration of Customs" – „GAC\ 236
   7. Beweisaufnahme 237
  D. Strategischer Umgang mit Fälschern 238
  E. Gezielte Informationsbeschaffung 239
  F. China – „offizielle" internationale Kooperation!? 239
  G. China – Zusammenfassung 240

2. Abschnitt: Markenverteidigung – rechtlicher Teil 242
 I. Rechtliche Aspekte der Markenverteidigung 242
  A. Entdeckung von Eingriffen 243
   1. Typische Szenarien 243
   2. Beweissicherung 245
   3. Identifikation des Verletzers 246
  B. Außergerichtliche Vorgangsweise (Abmahnung) 246
   1. Pro und Kontra 246
   2. Aufforderungsschreiben 247
   3. Unterlassungs- und Verpflichtungserklärung 248
  C. Gerichtliche Schritte 248
   1. Strafverfahren 248
    a) Pro und Kontra für die Wahl des Strafverfahrens 249
    b) Österreich – der Markeninhaber als Ankläger 250
    c) Zuständiges Gericht 250
    d) Vorbereitung des Verfahrens 250
    e) Antragsfrist 251
    f) Gerichtliches Verfahren 251
    g) Ergebnis und vorzeitige Beendigung (Vergleich) 252
   2. Eingriffsverfahren vor den Zivilgerichten 252
    a) Pro und Kontra für die Wahl des Zivilverfahrens 252
    b) Zuständiges Gericht 253
    c) Durchsetzbare Ansprüche 254
    d) Einstweilige Verfügung 255
    e) Spezialfall: Gemeinschaftsweites Vorgehen auf Basis einer
    Gemeinschaftsmarke 256
    f) Vorbereitung des Verfahrens 256
    g) Frist zur Einleitung 256
    h) Verfahren 257
  D. Spezielles Verfahren betreffend Internet-Domainnamen 257
   1. Domain-Grabbing 257

2. UDRP	258
3. Verfahren	258
E. Weitere Verteidigungsmöglichkeiten	259
1. Kennzeichenschutz ohne Markenregistrierung	259
a) Namensrecht	260
b) Markenschutz kraft Benutzung	260
c) Sittenwidrige Übernahme/Nachahmung	260
2. Urheberrecht	261
3. Designschutz	261
F. Zollanhaltung an der Grenze	262
1. Antrag	262
2. Aufgriff	262
3. Amtswegige Vernichtung	263

AUTORENVERZEICHNIS ... 264
1. Dr. Maximilian Burger-Scheidlin ... 264
2. StB Mag. Iris Burgstaller ... 264
3. RA Dr. Franz-Martin Orou, LL.M. ... 265
4. RA Dr. Christian Schumacher, LL.M. ... 265
5. Dr. Robert Trasser ... 265

I. Kapitel:
AM ANFANG WAR DIE MARKE

1. Abschnitt: Markenentwicklung – wirtschaftlicher Teil
(Robert Trasser)

Marken mag man eben!
Die Marke ist die „Internationale" des Marketings.

> *„Die Marke ist die einzig existierende internationale Sprache,*
> *das Esperanto des Handels."*
> *(Jean-Noël Kapferer)*

Die Faszination des Themas „Marke" ist seit Jahrzehnten ungebrochen. Trotz zwischenzeitlicher Zeitungsschlagzeilen wie „Die Marke ist tot!"[1] erlebt die Marke als Erfolg versprechende Strategie im intensiver werdenden Wett-bewerb ihren „zweiten Frühling" in Forschung, Lehre und Praxis.

Nach Ansicht renommierter Autoren wird das 21. Jahrhundert ein Jahrhundert der Marken sein, da sich aufgrund zahlreicher gesellschaftspolitischer Phänomene die Komplexität der Welt drastisch erhöht hat.

In der Konsumgüterindustrie stellen wir eine enorme Zunahme von Produkten in den Regalen der Supermärkte und Kaufhäuser fest, beobachten jedoch deren immer kürzere Produktlebenszyklen. Verstärkt wird dieser Effekt durch die zunehmende Austauschbarkeit vieler Produkte, die bei annähernd vergleichbarer Qualität unweigerlich in den Preiswettbewerb (stellvertretend sei hier die Saturn-Werbekampagne „Geiz ist geil!" genannt) führt.

Neben diesem Preiskrieg gleichwertiger Produkte und der Produkt- und Leistungsinflation spielt die Informationsüberflutung der Verbraucher und die damit einhergehenden ständig steigenden Reizschwellen eine große Rolle. Verbraucher werden mit Informationen

---

[1] Vgl Rust/Lemon/Zeithaml, (2000).

überflutet, die sie unmöglich verar-beiten können. So wie *Buchholz/Wördemann* gehen heute zahlreiche Wissenschaftler davon aus, dass die Menschen höchstens zwei bis drei Prozent der täglichen Informationen wahrnehmen. Aus diesem Grund erfüllen Marken wichtige Funktionen für Anbieter und Nachfrager.

Gleichzeitig erleben wir den schon fast biedermeierhaft anmutenden Wunsch vieler Konsumenten nach Individualität und persönlicher Betreuung. *Faith Popcorn* bezeichnete diesen Trend in ihrem international beachteten Buch „Popcorn-Report" als „Cocooning". Beispielhaft für diese Entwicklung sei hier die österreichische Internet-Radiostation „last. fm" erwähnt. Diese wurde entwickelt, um Nutzern auf Basis ihrer Hörgewohnheiten neue Musik, passende Konzerte in ihrer Umgebung sowie Menschen mit ähnlichem Musikgeschmack empfehlen zu können. Mit Hilfe von sozialer Software speichert beispielsweise die „personalised online radio station" last.fm alle auf dem eigenen PC abgespielten Musikstücke in einer Datenbank und erzeugt aus den Schnittmengen der Interpreten der Lieder,– abgestimmt auf den jeweiligen persönlichen Musikgeschmack – individuelle oder globale Charts.

Diese hier nur exemplarisch aufgezeigten Entwicklungen stehen für die im Vergleich zu früheren Jahrzehnten komplexer und komplizierter gewordene wirtschaftliche Situation (*Cohrs* [2004]). Vormals große Märkte wurden geteilt, und viele Unternehmen versuchen sich in den immer kleiner werdenden Marktsegmenten zu behaupten. Verdrängungswettbewerb und Preiskampf verursachen steigende Kosten- und Ertragsdruck. Die tendenzielle Verunsicherung des Kunden zwingt die Hersteller zu Markttransparenz, Produktsicherheit und Reduktion von Komplexität. Und gerade in einer sich derart schnell wandelnden Welt sehen sich die Menschen nach klaren Orientierungspunkten – sogenannte rote Fäden sind sehr gefragt (und werden es auch in Zukunft sein).[2] Das gilt im Übrigen auch für Waren und Güter aller Art. Diese Funktionen kann eine Marke übernehmen, denn richtig geführte Marken lassen die beschriebene Komplexität nicht komplex erscheinen, sondern geben Kunden eine verlässliche Orientierung.

I. Geschichte der Marken

Die Geschichte der Marken setzt mit dem Ursprung des Markenartikels an sich in der zweiten Hälfte des vorigen Jahrhunderts ein – technische Entwicklungen ermöglichten in dieser Zeit erstmals die kostengünstige Produktion von Gütern in einer Menge, die weit über den Bedarf am Ort der Produktion hinausging.

---

2   Vgl Lotter, (2005) 57.

Der Handel erlebte seine erste große Blüte, indem er die Verteilung dieser Massenerzeugnisse bis zum Konsumenten übernahm. Diese Produkte waren nicht nur sehr uniform im Erscheinungsbild, sondern vorerst auch ohne Absender, also anonym – wie sich bald herausstellte ein großer Nachteil, den die Produzenten in der Folge durch besondere Markierungen über die Herkunft und durch Unterscheidungsmerkmale auszugleichen versuchten. Diese Erkennungszeichen führten zu den Hersteller- und Gütemarken, wie wir sie auch heute noch kennen. Ab den 1950er-Jahren zeigte sich in verschiedenen Entwicklungsphasen eine starke Ausdehnung des Markenbegriffes.

Abbildung 1: Entwicklungsphasen der Marke in der Moderne

	1950-1960	bis 1970	bis 1980	bis 1990	bis 2000	bis 2010
Eigentumswechsel Virtualisierung						Internetmarken Mergers & Akquisitions
Individualorientierung					Stadtmarken Lokale Marken Personenmarken	
Interationalisierung Sektorale Ausbreitung				Intern. Marken Dienstleistungsmarken Ingredient Branding		
Wettbewerbsorientierung			Luxus-/ Billigmarken			
Handelsorientierung		Handelsmarken				
Distributions- und Verbrauchsorientierung	Herstellermarken					

Quelle: *Baumgarth* (2004) 8

Damit war der Markenartikel bzw die Marke mit ihrem Mythos und den unzähligen Erfolgsgeschichten geboren. Die Entwicklung bis zum heutigen Markenbegriff ist stufenweise erfolgt. Diente ursprünglich die Marke zur Kennung der Artikel nur für die Verbraucher, wurde diese Technik später auch von Institutionen, Vereinen, Behörden usw. übernommen und für deren Bedürf-nisse adaptiert. Nach der Markierung sogar von Dienstleistungen entstanden ebenso Marken für Produktionsgüter und Rohstoffe.

Reader's Digest führt jährlich eine Erhebung der „Most Trusted Brands" durch. Diese „Most Trusted Brands" liegen für 20 europaweit vergleichbare Produkt-bereiche vor sowie für zehn weitere Produktbereiche, die nur in Österreich untersucht wurden. Hier die Ergebnisse für die vertrauenswürdigsten Marken Österreichs 2007 im Überblick:

Abbildung 2: Most Trusted Brands 2007 – Österreich

Automobile:	Volkswagen
Banken:	Raiffeisenbank
Bekleidung:	H&M
Benzin:	OMV
Computer:	IBM
dekorative Kosmetik:	Nivea
Erfrischungsgetränke:	Vöslauer
Erkältungsmittel:	Aspirin
Fotogeräte:	Canon
Frühstückscerealien:	Kellogg's
Haarpflege:	Schwarzkopf
Handelsunternehmen:	Spar
Haushalts-/Küchengeräte:	Miele
Haushaltsreiniger:	Cif
Hautpflege:	Nivea
Internetunternehmen:	A-Online
Kaffee/Tee:	Eduscho
Kreditkarten:	Visa
Mobilfunk-Serviceanbieter:	A1
Mobiltelefone:	Nokia
Nahrungsmittel:	Knorr
Reiseveranstalter:	TUI
Schmerzmittel:	Aspirin
Sekt:	Henkell
Spirituosen:	Spitz
Süßigkeiten:	Milka
Versicherungen:	Uniqa
Vitamine:	Supradyn
Waschmittel:	Persil
Zahnpasta/Mundpflege:	Mentadent C

Quelle: http://www.readers-digest.de/service_fuer_journalisten/index.php?id=etb&countryid=a (10.12.2008)

Die Studie belegt, dass Markenklassiker und Traditionsmarken einen besonders hohen Stellenwert bei den Verbrauchern haben. In den 30 erhobenen Produktkategorien von A wie Automobile bis Z wie Zahnpasta/Mundpflege konnte sich eine Reihe von Dauersiegern erneut durchsetzen. In Österreich handelt es sich um Marken wie *Persil, Schwarzkopf, Aspirin, Cif, Henkell, Spitz, Miele, A-Online, TUI, Raiffeisenbank, Uniqa, OMV* sowie *Nivea und Nokia*.

Europaweit betrachtet hat eine Marke aus Deutschland zum dritten Mal in Folge das beste nur denkbare Ergebnis in ihrer Kategorie erreicht: Europas Verbraucher setzten *Nivea* von

Beiersdorf Hamburg in allen an der Unter-suchung beteiligten europäischen Ländern auf Platz eins der vertrauenswürdigsten Produkte in der Kategorie Hautpflege. Dies gelang daneben nur noch dem finnischen Mobiltelefonhersteller *Nokia*, der ebenfalls in allen Befragungsländern zum vertrauenswürdigsten Anbieter in seiner Produktkategorie gewählt wurde. Die Kreditkarte *Visa* kam in 14 Ländern auf Platz eins. *Canon* schaffte diesen Rang in der Produktkategorie Fotogeräte in elf Ländern. *Kellogg's* eroberte in neun Ländern in der Kategorie Frühstückscerealien den ersten Platz. *Ariel, Miele, Hewlett Packard* und *Nestlé* sind in jeweils sechs Ländern die vertrauenswürdigsten Marken in ihrer Produktkategorie. Inter-nationalisierung und Globalisierung sind damit längst auch in der Welt der Marken Alltag für den Verbraucher. Nur in einigen Kategorien, wie zB Auto-mobile, haben starke Marken aus dem Heimatland wie *Volkswagen* in Deutschland, *Renault* in Frankreich oder *Skoda* in Tschechien die Nase vorn.

II. Was macht den Nutzen einer Marke aus?

Die Hauptfunktion der Marke aus Sicht des Konsumenten liegt sicherlich in der Orientierungshilfe. Marken sind nach *Meffert/Burmann/Koers*[3] primär Orien-tierungshilfen, die die Markttransparenz erhöhen und damit dem Bequem-lichkeitsstreben (Convenience) vieler Nachfrager entgegenkommen. Der Such- und Informationsaufwand reduziert sich, und für die Angebotsbeurteilung wird laut *Kroeber-Riel/Weinberg* nur einen relativ kleiner Teil der angebotenen In-formationen benutzt, dh Verbraucher konzentrieren sich auf Schlüssel-informationen, wie zB den Markennamen. Bei Verwendung einer anerkannten Marke sind die Konsumenten nach Meinung von *D'Alessandro/Owens*[4] nicht genötigt sich den Kopf über Beschaffenheit und Wirkung zu zerbrechen, da die Qualität bekannt ist.

Meffert/Burmann/Koers gehen von einem psychologischen Zusatznutzen und einer identitätsstiftenden Wirkung der Marke aus – dh, der Nachfrager überträgt Attribute der Marke auf sich selbst und definiert dadurch sein Eigenbild. Markenprodukte bieten dem Konsumenten damit einen vergleichsweise höheren Nutzen als nicht markierte Produkte. Erfolgreiche Marken werden zudem meist als qualitativ hochwertiger und innovativer erlebt. Sie stehen für bestimmte Werte oder Erlebnisse, mit denen sich der Konsument identifiziert, und haben damit einen emotionalen Zusatznutzen, der sich auch losgelöst von einem konkreten Produkt entfalten kann. Ein höherer Nutzen steigert zusätzlich die Zufriedenheit der Konsumenten mit der Marke. Dies kann anhand des bekannten „Cola-Tests" (vgl Abbildung 3) belegt werden.

---

3 Vgl Meffert/Burmann/Koers, 2002, S. 9.
4 Vgl D'Alessandro/Owens, 2002, S. 47.

Aus Sicht eines Anbieters liegt der größte Nutzen einer Marke sicherlich in der Möglichkeit zur einfachen Unterscheidung seiner Produkte von Produkten anderer Hersteller. Damit wird das Produkt in der anonymen Masse zu einer einzigartigen Ware. Großen Marken wie *Nivea*, *Persil* oder *Barbie* gelingt es allein durch die Nennung des Namens oder durch ihr, allseits bekanntes, Erscheinungsbild einen Mythos, eine emotionale Erlebniswelt mit bestimmten Vorstellungen bei den Kunden wachzurufen. Wesentlich konkreter sind die weiteren Vorteile einer Marke zB im rechtlichen Bereich hinsichtlich des Schutzes vor Kopien.

Letztendlich ist jedoch der finanzielle Wert der Marke aus Sicht der Unternehmer von größter Bedeutung. *Sattler*[5] beispielsweise bezeichnet die Marke diesbezüglich als den für das Unternehmen wertvollsten Vermögensgegenstand. Aufgrund dessen ist eine wertorientierte Markenführung aus der Unternehmenspolitik nicht mehr wegzudenken. Die Marke wird dabei als ein Wert verstanden, der ein wichtiges Kapital für Unternehmen darstellt. Deshalb können bekannte Markenunternehmen zu einem Vielfachen ihres bilanziellen Buchwertes verkauft werden. Außerdem erstreckt sich das Wertschöpfungspotenzial von Marken zumeist über lange Zeiträume.

Marken transportieren spezifische Inhalte, die zu einer bevorzugten Wettbewerbsstellung durch Präferenzbildung und Differenzierung gegenüber der Konkurrenz (Profilierung) bei Konsumenten führen können. Dies gilt für Produktmarken ebenso wie für Firmen- oder Dachmarken. Einzelne Marktsegmente können mit unterschiedlichen zielgruppenspezifischen Marken optimal bearbeitet werden. Der über die Marke zum Konsumenten hergestellte direkte Kontakt bewirkt eine Absatzstabilisierung und damit eine erhöhte Absatzsicherung gegenüber Marktschwankungen oder auch unternehmensinternen Krisensituationen. Durch die Zufriedenheit mit der Marke ergibt sich nach Reichheld/Sasser eine hohe Kundenbindung. Markentreue Käufer sind Wiederholungskäufer und gehören damit zum Kundenstamm eines Unternehmens mit den damit zusammenhängenden Vorteilen wie geringeren Kundenakquisitionskosten (zB über die Weiterempfehlung durch zufriedene Kunden). Eine Qualitätsmarke rechtfertigt im Normalfall höhere Preise und in der Folge höhere Gewinne für ein Unternehmen. Damit kann sich ein Anbieter auch einem übermäßigen Preiswettbewerb entziehen. Marken sollen Unter-nehmen einen preispolitischen Spielraum verschaffen. Je besser eine Marke im Vergleich zu konkurrierenden Angeboten als „etwas Einzigartiges" dargestellt wird, desto größer ist der Spielraum hinsichtlich des Preises. Marken können, wenn sie eine starke Nachfragestellung bei den Konsumenten haben („Pull-Effekt"), die Verhandlungsposition eines Unternehmens gegenüber seinen Absatzmittleren wesentlich stärken. Außerdem bietet sich durch eine solche Art „starke Position" eine Plattform für

---

5   *Sattler, 2001, S. 19f.*

neue Produkte und die Möglichkeit zur Ausdehnungen des Leistungsangebotes der Marke durch sogenannte „Line Extensions".

Um das beschriebene Nutzenpotenzial der Marke wirklich heben zu können, sollten Markenführer ein professionelles Markenmanagement im Unter-nehmen installieren.

III. Aber was ist eine Marke eigentlich?

Bereits 1951 definierte der amerikanische Werbe-Guru *David Ogilvy* „*A brand is the customer's idea of a product.*" [6] Diese Definition verdeutlicht, dass nicht nur funktionale, sondern auch emotionale, Eigenschaften eines Produktes eine Marke ausmachen. Denn die Wirkung einer Marke auf den Konsumenten lässt sich nur begreiflich machen, wenn auch die mit einer Marke verbundenen Gefühle und Erfahrungen betrachtet werden. Dies spielt besonders auf den gesättigten Märkten mit den immer leichter substituierbaren Produkten eine wichtige Rolle.

Wissenschaftlicher formuliert ist eine Marke ein Name, ein Begriff, ein Zeichen, ein Symbol, eine Gestaltungsform oder eine Kombination aus diesen Bestandteilen, die bei den relevanten Nachfragern bekannt ist und im Vergleich zu Konkurrenzangeboten ein differenziertes Image aufweist, das zu Präferenzen beim Konsumenten führt. (vgl *Baumgarth* in Anlehnung sowohl an *Kotler/Bliemel* als auch *Ogilvy*). *Domizlaff,* der Vater der Markentechnik schrieb bereits 1939 in seinem Standardwerk – Die Gewinnung des öffentlichen Vertrauens – Ein Lehrbuch der Markentechnik –: „*Markentechnik ist die Fähigkeit, Marken als Wettbewerbswaffe profitabel und wertsichernd zu führen.*" *Simon* schreibt, dass Zeichen erst in den Köpfen der Menschen zu Marken werden, wenn sie den Menschen etwas geben und eine Antwort auf seine Wünsche und Probleme sind.[7] Laut *Esch* existiert die Marke, im Gegensatz zu dem mit der Marke verbundenen gewerblichen Schutzrecht und dem markierten Produkt, ausschließlich im Kopf des Konsumenten und ist somit stets immateriell. Die Marke ist demnach, mit *Meffert/Burmann/Koers* gesprochen, ein „*in der Psyche des Konsumenten und sonstiger Bezugsgruppen der Marke fest verankertes, unverwechselbares Vorstellungsbild von einem Produkt. Die zu Grunde liegende Leistung wird dabei in einem möglichst großen Absatzraum über einen längeren Zeitraum in gleichartigem Auftritt und in gleich bleibender oder verbesserter Qualität angeboten.*"[8] Daraus schließt *Adjouri*, dass daher auch Dienstleistungen eindeutig zum Begriff der Marke gehören. Eine sehr einleuchtende und leichter verständliche Definition liefert *Esch*[9], in dem er festhält,

---

6   Ogilvy, 1951, zit. nach: Esch, 2001, S. 23.
7   Vgl Simon, 2001, S. 189.
8   Meffert/Burmann/Koers, 2002, S. 6.
9   Esch, 2001, S. 23.

dass Marken fest verankerte, unverwechselbare Vorstellungsbilder im Kopf des Kunden bzgl eines Produkts, eines Unter-nehmens oder eine Person sind. Vereinfacht könnte man sagen – eine Marke ist ein positives Vorurteil, das gegen einzelne Erfahrungen und Argumente resistent ist. Marken dienen damit sozusagen als Kompass in der Flut von Angeboten.

IV. Die „Magie" der Waren

Wie schon zu Beginn angesprochen, wurden in den letzten Jahren immer mehr Produkte und Dienstleistungen neu am Markt eingeführt. Viele davon gleichen sich qualitativ immer mehr aneinander an, der Verbraucher empfindet bereits heute 70% der Produkte einer Branche als qualitativ austauschbar. Sogar Top-manager deutscher Bierbrauereien sind laut einer Umfrage des deutschen Magazins *DER SPIEGEL* nicht in der Lage, mit verbundenen Augen ihr eigenes Bier am Geschmack zu erkennen.

Der Markterfolg eines Produktes hängt immer seltener von seiner „faktischen" Qualität (= jene Qualität, die mittels technologischer Verfahren nachgewiesen werden kann) ab, sondern immer häufiger von seiner „virtuellen" Qualität (= subjektive Bewertung eines Produktes, einer Marke durch den Verbraucher), die das Produkt in der Wahrnehmung der Verbraucher besitzt. Ursache dafür könnte sein, dass Qualität bei den meisten Produkten nur schwer wahrnehmbar ist.

Der Verbraucher kann mit seinen fünf Sinnen die geringfügigen – wenn überhaupt vorhanden – Qualitätsunterschiede der meisten Warengruppen immer weniger beurteilen. Wie soll er ohne sensible technische Instrumente feststellen, ob eine Zahncreme besser gegen Karies hilft als eine andere? Ob ein modernes Markenwaschmittel weißer wäscht als das andere? Ob ein Premium-Pils hochwertiger ist als das andere? Je weniger faktische Unterschiede erkenn-bar sind, desto mehr vertrauen Verbraucher ihrem virtuellen Qualitätsurteil. Dies führt zu einer wichtigen Konsequenz: In den Köpfen der Verbraucher ist ein virtueller Produktnutzen genauso real und genauso befriedigend wie ein faktisch nachweisbarer Produktnutzen – und zwar nicht nur kurzfristig, sondern auch langfristig.

V. Die emotionale Aufladung

Der ursprünglich rein praktische Wert einer Kennzeichnung erfuhr durch jahrelange Konsumentenerfahrung eine emotionale Aufladung. Diese Auf-ladung erscheint zwar gänzlich irrational, hat aber in der gegenwärtigen, oft desillusionierten und rationalen Gegenwart nichts von ihrer Bedeutung verloren. Gerade in der Produktgestaltung ist eine steigende Austauschbarkeit der Angebote aufgrund von internationalen

Qualitätsstandards und EU-Vor-gaben feststellbar. Eine sachliche Unterscheidung der Produkte scheitert deshalb oft, eine Hervorhebung der Produkte kann in komplexer Weise nur durch die emotionalen Inhalte einer Marke erfolgen. Marken sind damit nicht mehr allein rationale Zeichen, sondern vielfach komplexe Chiffren, die eine seelische Wirkung entfalten und Auslöser spezifischer erlebnisorientierter Reaktionen sind. Im Gedächtnis des Konsumenten tauchen Vorstellungen, innere Bilder einer Marke auf, die mit einer Fülle persönlicher realer Er-fahrungen, Mutmaßungen, Bedeutungsgehalte verbunden sind. Diese erlebnis-orientierte Bedeutung einer Marke ist eingebunden in das persönliche, geschichtliche und gesellschaftliche Selbstverständnis. Letztlich entscheiden emotionale Faktoren darüber, ob und welches Produkt der Konsument kauft, hohe Qualitätsmerkmale werden als selbstverständlich vorausgesetzt und sind damit nebensächlich.

Sehr anschaulich kann diese Wirkung anhand des von *Chernatony/McDonald* 1992 veranstalteten Cola-Tests gezeigt werden (vgl Abbildung 1). Während bei einem Blindtest der Marken *Pepsi* und *Coca-Cola* 51% der Teilnehmer die Marke *Pepsi* vorzogen und nur 44% *Coca-Cola* wählten, änderte sich dieses Bild merklich, als der Test mit Darbietung der Marke durchgeführt wurde. In diesem Fall wählten nur noch 23% der Probanden Pepsi, während 65% *Coca-Cola* bevorzugten. Anhand dieses Auswahltests bei quasi homogenen Produkten lässt sich der psychologische Zusatznutzen, den eine Marke für den Nachfrager stiftet, besonders deutlich erkennen.

Abbildung 3: Cola-Test

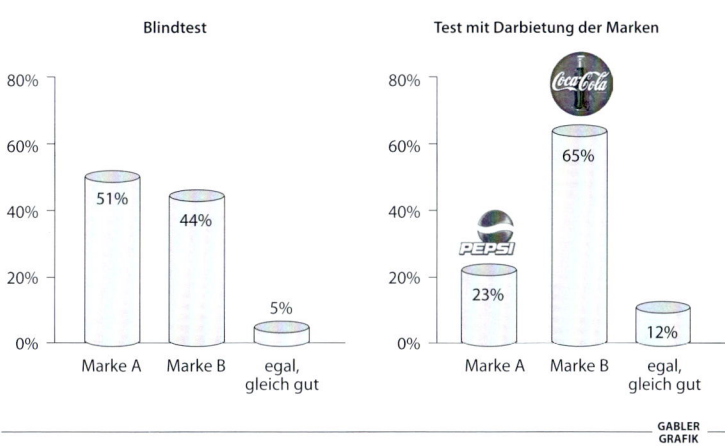

Quelle: *Chernatony/McDonald* in *Meffert* (1992) 9

Auch ein *Nike*-Turnschuh zB ist mehr als ein bloßer Turnschuh – der Träger wird zur Inkarnation einer Lebenshaltung. Eine *Marlboro*-Zigarette ist selbstredend mehr als eine simple Zigarette, sie verwandelt den Raucher in einen Cowboy und befreit ihn von echten oder vermeintlichen Zwängen. Ein Auto ist nicht nur ein fahrendes Vehikel zum Fortbewegen, vielmehr ist das Fahren an sich eine Freude (*BMW* – Freude am Fahren!), und Energy-Getränke versprechen magische Kräfte (*Red Bull* – verleiht Flügel!). Unsere Konsumartikel sind nicht mehr länger nur einfach Produkte, sondern oft magische Fetische, Be-schwörungszeichen einer modernen Konsumgesellschaft und evolutionäre Prozesse, die täglich scheinbar unbemerkt inmitten unseres Alltagslebens ablaufen und sich dadurch mit Bedeutung „aufladen". Wertewandelprozesse, Generationsbilder, Alltagskulte und Jugendkulturen werden dabei immer wichtiger. Nicht mehr der allmächtige Marketingmanager, der am Steuerrad von Preis und Leistung steht, bestimmt den Entwicklungsweg einer Marke, sondern der Kampf um das Vertrauen des Kunden steht im Zentrum aller Verkaufsbemühungen: Gezielte Kommunikation übernimmt das Kommando im Universum der Marken.

Jeder Konsument verknüpft mit einer bestimmten Marke eine Vielzahl von Assoziationen. Die Einstellung bzgl einer Marke kann positiv, negativ und auch neutral sein. Solche Assoziationen können Gefühle, Vertrauen, Erinnerung oder Ähnliches hervorrufen. Die Marke liefert dem Kunden Zusatzinformationen, die Kaufentscheidung wird somit erleichtert. Wiedererkennung eines Produktes erleichtert die Orientierung innerhalb der Vielzahl der Angebote und schafft auch Vertrauen.

Abbildung 4: Assoziationen mit der Marke McDonald's

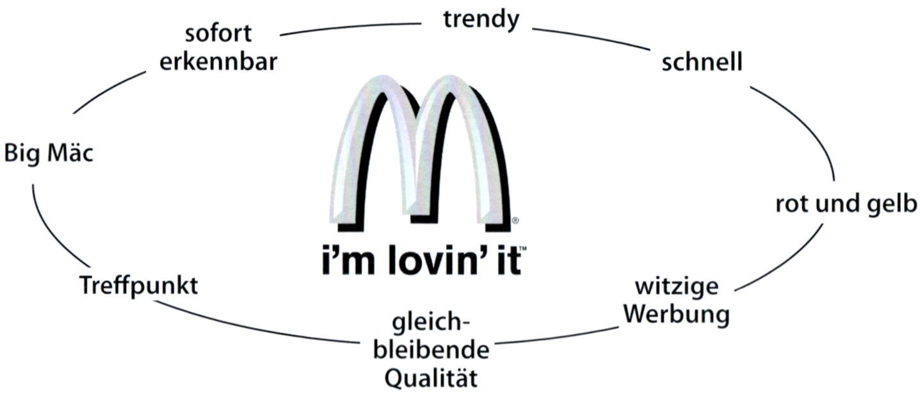

- sofort erkennbar
- trendy
- schnell
- Big Mäc
- rot und gelb
- Treffpunkt
- witzige Werbung
- gleichbleibende Qualität

i'm lovin' it

Grafik: © Trasser 2009

VI. Wesensmerkmale von Markensystemen

Starke Marken wie *Persil*, *Hennes & Mauritz*, *Knorr* oder *Nivea* haben ihren Erfolg nicht allein dem Zufall zu verdanken. Dahinter stecken kompetente Markenmanager, die die Marken dorthin gebracht haben, wo sie jetzt stehen. Denn Markenführung ist Chefsache!

Markensysteme sind regelmäßig hochgradig normativ, dh, sie haben die Grundlagen ihres Erfolges für sich klar definiert und achten penibel auf die Einhaltung dieser Grundregeln. Damit erzeugen Markenmanager einen hoch-gradigen Ordnungszustand innerhalb eines Markensystems. Das verlangt Selbstbeschränkung, Selbstdisziplin und möglicherweise auch Verzicht (auf Umsatz). Markensysteme müssen aber gleichzeitig dynamisch bleiben und sich markenadäquat den Veränderungen des Marktes und der Bedürfnisse von Kunden anpassen. Unter dem Primat des Wiedererkennungseffekts muss eine Marke die ihr inhärenten Erfolgsmuster, Eigenschaften oder Aussagen immer wieder aufs Neue umsetzen. Eine Marke muss immer „selbstähnlich repodu-zierbar" und damit stark genug bleiben, um ihre eigene Evolution unter Wahrung der typischen Attribute zu überleben. Marken müssen aber gleich-zeitig immer vollkommen und auf den ersten Blick vom Mitbewerb unter-scheidbar sein. In erfolgreichen Markensystemen stehen Gestaltregeln regel-mäßig unter dem Schutz des obersten Schirmherren, des Inhabers oder des Topmanagers, ansonsten besteht die Gefahr, dass diese Regeln allzu leicht missachtet werden.

Markenführung ist ein ganzheitlicher Managementprozess, der viele Bereiche des Unternehmens (Marketing, Unternehmensführung, Public Relations, Branding etc) umfasst. Produkt und Unternehmen müssen eine konsistente Einheit bilden, denn eine Marke kann sich nur durch in sich konsistenten Aktivitäten entwickeln. Markenführung muss daher insbesondere die indi-viduellen Stärken und Schwächen des Unternehmens berücksichtigen und sollte grundsätzlich langfristig und zukunftsorientiert geplant sein. Aber wie macht man das?

VII. Wie führt man Marken erfolgreich?

Auf den ersten Blick wird eine Marke als Summe aller Botschaften, Zeichen, Impulse und Bilder eines Absenders erlebt. Bei genauerer Betrachtung verfügt jede Marke jedoch über zwei Dimensionen: eine inhaltliche Substanz (Nutzen für die Konsumenten, Markenidentitätsprofil verdichtet auf den Markenkern) und eine äußere Form, welche die inhaltliche Substanz verpackt (Stil, Markengesicht, Auftritt, Corporate Design). Beide Dimensionen sollten möglichst konsistent bzw widerspruchsfrei zueinander sein und Kontinuität im Zeitverlauf bewahren. *„Eine gesunde Markenidee, eine ehrliche Leistung, ein entsprechender Bedarf, Beharrlichkeit und ein charaktervolles Firmengesicht sind alles, was* *eine Marke zum Leben braucht"*[10], wusste schon Domizlaff, der, bereits erwähnte, Vater des Markenmanagements.

In diesem Zusammenhang spricht *Brandmeyer* auch von dem „Erfolgsmuster einer Marke"[11], das das Programm der selbstähnlichen Markenführung darstellt und mit dem die komplexen Ursache-/Wirkungszusammenhänge des Marken-systems erfasst werden. Die Erfolgsbausteine sind die sog Stellschrauben für das Management der Marke und können ⊠ sofern bekannt ⊠ als Ressourcen gezielt und effizient eingesetzt werden. Das Erfolgsmuster ist somit eine valide Basis für Positionierung, Strategie und Tagesgeschäft der Marke. Nach *Meffert* handelt es sich bei der Markenidentität im engeren Sinne um ⊠ *ein Führungs-konzept, welches sich jedoch erst durch die Beziehung der internen Zielgruppe untereinander sowie deren Interaktionen mit den externen Zielgruppen der Marke konstituiert".*[12] Einfacher formuliert kann man eine Marke mit einer Batterie gleichsetzen, die durch die immer gleichen Botschaften aufgeladen und durch systemfremde Aktionen entladen wird.

VIII. Checkliste für Ihr Markenkonzept

Aus einem Produkt eine Marke zu machen – dieses Ziel verfolgt jede erfolgreiche Unternehmensführung. *Coca-Cola*, *Palmers* oder *Römerquelle* zeigen es beispielhaft vor, aber: Die Größe eines Unternehmens ist nicht ausschlaggebend für eine exzellente Markenführung. Eine Marke kann auch ein Produkt sein, das losgelöst vom Namen des Unternehmens seine eigenständige Identität entwickelt hat. Aber auch ein Unternehmen selbst kann, abseits von rationalen Nutzenargumenten wie Qualität, Preis-/Leistungsverhältnis, Kunden-service, Warenverfügbarkeit, Vertriebswege usw, wie eine Marke geführt werden – der Unternehmensname steht dann möglicherweise über Qualität der Produkte und Dienstleistungen hinaus für eine Identität, eine emotionali-sierte und emotionalisierende Erlebniswelt, die ein attraktives Identifi-kationsangebot für Kunden bildet. Prüfen Sie auf dem Weg dahin mit den nachfolgenden zehn Fragen, ob Sie alle nötigen relevanten Informationen haben:

1) Was bieten Sie eigentlich an? Was ist das persönliche Profil, der Inhalt der Marke?

2) Wie unterscheidet sich die Marke von Mitbewerbern bzw inwieweit sticht sie durch ein Alleinstellungsmerkmal hervor? Kennen Sie den persönlichen,

---

10 Zitiert bei Simon1997, S. 130.
11 Vortrag auf der Interpack Düsseldorf im InnovationParc Packaging am 25. April 2008.
12 Meffert, (2002), S. 359.

emotionalen Verbrauchernutzen, der die Verwendung Ihres Produktes oder Ihrer Dienstleistung auslöst oder auslösen soll – dh die gefühlsmäßigen Gründe, die die Verwendung oder Nichtverwendung der Warengruppen steuern?

3) Wie bekannt ist Ihre Marke bei Ihren Zielkunden eigentlich?

4) Welche Reputation hat die Marke? Welche Kundenbindung konnte damit erzielt werden?

5) Können Sie Markenwahl des Käufers erklären? Wissen Sie wirklich, warum Ihre Kunden Ihr Angebot kaufen? Und warum andere Verbraucher lieber Ihren Wettbewerber bevorzugen?

6) Welche Ziele verfolgt die Marke? Inwieweit wurden diese bisher erreicht (qualitativ und quantitativ)? Inwieweit konnte sich die Marke erfolgreich positionieren?

7) Kennen Sie die Defizite (Gaps) zwischen dem Ist-Status Ihrer Marke und den Ideal-Bedürfnissen (needs-structure), um daraus gezielt Marketingoptimierungen ableiten zu können?

8) Wie gut sind die Marketingaktivitäten aufeinander abgestimmt? Inwiefern ist die Übereinstimmung zwischen Produkt(en) bzw Dienstleistung(en) und Marketingaktivitäten gegeben?

9) Kennen Sie detailliert die Zeitschriften-Titel oder TV-Einzelsendungen, in denen ihre Werbung besser wirkt – im Sinne von Abverkaufssteigerungen?

10) Welchen gesellschaftlichen Beitrag leistet Ihre Marke, über den wirtschaftlichen Erfolg hinaus?

Verwendete Literatur

- Brandmeyer, Klaus (2008): Vortrag auf der Interpack Düsseldorf im InnovationParc Packaging am 25. April 2008
- D'Alessandro/Owens (2002): BRAND WARFARE eBook edition, New York 2002
- Domizlaff, H. (1939, 1992): Die Gewinnung des öffentlichen Vertrauens; ein Lehrbuch der Markentechnik, Hamburg.
- Esch F.-R. (2004): Strategie und Technik der Markenführung, 2. Aufl., München
- Esch Franz-Rudolf (Hrsg.) (2001): Moderne Markenführung – Grundlagen– Innovative Ansätze – Praktische Umsetzungen, 3. Auflage, Wiesbaden
- Lotter, Wolf (2005): Der rote Faden, in: brand eins, 2/2005, S. 55
- Meffert H./Burmann, C. (2002): Theoretisches Grundkonzept der identitätsorientierten Markenführung, in: Meffert H./Burmann, C./Koers, M. (Hrsg.): Markenmanagement; Grundfragen der identitätsorientierten Markenführung; Mit Best Practice-Fallstudien, Wiesbaden, S. 35-72
- Meffert Heribert/Burmann, Christoph/Koers, Martin (Hrsg.) (2002): Markenmanagement – Grundfragen der identitätsorientierten Markenführung, Wiesbaden
- Rust, Roland T./ Lemon, Katherine N. / Zeithaml, Valarie A. (2000): Driving Customer Equity: How Customer Lifetime Value Is Reshaping Corporate Strategy: How Lifetime Customer Value Is Reshaping Corporate Strategy, New York, 2000
- Sattler H. (1998): Das Image macht die Marke wertvoll, in: Lebensmittel Zeitung, Nr. 43 vom 23. 10. 1998.
- Simon, Hans-Joachim (1997): Die Marke ist die Botschaft, Hamburg 1997
- Simon, Hans-Joachim (2001): Das Geheimnis der Marke; ABC der Markentechnik, München.

2. Abschnitt: Markenentwicklung – rechtlicher Teil

(Franz-Martin Orou)

Die Beiziehung eines Markenjuristen bei der Entwicklung einer Marke ist entscheidend für die spätere Rechtsbeständigkeit und Stärke einer Marke. Nachfolgend wird gezeigt, welche Punkte bei der Markenentwicklung aus juristischer Sicht berücksichtigt werden sollten:

    I. Passt die neue Marke ins Konzept des Unternehmens?

    II. Ist die Marke unterscheidungskräftig?

    III. Wird die Marke wirklich benützt werden?

    IV. Markenrecherche in den geplanten Vertriebsländern

    V. Registrierung der Marke.

I. Passt die neue Marke ins Konzept des Unternehmens?

Diese Frage ist nicht nur vom betriebswirtschaftlichen Standpunkt aus interessant, sondern auch von juristischer Relevanz. Eine neue Marke ist umso stärker, je eher sie von den Verkehrskreisen dem Unternehmen zugeordnet wird. Dies hängt mit der Herkunftsfunktion der Marke zusammen. Die Funktion der Marke ist es, die Waren oder Dienstleistungen eines Unternehmens von den Waren oder Dienstleistungen eines anderen Unternehmens zu unter-scheiden. Das ist dann erreicht, wenn die Verkehrskreise eine Marke einem bestimmten Unternehmen zuordnen können.

Wenn die neue Marke registriert ist, so erhält der Markeninhaber mit dieser Marke ein Monopol auf das registrierte Zeichen. Diese Eintragung ist dann von Bedeutung, wenn es zu einem Markenstreit kommt. In einem solchen Marken-streit gibt es mehrere Komponenten, die entscheiden, ob der Markeninhaber aufgrund seiner Marke gegen einen Nachahmer erfolgreich vorgehen kann oder nicht. Im Ergebnis dreht es sich darum, ob es dem Markeninhaber gelingt zu zeigen, dass die in Frage stehende Marke seinem Unternehmen zugeordnet wird.

Dies wird umso eher der Fall sein, wenn die neue Marke durch Schriftart, Farbe und allgemeines Erscheinungsbild auf das Unternehmen des Markeninhabers hinweist. In kurzen Worten: **Passt die neue Marke zur CI (Corporate Identity) des Markeninhabers?**

Wenn die neue Marke in irgendeiner Weise die CI des Markeninhabers widerspiegelt, so kann in einem Markenstreit nicht nur diese einzelne neue Marke als Angriffsmittel gegen Nachahmer vom Markeninhaber benützt werden, sondern unterstützend auch sämtliche andere Marken, die mit dieser Marke in irgendeiner Form ähnlich sind bzw die CI verkörpern. Insgesamt kann der Markeninhaber im Markenstreit auf diese Weise demonstrieren, dass es nicht nur diese eine (neue) Marke ist, die einzeln und an sich betrachtet dem nachgeahmten Zeichen gegenübersteht. Wenn sich die neue Marke in die CI des Markeninhabers harmonisch einfügt, so kann in einem Markenstreit gezeigt werden, dass das nachgeahmte Zeichen eines Mitbewerbers schon allein deshalb auf unerlaubte Weise eine Verwechslungsgefahr hervorruft, da die Gefahr besteht, dass die Verkehrskreise dieses nachgeahmte Zeichen ebenfalls dem Unternehmen des Markeninhabers zuordnen.

Die Schöpfung einer neuen Marke soll im Ergebnis also dazu beitragen bereits bestehende Marken zu unterstützen.

Damit im Zuge der Neuentwicklung einer Marke diese Grundsätze beachtet werden, empfiehlt es sich eine Liste bisher registrierter Marken zu erstellen. Dies eröffnet die Möglichkeit zu überprüfen, wie das derzeitige Marken-portfolio zusammengestellt ist, ob die CI des Unternehmens durch dieses Portfolio gut repräsentiert wird und inwiefern eine neue Marke adäquat eingefügt werden könnte.

Falls eine externe Werbeagentur beauftragt wird, eine neue Marke zu ge-stalten, so ist es nicht hilfreich, wenn dieses Werbeunternehmen „alles neu" machen will. Die juristische und wirtschaftliche Stärke einer Marke beruht auf dem Vertrauen der Verkehrskreise in die bisherigen Marken des Unternehmens. Vertrauen entwickelt sich aber nur aus Vertrautem. Dies gilt auch für die Marke!

„Alles neu" könnte also nicht nur eine Verwirrung der Kunden des Unter-nehmens bewirken, was betriebswirtschaftlich unklug ist, sondern auch juristisch eine Abkoppelung der Marke von bereits existierenden unter-stützenden Marken des Unternehmens zur Folge haben.

> **Zusammenfassung**
> - Die neue Marke soll zur CI (Corporate Identity) des Unternehmens passen: Die neue Marke führt den bisherigen Marktauftritt des Unter-nehmens fort oder entwickelt diesen erkennbar weiter. Nur so ist sichergestellt, dass in einem Markenstreit nicht nur auf diese neue Marke zurückgegriffen werden kann, sondern unterstützend auch auf ältere Marken des Unternehmens.
> - Erstellen Sie eine Liste der bisherigen Marken, verteilen Sie diese Liste an alle Personen, die bei der Markenneuentwicklung eingebunden sind und sorgen Sie dafür, dass diese Personen mit den bestehenden Marken vertraut sind.

II. Ist die Marke unterscheidungskräftig?

Es ist interessant festzustellen, dass aus den Überlegungen eines Marken-findungsprozesses oftmals Marken resultieren, die beschreibend wirkend. Es besteht offenbar der Wunsch, dass eine neue Marke schon irgendeinen Hinweis auf die betreffende Ware oder Dienstleistung in sich tragen soll – sinnvoll ist dies nicht.

Der Schutzumfang einer Marke ist umso höher, je unterscheidungskräftiger die Marke ist. Eine Marke mit hauptsächlich beschreibenden Elementen oder mit Zeichen von hohem Freihaltebedürfnis hat nur eine sehr schwache Unter-scheidungskraft und das wiederum bietet nur einen geringen Schutz vor Nach-ahmern. Man spricht von einem „geringen Schutzumfang" oder von einer „schwachen Marke": Der Schutz einer „schwachen Marke" beschränkt sich oft nur auf eine direkte Übernahme durch Dritte. Markenschutz ist in diesem Fall also nur dann gegeben, wenn die Marke fast 1:1 von Dritten übernommen wird.

Es gibt eine endlose Liste von Marken, die
- vom Patentamt als nicht registrierbar zurückgewiesen wurden;
- zwar vom österreichischen Patentamt registriert wurden, aber bei der nachfolgenden Schutzerstreckung auf ausländische Staaten von manchen ausländischen Patentämtern zurückgewiesen wurden; oder
- zwar als Marke registriert wurden, aber im anschließenden Zivilprozess von den Zivilgerichten als nicht registrierbar beurteilt worden sind.

In jedem einzelnen Fall staunte der Markeninhaber aber nicht schlecht. Dabei gibt es hierfür immer dieselbe Ursache: Die Marke hatte zu wenig Unterscheidungkraft, sie war zu beschreibend, sie repräsentierte nichts Individuelles. Erst wenn eine Marke ein hohes Potenzial an Fantasie aufweist, dann wird sie auch eine „starke Marke" (= hohe Unterscheidungskraft), und eine solche Marke hat in einem Markenprozess mehr Aussicht auf Erfolg als eine „schwache Marke" (= geringe Unterscheidungskraft).

Eine Marke, die in sich schon einen Hinweis auf die jeweilige Ware oder Dienstleistung trägt, ist juristisch gesehen wenig sinnvoll. Selbst wenn eine Registrierung erfolgen sollte, bedeutet dies nicht, dass aufgrund dessen auch gegen Nachahmer dieser Marke erfolgreich vorgegangen werden kann.

Ein auf Markenrecht spezialisierter Anwalt klärt das Unternehmen dahingehend auf, dass eine Marke mit beschreibenden Elementen gar nicht oder nur sehr schwer schützbar ist.

Umweg über eine Wortbildmarke?

Ist auch nicht sinnvoll.
Eine Wortbildmarke mit beschreibenden Wortelementen wird nur deshalb registriert werden können, weil die grafischen Elemente der Wortbildmarke die für die Registrierung notwendige Unterscheidungskraft bewirken, jedoch nicht das beschreibende Wortelement. Zwar wird das Markenunternehmen vom Markenjuristen auf diesen Umstand aufmerksam gemacht, doch in einem Jahre später folgenden Markenstreit gegen einen Mitbewerber gibt es dann doch enttäuschte Gesichter. Wenn sich ein Mitbewerber zwar an das beschreibende und nicht registrierbare Wort anlehnt, jedoch seinen grafischen Auftritt klar von der Wortbildmarke des Markenunternehmens abgrenzt, so ist dies erlaubt. Einem Markenunternehmen muss klar sein, dass ein Monopol auf einen beschreibenden Begriff für eine Ware oder Dienstleistung (zB „HOME" für Haus oder „SICHER" für Versicherungsdienstleistung, „PAY" oder „CASH" für eine Bezahlkarte) auch nicht über den Umweg einer Wortbildmarke schützbar ist. Wenn also ein Mitbewerber diesen nicht schützbaren Teil der Wortbildmarke des Markenunternehmens übernimmt, so ist dies ein zulässiger Vorgang.

Ergebnis: Bei der Markenneuentwicklung muss darauf geachtet werden, dass die Marke unterscheidungskräftig ist. Fantasie wird belohnt! Die neue Marke sollte etwas Individuelles repräsentieren.

Achtung bei Wortbildmarken mit beschreibenden Elementen: Diese Wörter sind auch über den Umweg der Wortbildmarke nicht schützbar.

Abbildung 5: „starke Marke" – „schwache Marke"

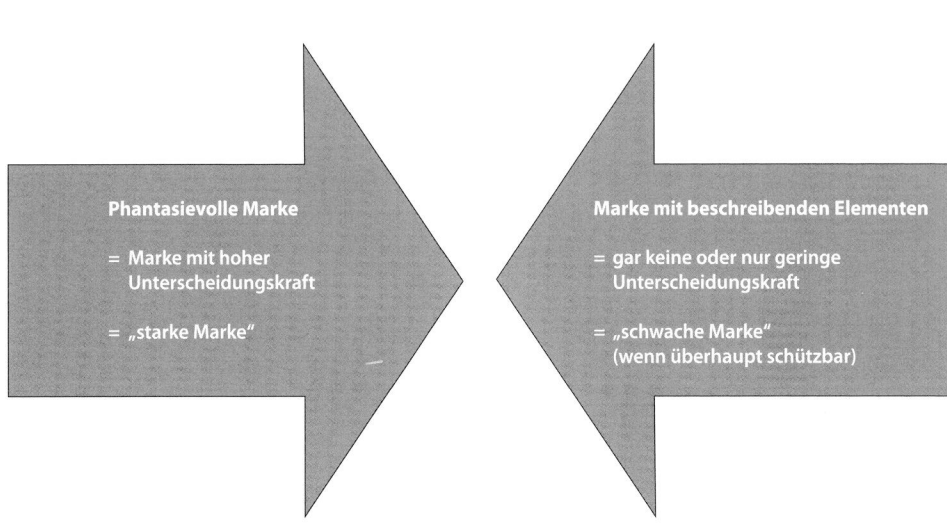

Grafik: © Orou 2009

III. Wird die neue Marke wirklich benutzt werden?

Nicht immer wird eine Marke mit dem Ziel entwickelt, sie auch wirklich zu benützen. Es mag verschiedene Gründe geben, eine Marke zu entwickeln und zu registrieren, ohne sie später überhaupt verwenden zu wollen, zwei davon sollen hier kurz zusammengefasst werden:

- A. Registrierung einer Marke quasi auf Vorrat -> „Vorratsmarke"
- B. Registrierung einer Marke, um einem Mitbewerber den Marktzutritt zu versperren -> „Sperrmarke"

A. Vorratsmarke

Eine Marke auf Vorrat – „Vorratsmarke" – zu entwickeln, ist zwar grundsätzlich möglich; eine Vorratsmarke läuft aber Gefahr mangels Benützung gelöscht zu werden, und zwar nach fünf Jahren Registrierung ohne Verwendung; somit ist sie unter Umständen wertlos. Diese Problematik ist vielen Markeninhabern gar nicht bewusst. Der 5-Jahre-Benutzerzwang gilt soweit ersichtlich für alle Länder der EU, sowie auch wir für die

Gemeinschaftsmarke. Es gibt aber auch vereinzelt Länder (zB die Ukraine), welche einen kürzeren, zB 3-Jahre-Benutzer-zwang, vorsehen.

Erläuterung zum Benutzerzwang

Die Markenregistrierung gewährt einem Markeninhaber ein Monopol auf das von ihm registrierte Zeichen. Damit das Markenregister jedoch nicht „verstopft" wird, sehen die meisten Rechtsordnungen vor, dass eine Marke dann löschungsgefährdet ist, wenn sie fünf Jahre ab Registrierung nicht vom Markeninhaber ernsthaft benützt wird. Eine „reine Vorrats-marke" ist also nach der Schonfrist von fünf Jahren löschungsgefährdet.

Es genügt nicht, wenn die Benützung einer Marke zwar angekündigt, jedoch nie in die Realität umgesetzt wurde. Die Marke gilt als nicht ernsthaft benützt und ist somit löschungsgefährdet. Weiters ist es unzureichend, den Verkauf einer Markenware nur im Internet oder in Prospekten lediglich anzubieten. Die Markenware muss auch in einem nennenswerten Umfang tatsächlich verkauft werden.

B. Sperrmarke

Der zweite Fall, die „Sperrmarke", ist sehr problematisch. Der Sinn einer Sperrmarke ist – aus Sicht des Markeninhabers – einem Mitbewerber den Zutritt zu einem Markt zu versperren. Aus diesem Grund registriert er jene Marke, von der er glaubt, dass der Mitbewerber sie im betreffenden Land verwenden könnte sozusagen vorbeugend. Voraussetzung ist aber, dass es der Mitbewerber offenbar „verschlafen" hat, seine Marke schon zu einem früheren Zeitpunkt anzumelden.

Solche „Sperrmarken" ziehen in vielen Fällen einen Gerichtsprozess mit ungewissem Ausgang nach sich. Grundsätzlich ist es nicht Aufgabe des Wettbe-

werbsrechts (Gesetz gegen den unlauteren Wettbewerb) einen „verschlafenen" Markenschutz nachzuholen. Aber es ist denkbar, dass eine solche Sperrmarken-Registrierung als „unlauter" beurteilt wird und sollte daher wohl überlegt werden. In den meisten Fällen wird die Registrierung einer Sperrmarke nicht sinnvoll sein.

> **Zusammenfassung**
> - Wenn eine Marke neu entwickelt und in der Folge auch registriert wird, so sollte man in die Überlegungen mit einbeziehen, wann diese Marke zum ersten Mal benützt werden wird. Sollte sich die ernsthafte Benützung zwar abzeichnen, jedoch innerhalb der ersten fünf Jahre nicht machbar sein, so kann eine neuerliche Markenanmeldung derselben Marke überlegt werden, um der Löschungsgefährdung zu entgehen. Achtung bei Vorratsmarken und Sperrmarken!

IV. Markenrecherche in den geplanten Vertriebsländern

Wenn geklärt ist, in welchen Ländern die neue Marke zum Einsatz kommen soll, so gilt es als nächsten Schritt abzuklären, ob diese neue Marke in diesen Ländern auch benützt werden darf.

Es ist unerlässlich, im Zuge der Neuentwicklung einer Marke eine Marken-recherche durchzuführen. Üblicherweise bleiben im Laufe eines Marken-findungsprozesses einige wenige Markennamen übrig, die in der Folge dann überprüft werden sollten. Eine solche Markenrecherche ist in all jenen Ländern und Markenregistern durchzuführen, in denen beabsichtigt ist, die neue Marke zu verwenden.

Wo können Sie solche Markenrecherchen in Auftrag geben? Folgende Möglichkeiten bieten sich hierzu an:

- Anwaltskanzleien, die auf Markenrecht spezialisiert sind; Hinweis: Erkundigen Sie sich vor Beauftragung, ob die Anwaltskanzlei Ihrer Wahl einen Online-Zugang zu den für Sie zu recherchierenden Markenregistern hat. Dies ist meist nur bei den auf Markenrecht spezialisierten Kanzleien der Fall. Oft vergeben Anwaltskanzleien ihrerseits die Markenrecherche im Subauftrag, was die Bearbeitungszeit verlängert und die Kosten erhöht.
- Private Markenrechercheunternehmen: Es gibt private Markenunter-nehmen, die auf die weltweite Markenrecherche spezialisiert sind.
- Die jeweiligen nationalen Patentämter: Der Online-Zugang zu manchen nationalen Markenregistern ist jedoch manchmal sehr kompliziert.
- Eigenrecherche im EU-Gemeinschaftsmarkenregister[13]: Dieser Zugang ist kostenlos.

---

13 Das Gemeinschaftsmarkenregister ist abrufbar unter
http://oami.europa.eu/CTMOnline/RequestManager/de_SearchBasic (01.06.2009).

- Eigenrecherche im internationalen Markenregister[14]: Dieser Zugang ist kostenlos.

Es ist unerlässlich, eine Markenrecherche in all jenen Ländern durchzuführen, in denen die Marke benützt werden soll.

Einer neuen Marke können nicht nur ältere Marken, sondern auch sonstige Kennzeichenrechte entgegenstehen, wie zB Firmenrechte oder Namensrechte. Firmenrechte können zwar in den jeweiligen Firmenbüchern recherchiert werden – dies ist allerdings für das Ausland recht aufwändig –, Namensrechte können de facto aber nicht recherchiert werden.

Es gibt dennoch eine einfache und kostengünstige Lösung: Zusätzlich zur Markenrecherche sollte auch eine Nachforschung bezüglich des gewünschten neuen Markennamens im Internet mit Hilfe einer Suchmaschine (zB Google oder Yahoo) erfolgen.

Wenn bei Durchsicht der Trefferliste einer Suchmaschine im Internet festgestellt wird, dass der gewünschte Markenname für eine ähnliche Ware oder Dienstleistung bereits verwendet wird, so sollte von dem potenziell neuen Markennamen Abstand genommen werden.

Üblicherweise scheiden nach der Markenrecherche sowie nach der Recherche im Internet einige Markennamen aus. Manchmal muss die Suche nach einem neuen Markennamen wieder von vorne begonnen werden.

V. Registrierung der Marke

Die Neuentwicklung einer Marke wird abgeschlossen mit der Registrierung der Marke. Wichtig ist, dass die Registrierung der Marke in jedem Fall vor der erstmaligen Benützung der Marke erfolgt. Die Entwicklung des gesamten Marketingauftritts zur neuen Marke kann vergeblich sein, wenn die künftige Verwendung der Marke nicht durch eine Markenregistrierung gesichert ist.

---

14 *Das internationale Markenregister ist abrufbar unter*
http://www.wipo.int/ipdl/en/search/madrid/search-struct.jsp (01.06.2009).

Im Zuge der Markenregistrierung sind drei Fragen zu beantworten:

- A. Was soll als Marke registriert werden?
- B. Welche Waren und Dienstleistungen kommen in Frage, die mit der Marke gekennzeichnet werden sollen? -> Dies erfolgt durch Festlegung des Klassenverzeichnisses.
- C. In welchen Ländern und Registern soll die Marke geschützt werden?

A. Was soll als Marke registriert werden?

Zunächst stellt sich die Frage, was als Marke registriert werden soll. Es wurde ein neuer Markenname entwickelt. Zusätzlich zu diesem Markennamen wird zumeist auch das äußere Erscheinungsbild zu dieser Marke festgelegt: ein spezieller Schriftzug und/oder spezielle Farben, der Markenname in Ver-bindung mit einem grafischen Element, kurz: ein Logo. In der juristischen Terminologie spricht man hier von einer „Wortbildmarke". Wenn also ein Unternehmen eine neue Marke geschaffen hat und nun den Auftrag gibt: „Bitte die Marke registrieren", so ist nicht klar, was damit gemeint ist. Soll nun der neue Markenname als Wortmarke oder die neue Marke in ihrer Gesamtheit, dh inkl der grafischen Elemente, als Wortbildmarke registriert werden – oder sogar beides? Vom juristischen Standpunkt aus hängt der Vorteil der einen oder der anderen Registrierungsform jeweils vom Sachverhalt in einem möglichen späteren Markenstreit ab, denn in einem Markenstreit spielen drei Kriterien eine Rolle:

1) Die Marke, so wie sie registriert ist, wird dem konkurrierenden Zeichen gegenübergestellt.

2) Wie sehr ist die registrierte Marke unterscheidungskräftig? Hier gilt der Grundsatz: Je unterscheidungskräftiger umso höher ist der Schutz. Dh, je individueller und fantasievoller die Gestaltung der Marke einerseits und je bekannter die Marke andererseits, umso unterscheidungskräftiger ist die Marke.

3) Sind die Waren oder Dienstleistungen, welche für die Marke registriert wurden, ähnlich zu den Waren oder Dienstleistungen des konkurrierenden Zeichens?

Diese drei Grundsätze vor Augen ergeben Folgendes als Empfehlung für die Markenregistrierung:
- Registrieren Sie immer das exakte Erscheinungsbild der Marke im geschäftlichen Verkehr, zumeist also die Wortbildmarke.
- Registrieren Sie zusätzlich eine Wortmarke.

Registrierung als Wortbildmarke

Für die Registrierung als Wortbildmarke spricht vor allem, dass Sie damit nicht nur ein Monopol auf Ihren Markennamen bekommen, sondern ein Monopol auf Ihren geschäftlichen Auftritt, also inklusive der Farben und der grafischen Elemente. Monopol bedeutet, dass Sie auf Basis dieser Wortbildmarke gegen jene vorgehen können, die sich an Ihren Marktauftritt samt den Farben und den grafischen Elementen oder den Schriftzug anlehnen. Grundsätzlich kann man davon ausgehen, dass (nur) Erfolg kopiert wird. Erfolg zeichnet sich aus durch einen gewissen Ruf, der anhand eines entsprechenden Marktauftritts repräsentiert wird. Dieser Marktauftritt hat sich in den Köpfen der Verkehrskreise in Form eines bestimmten Bildes festgesetzt und wird mit dem Produkt assoziiert. Dieses Bild umfasst demnach also nicht nur den Markennamen, sondern auch die gesamte Wortbildmarke mit ihrem vollständigen Erscheinungsbild.

Der Vorteil der Wordbildmarke liegt vor allem darin, dass Mitbewerber selten den exakten Markennamen übernehmen werden. Trittbrett fahrende Mitbewerbe wollen den Erfolg dadurch kopieren, in dem sie sich zum einen an diesen Markennamen (lediglich) anlehnen und zum anderen auch die sonstigen Merkmale übernehmen, die den Ruf der Marke ausmachen. Zu diesen Merkmalen der Marke gehören auch die Farben und die grafische Gestaltung der Wortbildmarke. Wenn nun nur ein geringer Unterschied zwischen den konkurrierenden Zeichen und den Markennamen besteht, so dass unklar ist, wie die Gerichte entscheiden würden, so würden letztlich die überein-stimmenden Grafik- und Farbelemente den Ausschlag dafür geben, ob erfolg-reich gegen den Konkurrenten und Trittbrettfahrer vorgegangen werden kann oder nicht.

Registrierung als Wortmarke

Zusätzlich zur Wortbildmarke sollte auch die Wortmarke registriert werden. Der Vorteil der Wortmarke liegt in ihrer Eindeutigkeit, egal wie der spätere grafische Auftritt des Markennamens gestaltet ist. Das Wort an sich ist monopolisiert für den Markeninhaber. Durch die Benützung dieses Markennamens, egal in welcher Form, bleibt der Schutz der Wortmarke ebenfalls erhalten.

B. Das Klassenverzeichnis

Eine Marke wird immer für bestimmte Waren oder Dienstleistungen registriert. Dazu ist es notwenig, ein sogenanntes „Klassenverzeichnis" zu erstellen. Jene Waren oder Dienstleistungen, die registriert werden sollen, werden in Klassen eingeteilt. Diese Klassen richten sich nach einem internationalen Abkommen, dem sogenannten „Nizzaer Klassifikationsabkommen". Dieses umfasst insge-samt 45 Klassen, wobei die Klassen 1 bis 34 für Waren und die Klassen 35 bis 45 für Dienstleistungen vorgesehen sind.

Zum besseren Verständnis finden Sie im Anhang das international gültige Nizzaer Klassifikationsabkommen nicht nur in deutscher Sprache, sondern auch in englischer und französischer Übersetzung. Diese Übersetzungen benötigen Sie für den internationalen Markenschutz.

C. Wo registrieren?

Zunächst sollte der Heimatmarkt markenrechtlich abgesichert werden. Die Marke ist also „zu Hause" beim nationalen Patentamt und/oder beim EU-Markenamt zu registrieren.

Da die Wirtschaft heute international vernetzt ist, beschränkt sich ein erfolgreiches Unternehmen selten darauf, seine Waren oder Dienstleistungen nur national, „zu Hause", anzubieten. Der Export ist im Sinne einer Multiplikation der eigenen Leistungen unerlässlich. Voraussetzung für den Export ist wiederum die Markenabsicherung in den anvisierten Exportmärkten. Dies kann entweder durch eine Registrierung der Marke direkt im Exportland geschehen oder auch durch eine Schutzerstreckung der Basismarke. Die Basismarke ist die Markenregistrierung in jenem Land, in dem das Unternehmen seinen Sitz hat. Wenn nun das Exportland Mitglied beim internationalen Markenabkommen, dem sogenannten Madrider Markenabkommen (MMA), ist, so kann diese Basismarke auch auf die Staaten des Madrider Markenabkommens erstreckt werden. Da mittlerweile über 80 Staaten diesem Abkommen beigetreten sind, ist die internationale Registrierung der Marke sehr sinnvoll und vor allem auch sehr kostengünstig.

Der Weg zur internationalen Markenabsicherung

Für die Registrierung in den Exportmärkten stehen verschiedene kumulative Möglichkeiten zur Auswahl:

1) **Die Markenanmeldung erfolgt direkt beim Patentamt des Exportlandes**
   Dies ist wahrscheinlich die teuerste und zeitaufwändigste Variante; dieser Weg muss aber nur dann beschritten werden, wenn das betreffende Exportland nicht Mitglied des internationalen Marken-abkommens ist, wie zB die meisten arabischen Länder oder die Länder Südamerikas.

2) **Die EU-Gemeinschaftsmarke**
   Diese Markenregistrierung bietet sich für die Länder der EU an. Mit der EU-Gemeinschaftsmarke erwirbt man eine einheitliche Marke für sämtliche 27 EU-Mitgliedstaaten. Der Vorteil der EU-Gemeinschafts-marke liegt darin, dass sie auf eine einzige EU-Verordnung zurückgeht und nicht auf 27 nationale Gesetze. De facto verfügt die EU-Gemein-schaftsmarke in gewisser Weise auch über eine stärkere Position als eine nationale Marke. Dies liegt darin begründet, dass derjenige, der sich gegen eine EU-Marke verteidigen will, einen etwas komplizierten Weg einschlagen muss. Jemand, der „nur" einer nationalen Marke als ange-griffene Partei gegenübersteht, kann im Verfahren vor dem nationalen Gericht die Rechtsbeständigkeit dieser nationalen Marke einwenden. Er könnte zum Beispiel vorbringen, dass diese Marke beschreibend sei und deshalb gar nicht registriert werden hätte dürfen. So ein Vorbringen hatte in der Vergangenheit schon öfter Erfolg. Sieht sich jedoch die angegriffene Partei einer Gemeinschaftsmarke gegenüber, so ist diese einfache Verteidigungsform nicht möglich. Die angegriffene Partei muss viel mehr eine Widerklage gegen die Rechtsbeständigkeit der Gemein-schaftsmarke einbringen. In der Zwischenzeit kann jedoch eine einst-weilige Verfügung gegen die angegriffene Partei erlassen worden sein.

Die Gemeinschaftsmarke hat jedoch auch Nachteile.

Dies ist vor allem die hohe Wahrscheinlichkeit eines Widerspruches gegen die Markenregistrierung. Ein Widerspruch kann von jedermann eingelegt werden, der ein älteres Recht innerhalb der 27 EU-Mitglied-staaten (immerhin 500 Mio Einwohner) behauptet. Durchschnittlich erleiden ca. 30% der EU-Markenanmeldungen dieses Schicksal. Das sich anschließende Widerspruchverfahren bedarf schon einiger juristischer Sachkenntnisse. Die Richtlinie des Harmonisierungsamtes (das ist das EU-Amt für die Gemeinschaftsmarkenregistrierung) umfasst 486 Seiten.[15]

---

15 Diese Richtlinie ist abrufbar unter
http://oami.europa.eu/ows/rw/resource/documents/CTM/guidelines/changes_de.pdf
(Stand: 01.06.2009).

3) Die internationale Markenregistrierung

In einem ersten Schritt ist die Marke unabdingbar im eigenen Land zu registrieren, also dort, wo das Unternehmen seinen Sitz hat. Im zweiten Schritt kann die nationale Marke im Wege der Schutzerstreckung auf ausländische Staaten ausgedehnt werden, was der wohl einfachste und kostengünstigste Weg der Markenabsicherung wäre – sofern das betreffende Land Mitglied des Madrider Markenabkommens ist.

*Nachfolgend eine Liste jener Länder,
die Mitglied des internationalen Markenabkommens sind:*

Ägypten	Ghana	Moldau	Sierra Leone
Albanien	Griechenland	Monaco	Slowakei
Algerien	Großbritannien	Mongolei	Slowenien
Antigua und Barbuda	Iran	Montenegro	Spanien
Armenien	Irland	Mosambik	Sudan
Aserbaidschan	Island	Namibia	Swasiland
Australien	Italien	Niederländische Antillen	Syrien
Bahrain	Japan	Nordkorea	Südkorea
BENELUX (= Belgien, Luxemburg, Niederlande)	Kasachstan	Norwegen	Tadschikistan
Bhutan	Kenia	Oman	Tschechische Republik
Bosnien-Herzegowina	Kirgisistan	Österreich	Turkmenistan
Botswana	Kroatien	Polen	Türkei
Bulgarien	Kuba	Portugal	Ukraine
China	Lesotho	Rumänien	Ungarn
Dänemark	Lettland	Russland	USA
Deutschland	Liberia	Sambia	Usbekistan
Estland	Liechtenstein	San Marino	Vietnam
Europäische Gemeinschaft	Litauen	Schweden	Weißrussland
Finnland	Madagaskar	Schweiz	Zypern
Frankreich	Marokko	Singapur	
Georgien	Mazedonien	Serbien	

Anschließend eine Überblicksgrafik, wie eine Markenabsicherung in den Exportländern erfolgen kann:

Abbildung 6: Markenschutz im Ausland

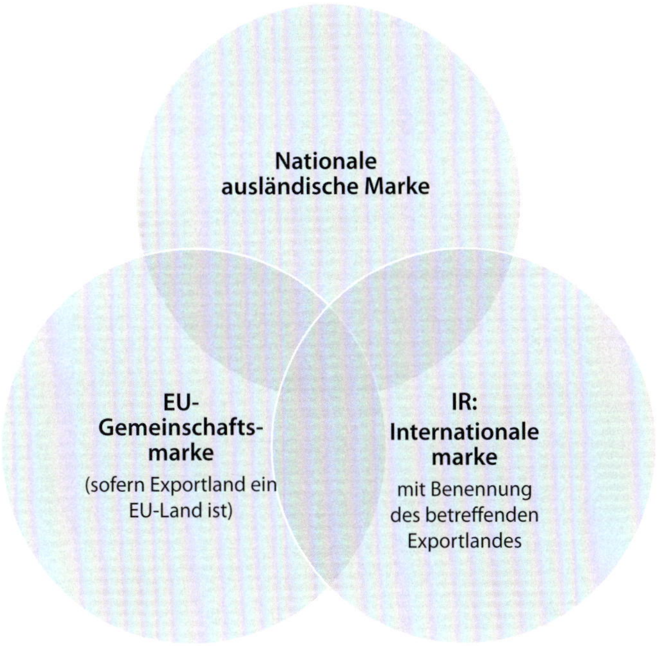

Nationale ausländische Marke

EU-Gemeinschaftsmarke (sofern Exportland ein EU-Land ist)

IR: Internationale marke mit Benennung des betreffenden Exportlandes

Grafik: © Orou 2009

Die Markenabsicherung, wie oben dargestellt, kann nicht nur alternativ (im Sinne einer „Entweder-oder"-Strategie), sondern auch kumulativ erfolgen. Eine Marke kann demnach sowohl im nationalen Markenregister als auch im EU-Gemeinschaftsmarkenregister sowie im internationalen Markenregister mit Schutzerstreckung für ein betreffendes Land eingetragen werden. Die Marken-register können nebeneinander bestehen.

Zusammenfassung: Bei der Entwicklung neuer Marken sollten folgende Fragen klar beantwortet werden können:

Abbildung 7: Markenentwicklung aus juristischer Sicht

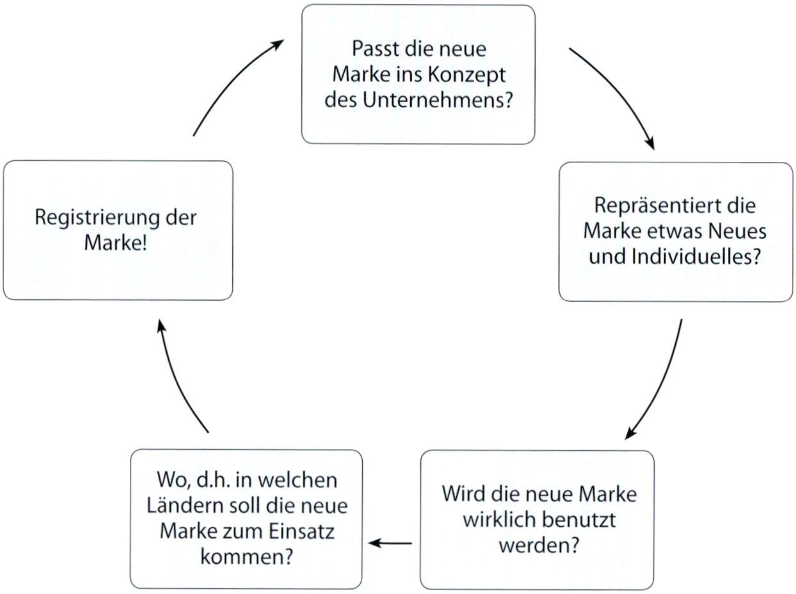

- Passt die neue Marke ins Konzept des Unternehmens?
- Repräsentiert die Marke etwas Neues und Individuelles?
- Wird die neue Marke wirklich benutzt werden?
- Wo, d.h. in welchen Ländern soll die neue Marke zum Einsatz kommen?
- Registrierung der Marke!

Grafik: © Orou 2009

Anhang zum rechtlichen Teil des I. Kapitels
ANHANG A: LISTE DER WAREN UND DIENSTLEISTUNGEN –
NIZZAER KLASSIFIKATIONSABKOMMEN

WAREN	PRODUITS	GOODS
Klasse 1 Chemische Erzeugnisse für gewerbliche, wissenschaftliche, fotografische, land-, garten- und forstwirtschaftliche Zwecke; Kunstharze im Rohzustand, Kunststoffe im Rohzustand; Düngemittel; Feuerlöschmittel; Mittel zum Härten und Löten von Metallen; chemische Erzeugnisse zum Frischhalten und Haltbarmachen von Lebensmitteln; Gerbmittel; Klebstoffe für gewerbliche Zwecke.	**Classe 1** Produits chimiques destinés à l'industrie, aux sciences, à la photographie, ainsi qu'à l'agriculture, l'horticulture et la sylviculture; résines artificielles à l'état brut, matières plastiques à l'état brut; engrais pour les terres; compositions extinctrices; préparations pour la trempe et la soudure des métaux; produits chimiques destinés à conserver les aliments; matières tannantes; adhésifs (matières collantes) destinés à l'industrie.	**Class 1** Chemicals used in industry, science and photography, as well as in agriculture, horticulture and forestry; unprocessed artificial resins, unprocessed plastics; manures; fire extinguishing compositions; tempering and soldering preparations; chemical substances for preserving foodstuffs; tanning substances; adhesives used in industry.
Klasse 2 Farben, Firnisse, Lacke; Rostschutzmittel, Holzkonservierungsmittel; Färbemittel; Beizen; Naturharze im Rohzustand; Blattmetalle und Metalle in Pulverform für Maler, Dekorateure, Drucker und Künstler.	**Classe 2** Couleurs, vernis, laques; préservatifs contre la rouille et contre la deterioration du bois; matières tinctoriales; mordants; résines naturelles à l'état brut; métaux en feuilles et en poudre pour peintres, décorateurs, imprimeurs et artistes.	**Class 2** Paints, varnishes, lacquers; preservatives against rust and against deterioration of wood; colorants; mordants; raw natural resins; metals in foil and powder form for painters, decorators, printers and artists.
Klasse 3 Wasch- und Bleichmittel; Putz-, Polier-, Fettentfernungs- und Schleifmittel; Seifen; Parfümeriewaren, ätherische Öle, Mittel zur Körper- und Schönheitspflege, Haarwässer; Zahnputzmittel.	**Classe 3** Préparations pour blanchir et autres substances pour lessiver; preparations pour nettoyer, polir, dégraisser et abraser; savons; parfumerie, huiles essentielles, cosmétiques, lotions pour les cheveux; dentifrices.	**Class 3** Bleaching preparations and other substances for laundry use; cleaning, polishing, scouring and abrasive preparations; soaps; perfumery, essential oils, cosmetics, hair lotions; dentifrices.

Klasse 4 Technische Öle und Fette; Schmiermittel; Staubabsorbierungs-, Staubbenetzungs- und Staubbindemittel; Brennstoffe (einschließlich Motorentreibstoffe) und Leuchtstoffe; Kerzen und Dochte für Beleuchtungszwecke.	**Classe 4** Huiles et graisses industrielles; lubrifiants; produits pour absorber, arroser et lier la poussière; combustibles (y compris les essences pour moteurs) et matières éclairantes; bougies et mèches pour l'éclairage.	**Class 4** Industrial oils and greases; lubricants; dust absorbing, wetting and binding compositions; fuels (including motor spirit) and illuminants; candles and wicks for lighting.
Klasse 5 Pharmazeutische und veterinärmedizinische Erzeugnisse; Sanitärprodukte für medizinische Zwecke; diätetische Erzeugnisse für medizinische Zwecke, Babykost; Pflaster, Verbandmaterial; Zahnfüllmittel und Abdruckmassen für zahnärztliche Zwecke; Desinfektionsmittel; Mittel zur Vertilgung von schädlichen Tieren; Fungizide, Herbizide.	**Classe 5** Produits pharmaceutiques et vétérinaires; produits hygiéniques pour la médecine; substances diététiques à usage médical, aliments pour bébés; emplâtres, matériel pour pansements; matières pour plomber les dents et pour empreintes dentaires; désinfectants; produits pour la destruction des animaux nuisibles; fongicides, herbicides.	**Class 5** Pharmaceutical and veterinary preparations; sanitary preparations for medical purposes; dietetic substances adapted for medical use, food for babies; plasters, materials for dressings; material for stopping teeth, dental wax; disinfectants; preparations for destroying vermin; fungicides, herbicides.
Klasse 6 Unedle Metalle und deren Legierungen; Baumaterialien aus Metall; transportable Bauten aus Metall; Schienenbaumaterial aus Metall; Kabel und Drähte aus Metall (nicht für elektrische Zwecke); Schlosserwaren und Kleineisenwaren; Metallrohre; Geldschränke; Waren aus Metall, so weit sie nicht in anderen Klassen enthalten sind; Erze.	**Classe 6** Métaux communs et leurs alliages; matériaux de construction métalliques; constructions transportables métalliques; matériaux métalliques pour les voies ferrées; câbles et fils métalliques non électriques; serrurerie et quincaillerie métalliques; tuyaux métalliques; coffres-forts; produits métalliques non compris dans d'autres classes; minerais.	**Class 6** Common metals and their alloys; metal building materials; transportable buildings of metal; materials of metal for railway tracks; non-electric cables and wires of common metal; ironmongery, small items of metal hardware; pipes and tubes of metal; safes; goods of common metal not included in other classes; ores.

Klasse 7	Classe 7	Class 17
Maschinen und Werkzeugmaschinen; Motoren (ausgenommen Motoren für Landfahrzeuge); Kupplungen und Vorrichtungen zur Kraftübertragung (ausgenommen solche für Landfahrzeuge); nicht handbetätigte landwirtschaftliche Geräte; Brutapparate für Eier.	Machines et machines-outils; moteurs (à l'exception des moteurs pour véhicules terrestres); accouplements et organes de transmission (à l'exception de ceux pour véhicules terrestres); instruments agricoles autres que ceux actionnés manuellement; couveuses pour les oeufs.	Machines and machine tools; motors and engines (except for land vehicles); machine coupling and transmission components (except for land vehicles); agricultural implements other than hand-operated; incubators for eggs.
Klasse 8 Handbetätigte Werkzeuge und Geräte; Messerschmiedewaren, Gabeln und Löffel; Hieb- und Stichwaffen; Rasierapparate.	**Classe 8** Outils et instruments à main entraînés manuellement; coutellerie, fourchettes et cuillers; armes blanches; rasoirs.	**Class 8** Hand tools and implements (handoperated); cutlery; side arms; razors.
Klasse 9 Wissenschaftliche, Schifffahrts-, Vermessungs-, fotografische, Film-, optische, Wäge-, Mess-, Signal-, Kontroll-, Rettungs- und Unterrichtsapparate und -instrumente; Apparate und Instrumente zum Leiten, Schalten, Umwandeln, Speichern, Regeln und Kontrollieren von Elektrizität; Geräte zur Aufzeichnung, Übertragung und Wiedergabe von Ton und Bild; Magnetaufzeichnungsträger, Schallplatten; Verkaufsautomaten und Mechaniken für geldbetätigte Apparate; Registrierkassen, Rechenmaschinen, Datenverarbeitungsgeräte und Computer; Feuerlöschgeräte.	**Classe 9** Appareils et instruments scientifiques, nautiques, géodésiques, photographiques, cinématographiques, optiques, de pesage, de mesurage, de signalisation, de contrôle (inspection), de secours (sauvetage) et d'enseignement; appareils et instruments pour la conduite, la distribution, la transformation, l'accumulation, le réglage ou la commande du courant électrique; appareils pour l'enregistrement, la transmission, la reproduction du son ou des images; supports d'enregistrement magnétiques, disques acoustiques; distributeurs automatiques et mécanismes pour appareils à prépaiement; caisses enregistreuses, machines à calculer, équipement pour le traitement de l'information et les ordinateurs; extincteurs.	**Class 9** Scientific, nautical, surveying, photographic, cinematographic, optical, weighing, measuring, signalling, checking (supervision), life-saving and teaching apparatus and instruments; apparatus and instruments for conducting, switching, transforming, accumulating, regulating or controlling electricity; apparatus for recording, transmission or reproduction of sound or images; magnetic data carriers, recording discs; automatic vending machines and mechanisms for coin-operated apparatus; cash registers, calculating machines, data processing equipment and computers; fireextinguishing apparatus.

Klasse 10 Chirurgische, ärztliche, zahn- und tierärztliche Instrumente und Apparate, künstliche Gliedmaßen, Augen und Zähne; orthopädische Artikel; chirurgisches Nahtmaterial.	**Classe 10** Appareils et instruments chirurgicaux, médicaux, dentaires et vétérinaires, membres, yeux et dents artificiels; articles orthopédiques; matériel de suture.	**Class 10** Surgical, medical, dental and veterinary apparatus and instruments, artificial limbs, eyes and teeth; orthopaedic articles; suture materials.
Klasse 11 Beleuchtungs-, Heizungs-, Dampferzeugungs-, Koch-, Kühl-, Trocken-, Lüftungs- und Wasserleitungsgeräte sowie sanitäre Anlagen.	**Classe 11** Appareils d'éclairage, de chauffage, de production de vapeur, de cuisson, de réfrigération, de séchage, de ventilation, de distribution d'eau et installations sanitaires.	**Class 11** Apparatus for lighting, heating, steam generating, cooking, refrigerating, drying, ventilating, water supply and sanitary purposes.
Klasse 12 Fahrzeuge; Apparate zur Beförderung auf dem Lande, in der Luft oder auf dem Wasser.	**Classe 12** Véhicules; appareils de locomotion par terre, par air ou par eau.	**Class 12** Vehicles; apparatus for locomotion by land, air or water.
Klasse 13 Schusswaffen; Munition und Geschosse; Sprengstoffe; Feuerwerkskörper.	**Classe 13** Armes à feu; munitions et projectiles; explosifs; feux d'artifice.	**Class 13** Firearms; ammunition and projectiles; explosives; fireworks.
Klasse 14 Edelmetalle und deren Legierungen sowie daraus hergestellte oder damit plattierte Waren, so weit sie nicht in anderen Klassen enthalten sind; Juwelierwaren, Schmuckwaren, Edelsteine; Uhren und Zeitmessinstrumente.	**Classe 14** Métaux précieux et leurs alliages et produits en ces matières ou en plaque non compris dans d'autres classes; joaillerie, bijouterie, pierres précieuses; horlogerie et instruments chronométriques.	**Class 14** Precious metals and their alloys and goods in precious metals or coated therewith, not included in other classes; jewellery, precious stones; horological and chronometric instruments.
Klasse 15 Musikinstrumente.	**Classe 15** Instruments de musique.	**Class 15** Musical instruments.

Klasse 16 Papier, Pappe (Karton) und Waren aus diesen Materialien, so weit sie nicht in anderen Klassen enthalten sind; Druckereierzeugnisse; Buchbinderartikel; Fotografien; Schreibwaren; Klebstoffe für Papier- und Schreibwaren oder für Haushaltszwecke; Künstlerbedarfsartikel; Pinsel; Schreibmaschinen und Büroartikel (ausgenommen Möbel); Lehr- und Unterrichtsmittel (ausgenommen Apparate); Verpackungsmaterial aus Kunststoff, so weit es nicht in anderen Klassen enthalten ist; Drucklettern; Druckstöcke.	**Classe 16** Papier, carton et produits en ces matières, non compris dans d'autres classes; produits de l'imprimerie; articles pour reliures; photographies; papeterie; adhésifs (matières collantes) pour la papeterie ou le ménage; matériel pour les artistes; pinceaux; machines à écrire et articles de bureau (à l'exception des meubles); matériel d'instruction ou d'enseignement (à l'exception des appareils); matières plastiques pour l'emballage (non comprises dans d'autres classes); caractères d'imprimerie; clichés.	**Class 16** Paper, cardboard and goods made from these materials, not included in other classes; printed matter; bookbinding material; photographs; stationery; adhesives for stationery or household purposes; artists' materials; paint brushes; typewriters and office requisites (except furniture); instructional and teaching material (except apparatus); plastic materials for packaging (not included in other classes); printers' type; printing blocks.
Klasse 17 Kautschuk, Guttapercha, Gummi, Asbest, Glimmer und Waren daraus, so weit sie nicht in anderen Klassen enthalten sind; Waren aus Kunststoffen (Halbfabrikate); Dichtungs-, Packungs- und Isoliermaterial; Schläuche (nicht aus Metall).	**Classe 17** Caoutchouc, gutta-percha, gomme, amiante, mica et produits en ces matières non compris dans d'autres classes; produits en matières plastiques mi-ouvrées; matières à calfeutrer, à étouper et à isoler; tuyaux flexibles non métalliques.	**Class 17** Rubber, gutta-percha, gum, asbestos, mica and goods made from these materials and not included in other classes; plastics in extruded form for use in manufacture; packing, stopping and insulating materials; flexible pipes, not of metal.
Klasse 18 Leder und Lederimitationen sowie Waren daraus, so weit sie nicht in anderen Klassen enthalten sind; Häute und Felle; Reise- und Handkoffer; Regenschirme, Sonnenschirme und Spazierstöcke; Peitschen, Pferdegeschirre und Sattlerwaren.	**Classe 18** Cuir et imitations du cuir, produits en ces matières non compris dans d'autres classes; peaux d'animaux; malles et valises; parapluies, parasols et cannes; fouets et sellerie.	**Class 18** Leather and imitations of leather, and goods made of these materials and not included in other classes; animal skins, hides; trunks and travelling bags; umbrellas, parasols and walking sticks; whips, harness and saddlery.

Klasse 30	Classe 30	Class 30
Kaffee, Tee, Kakao, Zucker, Reis, Tapioka, Sago, Kaffeeersatzmittel; Mehle und Getreidepräparate, Brot, feine Backwaren und Konditorwaren, Speiseeis; Honig, Melassesirup; Hefe, Backpulver; Salz, Senf; Essig, Soßen (Würzmittel); Gewürze; Kühleis.	Café, thé, cacao, sucre, riz, tapioca, sagou, succédanés du café; farines et préparations faites de céréales, pain, pâtisserie et confiserie, glaces comestibles; miel, sirop de mélasse; levure, poudre pour faire lever; sel, moutarde; vinaigre, sauces (condiments); épices; glace à rafraîchir.	Coffee, tea, cocoa, sugar, rice, tapioca, sago, artificial coffee; flour and preparations made from cereals, bread, pastry and confectionery, ices; honey, treacle; yeast, bakingpowder; salt, mustard; vinegar, sauces (condiments); spices; ice.
Klasse 31	**Classe 31**	**Class 31**
Land-, garten- und forstwirtschaftliche Erzeugnisse sowie Samenkörner, so weit sie nicht in anderen Klassen enthalten sind; lebende Tiere; frisches Obst und Gemüse; Sämereien, lebende Pflanzen und natürliche Blumen; Futtermittel, Malz.	Produits agricoles, horticoles, forestiers et graines, non compris dans d'autres classes; animaux vivants; fruits et légumes frais; semences, plantes et fleurs naturelles; aliments pour les animaux, malt.	Agricultural, horticultural and forestry products and grains not included in other classes; live animals; fresh fruits and vegetables; seeds, natural plants and flowers; foodstuffs for animals, malt.
Klasse 32	**Classe 32**	**Class 32**
Biere; Mineralwässer und kohlensäurehaltige Wässer und andere alkoholfreie Getränke; Fruchtgetränke und Fruchtsäfte; Sirupe und andere Präparate für die Zubereitung von Getränken.	Bières; eaux minérales et gazeuses et autres boissons non alcooliques; boissons de fruits et jus de fruits; sirops et autres préparations pour faire des boissons.	Beers; mineral and aerated waters and other non-alcoholic drinks; fruit drinks and fruit juices; syrups and other preparations for making beverages.
Klasse 33	**Classe 33**	**Class 33**
Alkoholische Getränke (ausgenommen Biere).	Boissons alcooliques (à l'exception des bières).	Alcoholic beverages (except beers).
Klasse 34	**Classe 34**	**Class 34**
Tabak; Raucherartikel; Streichhölzer.	Tabac; articles pour fumeurs; allumettes.	Tobacco; smokers' articles; matches.

Klasse 16	Classe 16	Class 16
Papier, Pappe (Karton) und Waren aus diesen Materialien, so weit sie nicht in anderen Klassen enthalten sind; Druckereierzeugnisse; Buchbinderartikel; Fotografien; Schreibwaren; Klebstoffe für Papier- und Schreibwaren oder für Haushaltszwecke; Künstlerbedarfsartikel; Pinsel; Schreibmaschinen und Büroartikel (ausgenommen Möbel); Lehr- und Unterrichtsmittel (ausgenommen Apparate); Verpackungsmaterial aus Kunststoff, so weit es nicht in anderen Klassen enthalten ist; Drucklettern; Druckstöcke.	Papier, carton et produits en ces matières, non compris dans d'autres classes; produits de l'imprimerie; articles pour reliures; photographies; papeterie; adhésifs (matières collantes) pour la papeterie ou le ménage; matériel pour les artistes; pinceaux; machines à écrire et articles de bureau (à l'exception des meubles); matériel d'instruction ou d'enseignement (à l'exception des appareils); matières plastiques pour l'emballage (non comprises dans d'autres classes); caractères d'imprimerie; clichés.	Paper, cardboard and goods made from these materials, not included in other classes; printed matter; bookbinding material; photographs; stationery; adhesives for stationery or household purposes; artists' materials; paint brushes; typewriters and office requisites (except furniture); instructional and teaching material (except apparatus); plastic materials for packaging (not included in other classes); printers' type; printing blocks.
Klasse 17	**Classe 17**	**Class 17**
Kautschuk, Guttapercha, Gummi, Asbest, Glimmer und Waren daraus, so weit sie nicht in anderen Klassen enthalten sind; Waren aus Kunststoffen (Halbfabrikate); Dichtungs-, Packungs- und Isoliermaterial; Schläuche (nicht aus Metall).	Caoutchouc, gutta-percha, gomme, amiante, mica et produits en ces matières non compris dans d'autres classes; produits en matières plastiques mi-ouvrées; matières à calfeutrer, à étouper et à isoler; tuyaux flexibles non métalliques.	Rubber, gutta-percha, gum, asbestos, mica and goods made from these materials and not included in other classes; plastics in extruded form for use in manufacture; packing, stopping and insulating materials; flexible pipes, not of metal.
Klasse 18	**Classe 18**	**Class 18**
Leder und Lederimitationen sowie Waren daraus, so weit sie nicht in anderen Klassen enthalten sind; Häute und Felle; Reise- und Handkoffer; Regenschirme, Sonnenschirme und Spazierstöcke; Peitschen, Pferdegeschirre und Sattlerwaren.	Cuir et imitations du cuir, produits en ces matières non compris dans d'autres classes; peaux d'animaux; malles et valises; parapluies, parasols et cannes; fouets et sellerie.	Leather and imitations of leather, and goods made of these materials and not included in other classes; animal skins, hides; trunks and travelling bags; umbrellas, parasols and walking sticks; whips, harness and saddlery.

Klasse 19	**Classe 19**	**Class 19**
Baumaterialien (nicht aus Metall); Rohre (nicht aus Metall) für Bauzwecke; Asphalt, Pech und Bitumen; transportable Bauten (nicht aus Metall); Denkmäler (nicht aus Metall).	Matériaux de construction non métalliques; tuyaux rigides non métalliques pour la construction; asphalte, poix et bitume; constructions transportables non métalliques; monuments non métalliques.	Building materials (non-metallic); non-metallic rigid pipes for building; asphalt, pitch and bitumen; non-metallic transportable buildings; monuments, not of metal.
Klasse 20	**Classe 20**	**Class 20**
Möbel, Spiegel, Rahmen; Waren, so weit sie nicht in anderen Klassen enthalten sind, aus Holz, Kork, Rohr, Binsen, Weide, Horn, Knochen, Elfenbein, Fischbein, Schildpatt, Bernstein, Perlmutter, Meerschaum und deren Ersatzstoffen oder aus Kunststoffen.	Meubles, glaces (miroirs), cadres; produits, non compris dans d'autres classes, en bois, liège, roseau, jonc, osier, corne, os, ivoire, baleine, écaille, ambre, nacre, écume de mer, succédanés de toutes ces matières ou en matières plastiques.	Furniture, mirrors, picture frames; goods (not included in other classes) of wood, cork, reed, cane, wicker, horn, bone, ivory, whalebone, shell, amber, mother-of-pearl, meerschaum and substitutes for all these materials, or of plastics.
Klasse 21	**Classe 21**	**Class 21**
Geräte und Behälter für Haushalt und Küche (nicht aus Edelmetall oder plattiert); Kämme und Schwämme; Bürsten (mit Ausnahme von Pinseln); Bürstenmachermaterial; Putzzeug; Stahlspäne; rohes oder teilweise bearbeitetes Glas (mit Ausnahme von Bauglas); Glaswaren, Porzellan und Steingut, so weit sie nicht in anderen Klassen enthalten sind.	Ustensiles et récipients pour le ménage ou la cuisine (ni en métaux précieux, ni en plaqué); peignes et éponges; brosses (à l'exception des pinceaux); matériaux pour la brosserie; matériel de nettoyage; paille de fer; verre brut ou mi-ouvré (à l'exception du verre de construction); verrerie, porcelaine et faïence non comprises dans d'autres classes.	Household or kitchen utensils and containers (not of precious metal or coated therewith); combs and sponges; brushes (except paint brushes); brush-making materials; articles for cleaning purposes; steelwool; unworked or semi-worked glass (except glass used in building); glassware, porcelain and earthenware not included in other classes.
Klasse 22	**Classe 22**	**Class 22**
Seile, Bindfaden, Netze, Zelte, Planen, Segel, Säcke, so weit sie nicht in anderen Klassen enthalten sind; Polsterfüllstoffe (außer aus Kautschuk oder Kunststoffen); rohe Gespinstfasern.	Cordes, ficelles, filets, tentes, bâches, voiles, sacs (non compris dans d'autres classes); matières de rembourrage (à l'exception du caoutchouc ou des matières plastiques); matières textiles fibreuses brutes.	Ropes, string, nets, tents, awnings, tarpaulins, sails, sacks and bags (not included in other classes); padding and stuffing materials (except of rubber or plastics); raw fibrous textile materials.

Klasse 23 Garne und Fäden für textile Zwecke.	**Classe 23** Fils à usage textile.	**Class 23** Yarns and threads, for textile use.
Klasse 24 Webstoffe und Textilwaren, so weit sie nicht in anderen Klassen enthalten sind; Bett- und Tischdecken.	**Classe 24** Tissus et produits textiles non compris dans d'autres classes; couvertures de lit et de table.	**Class 24** Textiles and textile goods, not included in other classes; bed and table covers.
Klasse 25 Bekleidungsstücke, Schuhwaren, Kopfbedeckungen.	**Classe 25** Vêtements, chaussures, chapellerie.	**Class 25** Clothing, footwear, headgear.
Klasse 26 Spitzen und Stickereien, Bänder und Schnürbänder; Knöpfe, Haken und Ösen, Nadeln; künstliche Blumen.	**Classe 26** Dentelles et broderies, rubans et lacets; boutons, crochets et oeillets, épingles et aiguilles; fleurs artificielles.	**Class 26** Lace and embroidery, ribbons and braid; buttons, hooks and eyes, pins and needles; artificial flowers.
Klasse 27 Teppiche, Fußmatten, Matten, Linoleum und andere Bodenbeläge; Tapeten (ausgenommen aus textilem Material).	**Classe 27** Tapis, paillassons, nattes, linoleum et autres revêtements de sols; tentures murales non en matières textiles.	**Class 27** Carpets, rugs, mats and matting, linoleum and other materials for covering existing floors; wall hangings (non-textile).
Klasse 28 Spiele, Spielzeug; Turn- und Sportartikel, so weit sie nicht in anderen Klassen enthalten sind; Christbaumschmuck.	**Classe 28** Jeux, jouets; articles de gymnastique et de sport non compris dans d'autres classes; décorations pour arbres de Noël.	**Class 28** Games and playthings; gymnastic and sporting articles not included in other classes; decorations for Christmas trees.
Klasse 29 Fleisch, Fisch, Geflügel und Wild; Fleischextrakte; konserviertes, getrocknetes und gekochtes Obst und Gemüse; Gallerten (Gelees), Konfitüren, Kompotte; Eier, Milch und Milchprodukte; Speiseöle und -fette.	**Classe 29** Viande, poisson, volaille et gibier; extraits de viande; fruits et legumes conservés, séchés et cuits; gelées, confitures, compotes; oeufs, lait et produits laitiers; huiles et graisses comestibles.	**Class 29** Meat, fish, poultry and game; meat extracts; preserved, dried and cooked fruits and vegetables; jellies, jams, compotes; eggs, milk and milk products; edible oils and fats.

Klasse 30	**Classe 30**	**Class 30**
Kaffee, Tee, Kakao, Zucker, Reis, Tapioka, Sago, Kaffeeersatzmittel; Mehle und Getreidepräparate, Brot, feine Backwaren und Konditorwaren, Speiseeis; Honig, Melassesirup; Hefe, Backpulver; Salz, Senf; Essig, Soßen (Würzmittel); Gewürze; Kühleis.	Café, thé, cacao, sucre, riz, tapioca, sagou, succédanés du café; farines et préparations faites de céréales, pain, pâtisserie et confiserie, glaces comestibles; miel, sirop de mélasse; levure, poudre pour faire lever; sel, moutarde; vinaigre, sauces (condiments); épices; glace à rafraîchir.	Coffee, tea, cocoa, sugar, rice, tapioca, sago, artificial coffee; flour and preparations made from cereals, bread, pastry and confectionery, ices; honey, treacle; yeast, bakingpowder; salt, mustard; vinegar, sauces (condiments); spices; ice.
Klasse 31	**Classe 31**	**Class 31**
Land-, garten- und forstwirtschaftliche Erzeugnisse sowie Samenkörner, so weit sie nicht in anderen Klassen enthalten sind; lebende Tiere; frisches Obst und Gemüse; Sämereien, lebende Pflanzen und natürliche Blumen; Futtermittel, Malz.	Produits agricoles, horticoles, forestiers et graines, non compris dans d'autres classes; animaux vivants; fruits et légumes frais; semences, plantes et fleurs naturelles; aliments pour les animaux, malt.	Agricultural, horticultural and forestry products and grains not included in other classes; live animals; fresh fruits and vegetables; seeds, natural plants and flowers; foodstuffs for animals, malt.
Klasse 32	**Classe 32**	**Class 32**
Biere; Mineralwässer und kohlensäurehaltige Wässer und andere alkoholfreie Getränke; Fruchtgetränke und Fruchtsäfte; Sirupe und andere Präparate für die Zubereitung von Getränken.	Bières; eaux minérales et gazeuses et autres boissons non alcooliques; boissons de fruits et jus de fruits; sirops et autres préparations pour faire des boissons.	Beers; mineral and aerated waters and other non-alcoholic drinks; fruit drinks and fruit juices; syrups and other preparations for making beverages.
Klasse 33	**Classe 33**	**Class 33**
Alkoholische Getränke (ausgenommen Biere).	Boissons alcooliques (à l'exception des bières).	Alcoholic beverages (except beers).
Klasse 34	**Classe 34**	**Class 34**
Tabak; Raucherartikel; Streichhölzer.	Tabac; articles pour fumeurs; allumettes.	Tobacco; smokers' articles; matches.

DIENSTLEISTUNGEN	SERVICES	SERVICES
Klasse 35 Werbung; Geschäftsführung; Unternehmensverwaltung; Büroarbeiten.	**Classe 35** Publicité; gestion des affaires commerciales; administration commerciale; travaux de bureau.	**Class 35** Advertising; business management; business administration; office functions.
Klasse 36 Versicherungswesen; Finanzwesen; Geldgeschäfte; Immobilienwesen.	**Classe 36** Assurances; affaires financières; affaires monétaires; affaires immobilières.	**Class 36** Insurance; financial affairs; monetary affairs; real estate affairs.
Klasse 37 Bauwesen; Reparaturwesen; Installationsarbeiten.	**Classe 37** Construction; réparation; services d'installation.	**Class 37** Building construction; repair; installation services.
Klasse 38 Telekommunikation.	**Classe 38** Télécommunications.	**Class 38** Telecommunications.
Klasse 39 Transportwesen; Verpackung und Lagerung von Waren; Veranstaltung von Reisen.	**Classe 39** Transport; emballage et entreposage de marchandises; organisation de voyages.	**Class 39** Transport; packaging and storage of goods; travel arrangement.
Klasse 40 Materialbearbeitung.	**Classe 40** Traitement de matériaux.	**Class 40** Treatment of materials.
Klasse 41 Erziehung; Ausbildung; Unterhaltung; sportliche und kulturelle Aktivitäten.	**Classe 41** Education; formation; divertissement; activités sportives et culturelles.	**Class 41** Education; providing of training; entertainment; sporting and cultural activities.
Klasse 42 Wissenschaftliche und technologische Dienstleistungen und Forschungsarbeiten und diesbezügliche Designerdienstleistungen; industrielle Analyse- und Forschungsdienstleistungen; Entwurf und Entwicklung von Computerhardware und -software; Rechtsberatung und -vertretung.	**Classe 42** Services scientifiques et technologiques ainsi que services de recherches et de conception y relatifs; services d'analyses et de recherches industrielles; conception et développement d'ordinateurs et de logiciels; services juridiques.	**Class 42** Scientific and technological services and research and design relating thereto; industrial analysis and research services; design and development of computer hardware and software; legal services.

Klasse 43	Classe 43	Class 43
Verpflegung und Beherbergung von Gästen.	Services de restauration (alimentation); hébergement temporaire.	Services for providing food and drink; temporary accommodation.
Klasse 44	**Classe 44**	**Class 44**
Medizinische und veterinärmedizinische Dienstleistungen; Gesundheits- und Schönheitspflege für Menschen und Tiere; Dienstleistungen im Bereich der Land-, Garten- oder Forstwirtschaft.	Services médicaux; services vétérinaires; soins d'hygiène et de beauté pour êtres humains ou pour animaux; services d'agriculture, d'horticulture et de sylviculture.	Medical services; veterinary services; hygienic and beauty care for human beings or animals; agriculture, horticulture and forestry services.
Klasse 45	**Classe 45**	**Class 45**
Persönliche und soziale Dienstleistungen betreffend individuelle Bedürfnisse; Sicherheitsdienste zum Schutz von Sachwerten oder Personen.	Services personnels et sociaux rendus par des tiers destinés à satisfaire les besoins des individus; services de sécurité pour la protection des biens et des individus.	Personal and social services rendered by others to meet the needs of individuals; security services for the protection of property and individuals.

II. Kapitel:
MARKEN SIND LEUCHTTÜRME –

1. Abschnitt (wirtschaftlicher Teil): Positionierung der Marke

(Robert Trasser)

I. Markenaufbau – vom Urknall zum Mythos

In der bereits weiter vorne beschriebenen Kommunikations- und Produktkrise sind Marken einzigartige „Leuchtfeuer". Allerdings sind die einzelnen Märkte, Branchen und Zielgruppen jeweils unterschiedlichsten Rahmenbedingungen unterworfen und verlangen auf die individuelle Unternehmens- und Kundenperspektive zugeschnittene Lösungen. Alleine schon deshalb kann es für Markenaufbau und -führung (leider) nie „Patentrezepte" geben. Jedoch gibt es eine Reihe von Parametern, die die Entstehung und die fortlaufende Stärkung einer Marke begünstigen.

II. Wie entstehen Marken?

Marken können nicht „gemacht" werden. Marken entstehen in den Köpfen der Verbraucher. Eine Marke wird dann geboren, wenn sie ein positives, relevantes und unverwechselbares Image bei den Konsumenten aufbauen kann. Dieses Image ist dann so gefestigt, dass man nicht mal die Marke als solche kommunizieren muss, um dieses abzurufen.

Ganz allgemein gesagt – jede Marke verfügt über zwei Dimensionen: Eine inhaltliche Substanz (Nutzen für die Konsumenten, Markenidentitätsprofil verdichtet auf den Markenkern) und eine äußere Form, welche die inhaltliche Substanz verpackt (Stil, Markengesicht, Auftritt, Corporate Design). Beide Dimensionen müssen konsistent bzw widerspruchsfrei zueinander passen und Kontinuität im Zeitverlauf bewahren. Der deutsche „Markenpapst" *Klaus Brandmeyer* spricht in diesem Zusammenhang auch von dem „Erfolgsmuster einer Marke"[16], das das Programm der selbstähnlichen Markenführung darstellt und mit dem die komplexen Ursache-/Wirkungszusammenhänge des Markensystems erfasst werden. Die Erfolgsbausteine sind die Stellschrauben für das Management der Marke und können – sofern bekannt – als Ressourcen gezielt und effizient eingesetzt werden. Dieses Erfolgsmuster – vergleichbar einem „Betriebssystem" bei Computern – wird somit zur Basis für die Positionierung, Strategie und das Tagesgeschäft der Marke. Durch die Leistungserstellung entsteht beim Kunden eine Vorstellung hinsichtlich der Leistungen, des Nutzens und der Persönlichkeit der Marke. Diese Vorstellung löst beim Kunden im besten Falle eine positive Resonanz aus, die als Feedback das Urteil über die Leistung des Anbieters bildet.

In der Markenführung ist es enorm wichtig, dass der Kernnutzen der Produkte und Dienstleistungen der Marke immer wieder neu und für den Kunden nachvollziehbar bewiesen wird. Als schönes Beispiel bietet sich diesbezüglich der Automobilmarkt an: *Mercedes* ist ein prestigeträchtiges Fahrzeug, wogegen *Volvo* für Sicherheit steht. *Audi* stellt Fahrzeuge mit Vorsprung durch Technik her, *BMW* kommuniziert umfassend die Freude am Fahren – und diese Liste ließe sich fortführen. Eine Marke steht für eine ganz bestimmte Kernkompetenz, und die Kernbotschaft ist und bleibt dabei immer dieselbe. Der österreichische Marketingprofi *Gemmato* hat Beispiele möglicher Ausgangspunkte für eine solche Kernkompetenz zusammengetragen:

- ein überlegenes Produkt (zB Geox, Sony Walkman, Apple iPod);
- eine im Wettbewerb überlegene Leistung (zB der billigste Telefontarif);
- ein kollektives Bewusstsein (zB Harley Davidson…);
- eine einzigartige Kommunikation (zB Familie Putz vom XXXLutz…);
- eine Differenzierung vom Mitbewerb (zB Audis Quattro Allradantrieb…).

Erfolgreiche Marken starten deshalb ihr Dasein mit einer genauen Analyse ihrer inhaltlichen Identität und legen so den Grundstein für ihre Marketingaktivitäten sowie für die Kommunikation. Am Beginn jeder Marke steht jedoch immer eine substanzielle „Leistung". In der Philosophie wird der Begriff „Substanz" für das Essentielle, Wesentliche, Dauernde oder Multikausale verwendet. Wenn Sie an Ihrer Traummarke zu arbeiten beginnen, definieren Sie zuallererst:

- Welche Produkte und Leistungen bieten Sie unter dieser Marke an?
- Warum sollte ein Kunde gerade Produkte Ihrer Marke kaufen?
- Wie viele Konsumenten würden Ihr Produkt/Ihre Dienstleistung vermissen, wenn Ihr Angebot nicht mehr verfügbar wäre?

---

16 *Brandmeyer, Klaus (2008): Vortrag auf der Interpack Düsseldorf im InnovationParc Packaging am 25. April 2008.*

- Ist Ihr Produkt einzigartig oder austauschbar? Inwieweit/ In welcher Form differenziert sich die Marke vom Mitbewerb?
- Wie kann ein neues Angebot passend zur Marke eingeführt werden?

Mit der Beantwortung dieser Fragen halten Sie den Schlüssel für die wirksame Weiterentwicklung und Kommunikation Ihrer Marke in der Hand. Zu wissen, was Kunden an der Marke gut finden, wie sie also die Qualität, Beschaffenheit, Gestaltung und Eigenschaften der Marke bewerten, und ihre Treiberwirkung zu kennen, also ob und wie sehr diese Kriterien zur Bildung von positiven Vorurteilen und Markenbindung wirklich beitragen, ist für den längerfristigen Erfolg Ihrer Marke (mit-)entscheidend.

Legen Sie bei der Beantwortung dieser Fragen großen Wert auf die Analyse sowohl des materiellen als auch des immateriellen Nutzens. Denn der Inhalt der Marke ist die Summe aller Eigenschaften, Fähigkeiten und des Nutzens, die eine Marke dem Konsumenten stiftet. Nach *Arnold* muss eine Marke *„…eine Mischung einander ergänzender physischer, rationaler und emotionaler Anreize sein. Diese Mischung muss klar erkennbar sein und zu einer klaren Persönlichkeit führen, die dem Konsumenten wertvolle Vorteile liefert"*[17]. Diese Mischung besteht im Wesentlichen aus drei Bestandteilen:

A. dem Kernleistungsversprechen;
B. den Kernleistungswerten und
C. dem alleinstellenden Stil.

A. Das Kernleistungsversprechen

Nehmen wir an, jemand kauft sich eine Waschmaschine. Man könnte meinen, eine Waschmaschine sei ein notwendiges Übel, daher entscheidet sich der Kunde für ein durchschnittliches Gerät für rund € 350,–. 40 bis 50% aller österreichischen Hausfrauen würden jedoch – wenn sie wählen könnten – eine Waschmaschine des Herstellers Miele kaufen. Miele hat ca. 50% Preisabstand zum Marktschwerpunkt. Neben der (nahezu) perfekten Wasch-„Leistung" der Maschine kommt dies auch daher, dass Miele seinen potenziellen Kunden ein Versprechen bzw eine Garantie (Miele hält für viele Jahre!) abgibt und der Kunde darauf vertraut, dass das Versprechen eingehalten wird. Je klarer dieses Versprechen formuliert ist, desto stärker wird die „Sog-Wirkung" der Marke. Diese zirkuläre Verknüpfung von Versprechen und Vertrauen ist es, die für den Sprung vom Produktdenken hin zum Markendenken entscheidend ist. In diesem Zusammenhang ist *Domizlaff* zu zitieren: *„Markentechnik ist die Kunst, positive Vorurteile für eigene Leistungen zu schaffen"*[18]. Positive Vorurteile, wie sie Miele (inzwischen) für sich gewinnen

---
17 Arnold (1992), S. 36.
18 Domizlaff 1939, 1992, S. 33.

konnte, müssen zunächst über längere Zeit aufgebaut und in der Folge immer wieder aktualisiert werden. Dann profitieren zB auch andere, neue Produkte, die unter dieser positiv besetzten Marke angeboten werden, vom „Halo-Effekt", in dem dieser sich positiv auf die Wahrnehmung des Kunden auswirkt und das Kaufverhalten beeinflusst. Diese (freiwillige) Anpassung des Kaufverhaltens des Kunden ist der wahre Wert der Marke!

Wie aber schon weiter oben beschrieben, genügt die objektive Leistung allein nicht für die Markenwerdung – *Domizlaff* weiter: *„Der Ausgangspunkt ist die markentechnische Erfindung, die auch, wie jede technische Erfindung, nur auf einer Besonderheit beruhen kann. Es handelt sich dabei – mehr oder weniger ergänzt durch materielle Vervollkommnung – um eine erhöhte psychologische Zweckerfüllung, deren Formung in dem sachlichen Stil einer echten technischen Erfindung befangen bleiben sollte."*[19]

B. Die Kernleistungswerte

Aufbauend auf dem Behaviorismus beschreibt *Mead* zu Beginn des 20. Jahrhunderts als erster den Begriff der Identität, die, ihm zufolge, im Interaktionsprozess zwischen einer Person und der Umwelt (eine oder mehrere andere Personen) entsteht. Erst durch die Reaktion der Umwelt auf eine Aktion der Person und die Reflexion der Person auf diese Reaktion bildet sich das Selbst (und damit die Identität) aus. Die Identität einer Person ist umso stärker, je widerspruchsloser alle Merkmale ihrer Persönlichkeit nach außen und innen erscheinen. Eine solche Übereinstimmung von privatem (=innen) und sozialem (=außen) Selbst ist aber laut *Frey* selten deckungsgleich, eine starke Identität entsteht also eher selten. Eine starke Identität wäre aber Voraussetzung für Verlässlichkeit und Vertrauen nach außen, so *Meffert/Burmann*. Die Sozial-forschung unterscheidet des Weiteren zwischen zwei Identitätsarten: die Identität von Individuen/einzelnen Personen einerseits – die sogenannte Ich-Identität – und Gruppen andererseits. Bei der Gruppenidentität bezieht sich diese nicht auf ein Individuum, sondern auf die Gesamtheit einer bestimmten Menge von Individuen. Eine Fußballmannschaft oder eine Familie sind laut *Frey* Beispiele für Gruppen von Menschen mit eigener Identität, die zusammen eine gemeinsame, kollektive Identität ausbilden.

Auslöser für die Beschäftigung der Wirtschaftswissenschaften mit einem sozialwissenschaftlichen Begriff ist nach *Bünte* die zunehmende Erkenntnis innerhalb der Unternehmen, dass die Beziehung zwischen Unternehmen (respektive Marke) und Konsument ein relevanter Faktor für den Markterfolg ist. Für das Zustandekommen einer „Kauf-Beziehung" zwischen Kunde und Marke ist die „Haltung" der Marke entscheidend, mit der das Produkt erstellt und/oder die Leistung erbracht wird. Haltung wird in der Sozialwissenschaft oft mit „Gesinnung" gleichgesetzt, die als auf ein

---

19   Domizlaff (1939/1992), S. 75f.

bestimmtes Ziel gerichtete Grundhaltung – Einstellung – eines Menschen verstanden wird. In der Sozialpsychologie bedeutet „Einstellung" wiederum die Bewertung einer Person, eines Objektes oder einer Idee. Für unseren Zusammenhang ist entscheidend, dass die Einstellung der Menschen für ihre Kaufentscheidung prägend ist. Deshalb ist Markenführung in allererster Linie Führung der markenadäquaten Kundschaft durch die Kommunikation von Werten, Gesinnung, und/oder Einstellungen. Diese soziokulturellen Werte sind bestimmte axiomatische Aussagen, die nicht weiter oder tiefer begründbar sind – die katholische Kirche erklärt zB „Du sollst nicht lügen": Das ist eine solche axiomatische Aussage, denn es existiert keine Begründung für diese Regel. Auch Redlichkeit, Ehrlichkeit, Verlässlichkeit usf sind axiomatische Aussagen – also Werteaussagen. Marken – mit solch einer klaren Werteaussage – besitzen daher eine unglaubliche Kraft und erscheinen somit letztlich auch unbegründbar. Marken weisen demnach also keine objektive Realität wie zB die Funktionalität des Produktes auf, sondern werden rein subjektiv erlebt und gelernt. Und weil jeder Mensch individuell unterschiedlich lernt, verkörpern Marken auch individuell unter-schiedliche Werte und Bedeutungen. Man könnte also sagen: Marken finden nur in unseren Köpfen statt.

C. Der alleinstellende Stil

Weltweit leben mehr Menschen als je zuvor in Städten, und Kommunikation, Transport, Produkte sowie Dienste nehmen immer mehr globale Züge an. *Schmitt/Simonson* beschrieben in ihrem Buch „Marketing-Ästhetik"[20] die heutige Kommunikationsumgebung als multimedial, multisensorisch, digital und viele Kanäle nützend. Lifestyles und Präferenzen von Konsumenten bieten ideale Voraussetzungen für die Gestaltung von Marketingästhetik. *Esch/Langner* fanden 2006 in einer Untersuchung über die kundenseitige Beurteilung von Qualität heraus, dass Stilistik und Ästhetik auf gesättigten Märkten mit austauschbaren Produkten und Käufern, die eher nach „Wants" statt „Needs" streben und Lust und Stimulation suchen, eine immer größere Rolle spielt. Die Markenästhetik übt einen starken Einfluss auf die vermutete Qualität und auf die Overall-Einstellung zur Marke aus und ist für viele Konsumenten ein wesentlicher Indikator für qualitativ hochwertige Produkte und starke Marken.

Der bereits erwähnte Begriff Stilistik bezeichnet eine (für ein Epoche, Region, Persönlichkeit, Schaffensphase etc bzw allg. für eine Gruppe von Phänomenen) charakteristisch ausgeprägte Art der Ausführung menschlicher Tätigkeiten oder derer Manifestationen. Die „charakteristische Ausprägung" bezieht sich auf Ähnlichkeit bzgl. formaler Merkmale (nicht auf die Gleichheit der Form wie bei Standardisierungsprozessen), die als

---

20 Schmitt, Bernd/Simonson, Alex (1998): Marketing-Ästhetik. Strategisches Management von Marken, Identity und Image, Frankfurt 1998.

Gemeinsamkeit dem Gros der Manifestationen/Tätigkeiten jener Epoche, Region, Person etc zugeschrieben wird. Ein Stil bildet sich durch die – nicht immer bewusste, aber stets kohärente – Auswahl, Bewertung und Anwendung bestimmter Ausführungsmerkmale. Anhand solcher stilbildender Merkmale lassen sich beispielsweise in den bildenden Künsten Stilrichtungen feststellen. Mit anderen Worten –Stilistik beschreibt einen „Kanon einer Formensprache".

III. Pflege von Marken

Eine Marke wird zu einem Bündel von Wertvorstellungen, die das Unternehmen nach außen transportieren muss, ansonsten bleibt die gesamte Kommunikation zum Kunden Fassade, die einer Überprüfung nicht standhält. Die Werte lassen sich allerdings nicht so einfach erkennen und müssen durch Kommunikation sinnlich erlebbar werden. Erlebbar werden die Markenwerte an den Kontaktpunkten zwischen Marke und Kunde, also dort, wo die Marke sinnlich erlebbar und im wahrsten Sinne des Wortes „begreifbar" wird. Dabei muss die Marke einen einmaligen Stil in ihrem Auftritt schaffen, einen unverwechselbaren Ausdruck eines bestimmten, eigenen Inhaltes. Der Grundsatz heißt: Wo die Marke auftaucht, muss der Inhalt erlebbar sein.

Dieser eigene Stil drückt die Wertehaltung der Marke durch alle Unternehmensäußerungen in der Umsetzung des operativen Marketings aus und muss für den Kunden in den fünf vitalen Bereichen der Marke (Produkt/Sortiment, Preis/Konditionen, Kommunikation/Information, Vertrieb/Service und Kundschaft) erlebbar werden.

Erfolgreiche Marken haben es geschafft, im Laufe der Jahre Ihren Markenkern nie zu verlassen. Egal, ob wir jetzt von globalen Marken wie *Coca-Cola, Nike oder McDonald's* oder nationalen, regionalen und lokalen Marken reden. Regelmäßige Kontrolle des Images – das Bild der Marke in der Öffentlichkeit – kann gewährleisten und sicherstellen, dass die Marke den richtigen Platz in den Köpfen der Zielgruppe besetzt. Einen Platz, den sie sich mit keiner anderen Marke teilen muss, weil sie „unaustauschbar" (geworden) ist. Diese Unaustauschbarkeit ist Ergebnis einer konsequenten Positionierung.

Eine Marke wird durch ganz konkrete Maßnahmen, wie zB den Kontaktpunkt mit der Öffentlichkeit (Werbung, Slogan, visuelle Gestaltung bei Visitenkarten, Website oder Werbemittel, persönlicher Auftritt beim Kunden, Formulierungen in E-Mails, in der Leistungserstellung, im Umgang mit Kunden und Lieferanten, der Preisarchitektur, Einladungen usw), im Tagesgeschäft positioniert und für Kunden erlebbar gemacht. Diesbezüglich nennt der österreichische Marketing- und Verkaufstrainer *Loidhold* folgende Beispiele: Wer seine Leistung als beispielsweise besonders schnell und effizient positionieren will, sollte auch besonders schnell auf Anfragen reagieren und diesen Anspruch bei der Leistungserfüllung beweisen. Wer seinen besonderen Service betont, sollte die Servicevorteile konkret hervorheben und sich tatsächlich merkbar besser um seine Kunden kümmern als andere. Kurzum: Jede Handlung sollte das Leistungsversprechen einlösen und entsprechend der angestrebten Positionierung umgesetzt werden.

Dazu gehören selbstverständlich auch der Markenname und der Slogan. Damit der Markenname bei Kunden gut verankert werden kann, sollte er einfachen Kriterien entsprechen: Er sollte kurz, einfach, markenrechtlich schützbar, einzigartig und eingängig sowie einen hohen Wiedererkennungswert haben sein. Ein guter Slogan muss die Positionierung der Marke und den Grund für den Kauf kommunizieren. Effektive Slogans („Saturn – Geiz ist geil!", „Crisan – sauteuer, aber es wirkt!") klingen auf den ersten Blick einfach, differenzieren die Marke aber langfristig.

In vielen Unternehmen wird für das Markendesign ein Handbuch entworfen, das alle Spielregeln zur Führung der Marke beschreibt. Beschreibung und Darstellung des Logos, Schriftarten, Farben und Formen sowie die Verpackungsgestaltung sind Elemente, die solch ein Handbuch beinhaltet. Das Corporate Design muss an alle jeweiligen Änderungen angepasst werden, sodass ein einheitliches Erscheinungsbild gewährleistet ist. Die in dem Markendesign-Handbuch beschriebenen Spielregeln werden in weiterer Folge mittels Verkaufsförderungsmaßnahmen, Werbung und Public Relation an die Konsumenten kommuniziert und transportiert. Sodann kann sich der Kunde ein positives oder negatives Bild von der Marke machen. Alle Kommunikationsmaßnahmen müssen ein einheitliches Design aufweisen – erst dann ist ein hohes Wiedererkennungspotenzial vonseiten der Konsumenten gegeben.

Alles, was das Unternehmen im Namen der Marke sagt, tut oder in der Kommunikation beschreibt, sollte der gewünschten Positionierung entsprechen. Um Ihre Marke erfolgreich zu positionieren, trachten Sie nach realer Erlebbarkeit statt theoretischer Versprechen, nach Stimmigkeit des Auftritts sowie des Handelns hinsichtlich aller Kontaktpunkte, nach einem klaren Profil statt des Anspruches des „Alleskönners" – und vor allem nach Authentizität.

IV. Aufgabe und Ziele der Markenführung

Marken sind durchaus nicht nur Selbstzweck. Eine Marke ist ein knallhartes Mittel zur Erzielung von nachhaltiger wirtschaftlicher Ertragskraft. Schon früh dienten sie deshalb neben der Identifikation auch der Differenzierung von Produkten. Ziel war und ist immer noch, den markierten Produkten eine höhere Anziehungskraft zu verschaffen, um sie gegenüber herkömmlichen Produkten hervorzuheben und damit eine hohe Markenloyalität und -bindung zu realisieren. Zunächst geht es vorrangig darum, die

Konsumenten zum Kauf der Marke zu bewegen; dadurch soll der Absatz erhöht und der Unternehmenswert gesteigert werden. Zusätzlich wird durch die Vergrößerung des preispolitischen Spielraumes der Nettodeckungsbeitrag einer Marke erhöht, was ebenfalls zu einer Steigerung des Unternehmenswertes beiträgt. Ein höherer Unternehmenswert wiederum dient nach *Hahn* dem Globalziel der Existenzsicherung des Unternehmens. Die Marke ist ein Produkt einer Personenmehrheit, vielleicht sogar der Masse, und sie muss zu einem Bestandteil der Vorstellungswelt im Gehirn der Masse werden. Der Markeninhaber liefert nach *Domizlaff* eigentlich nur die ideale und verführerische Materialkomposition, damit die Marke in der Masse aufgenommen und zu einer lebendigen Marke auferweckt werden kann. Die wahre Aufgabe des Markenführers ist es somit, die richtigen (= markenkonforme) Rahmenbedingungen für das Tagesgeschäft zu setzen und dadurch Dynamik zu ermöglichen.

V. Schritte zum Markenaufbau

- Definieren Sie die Geschäftsidee der Marke klar und deutlich.
- Erkennen Sie die Stärken und Schwächen Ihrer Marke!
- Überprüfen Sie Ihr Wettbewerbsumfeld und finden Sie heraus, wie Mitbewerber und Branche aussehen.
- Suchen Sie nach den resonanzstärksten Produkten in Ihrem Leistungsangebot. Konzipieren Sie diese Leistungen so, dass sie sinnlich wahr-nehmbar sind und Resonanz im konkreten Zielpublikum erzeugen.
- Arbeiten Sie die Besonderheiten heraus, damit alle verstehen, was Ihre Leistung eigentlich ist, und verdichten Sie das Angebotsspektrum auf den zentralen Kern der Marke.
- Formulieren Sie ein „starkes" Versprechen!
- Setzen Sie Ihre angestrebte Positionierung (Markenversprechen) fort-während kreativ um und machen Sie das Markenversprechen für Kunden bestmöglich erlebbar.

Marke ist nie Ziel, sondern immer Ergebnis eines Prozesses. Eine Marke entsteht nur durch die fortwährende dauerhafte und perfekte Einlösung eines Markenversprechens.

Verwendete Literatur

- Arnold, David (1992): Modernes Markenmanagement, Wien 1992
- Domizlaff, H. (1939, 1992): Die Gewinnung des öffentlichen Vertrauens; ein Lehrbuch der Markentechnik, Hamburg.
- Schmitt, Bernd/Simonson, Alex (1998): Marketing-Ästhetik. Strategisches Management von Marken, Identity und Image, Frankfurt 1998

2. Abschnitt (rechtlicher Teil): Markenpflege juristisch
(Franz-Martin Orou)

Eine Marke ist auch in rechtlicher Hinsicht wie eine Pflanze, die gehegt und gepflegt werden muss – ansonsten verwelkt die Marke. Rechtlich gesprochen: Wird die Marke nicht gepflegt, so verliert sie Ihren Wert, verliert Ihre Schlagkraft um gegen Nachahmer vorzugehen oder wird gar löschungsreif.

Die juristischen Konsequenzen einer mangelhaften Markenpflege im schematischen Überblick:

Abbildung 8: Konsequenzen mangelhafter Markenpflege

Gefahr der Markenlöschung
- wg. Zeitablauf
- wg. Nichtgebrauch
- wg. Irreführung
- wg. Entwicklung zum Freizeichen

weniger Geld
- bei Lizensierung
- bei Verkauf

geringe Erfolgsaussichten
- bei Vorgehen gegen Markenverletzer

Grafik: © Orou 2009.

Umgekehrt bedeutet eine gute und konsequente Markenpflege auch juristisch eine Stärkung der Marke:

Abbildung 9: Vorteile guter Markenpflege

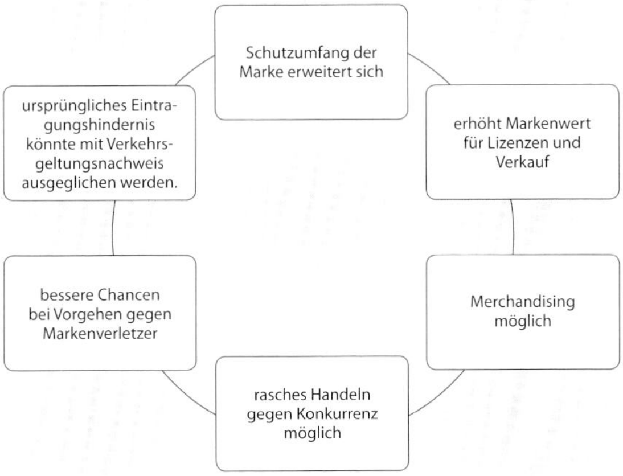

- Schutzumfang der Marke erweitert sich
- erhöht Markenwert für Lizenzen und Verkauf
- Merchandising möglich
- rasches Handeln gegen Konkurrenz möglich
- bessere Chancen bei Vorgehen gegen Markenverletzer
- ursprüngliches Eintragungshindernis könnte mit Verkehrsgeltungsnachweis ausgeglichen werden.

Grafik: © Orou 2009.

Um die negativen Effekte einer mangelhaften Markenpflege zu vermeiden und um gleichzeitig die positiven Effekte einer konsequenten Markenpflege zu erzielen, gilt es Folgendes zu beachten:

- I. Beachtung von Fristen
- II. Dokumentation der Benützung
- III. Markenüberwachung
- IV. Vorgehen gegen Markenverletzungen

I. Welche Fristen sind zu beachten?

Bei der Pflege einer registrierten Marke gibt es grundsätzlich zwei Fristen zu beachten, widrigenfalls ist die Marke löschungsgefährdet:

- A. 5-Jahre-Benutzerzwang
- B. 10-Jahre-Schutzdauerfrist

Während die 10-Jahre-Schutzdauerfrist eindeutig ist (die Marke ist zehn Jahre ab Registrierung geschützt und kann verlängert werden), ist der 5-Jahre-Benutzerzwang oft unbekannt und erläuterungsbedürftig.

Details zum Benutzerzwang

Benutzerzwang bedeutet, dass die Marke binnen fünf Jahren benutzt werden muss. Falls dies nicht erfolgt, so könnte von jedermann ein Antrag auf Löschung der Marke gestellt werden. Diese Regelung hat den Sinn, dass die Markenregister nicht mit Markenleichen überfüllt werden. Es sollen nur jene Marken dauerhaft in den Markenregistern aufscheinen und geschützt werden, die auch tatsächlich – ernsthaft – benützt werden.

Dieser Benutzerzwang bezieht sich jedoch nicht auf die Marke in ihrer Gesamtheit, sondern es wird differenziert: Für welche Waren und Dienstleistungen ist die Marke registriert? Und für welche Waren und Dienstleistungen wurde die Marke tatsächlich ernsthaft benützt?

Die Marke ist nur in Bezug auf jene Waren und Dienstleistungen löschungsgefährdet, für welche die Marke zwar eingetragen wurde, aber innerhalb von 5 Jahren nicht ernsthaft benützt wurde.

Der 5-Jahre-Benutzerzwang kann jedoch nicht nur die eigene Marke gefährden, sondern Unternehmer könnten ihn auch dazu einsetzen, um eine ungeliebte, verwechselbar ähnliche Marke eines Mitbewerbers löschen zu lassen. Voraussetzung ist natürlich, dass der Mitbewerber diese verwechselbar ähnliche Marke zwar registriert hat, aber seit mindestens fünf Jahren nicht benützt. Die Löschung einer solchen Marke kann durchaus Sinn machen: Einerseits kann auf diese Weise ein möglicher Markenstreit in Zukunft vermieden werden und andererseits kann eine bestehende Rechtsunsicherheit der eigenen Marke beseitigt werden.

Auf Märkten mit scharfem Wettbewerb sind manche Mitbewerber etwas unverfroren. So kommt es durchaus vor, dass Mitbewerber sogenannte „Sperrmarken" registrieren, um aus der Sicht des Mitbewerbers die Konkurrenz in „seinen" Märkten zu verhindern. Diese „Sperrmarken" werden vom Mitbewerber nicht selbst verwendet, sondern sollen nur dazu dienen, um Konkurrenzmarken vom betreffenden Markt fern zu halten. Es werden also durchaus verwechselbar ähnliche Marken von Mitbewerbern registriert, deren Registrierung dieser bisher „verschlafen" hat. Auch wenn eine böse Absicht dahinter vermutet werden kann, so ist es manchmal schwierig, vor Gericht diese böse Absicht tatsächlich nachzuweisen. Viel einfacher ist es, fünf Jahre abzuwarten und danach einen Antrag auf Löschung der ungeliebten Konkurrenzmarke(n) zu stellen.

Zusammengefasst ist also auf folgende Fristen zu achten:

Abbildung 10: Fristen

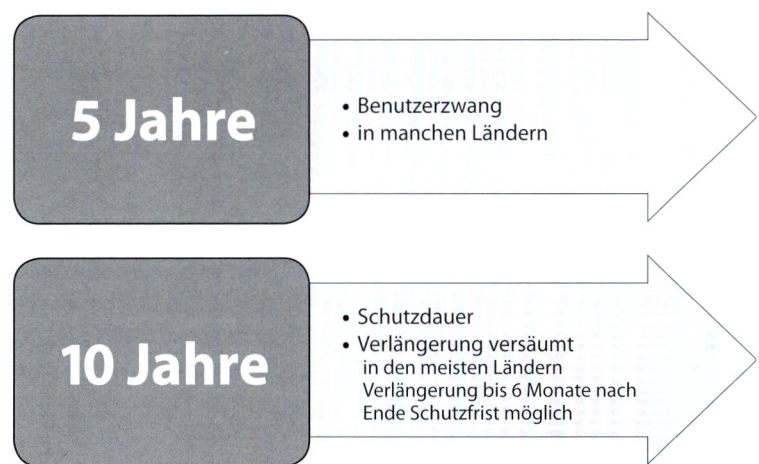

Grafik: © Orou 2009

II. Dokumentation der Benützung

Die Dokumentation der Benützung hat den Sinn, die Bekanntheit der betreffenden Marke nachzuweisen. Indem die Marke ernsthaft benützt wird, wird die Marke per se schon bekannt. Bekanntheit einer Marke ist nach der Rechtssprechung des EuGH ein entscheidendes Kriterium, das in einem Markenstreit zu berücksichtigen ist. Dem Markeninhaber kommt nun die Aufgabe zu darzustellen, dass zum einen die Marke überhaupt bekannt ist und in der weiteren Folge dann, dass die Marke zum anderen über eine gewisse erhöhte Bekanntheit verfügt. Für ein Vorgehen gegen Nachahmer der Marke in einem Prozess müssen daher Unterlagen vorgelegt werden, die die Bekanntheit der Marke belegen. Dies bedeutet: Dokumentation der Benützung.

Die Dokumentation der Benützung sollte geordnet nach Medium und Jahr erfolgen. Wichtig ist, dass diese Dokumentation immer auf den neuesten Stand gebracht wird und auch immer griffbereit ist, damit ein rasches Vorgehen gegen Markenverletzer immer gewährleistet ist.

Abbildung 11: Zweck der Dokumentation

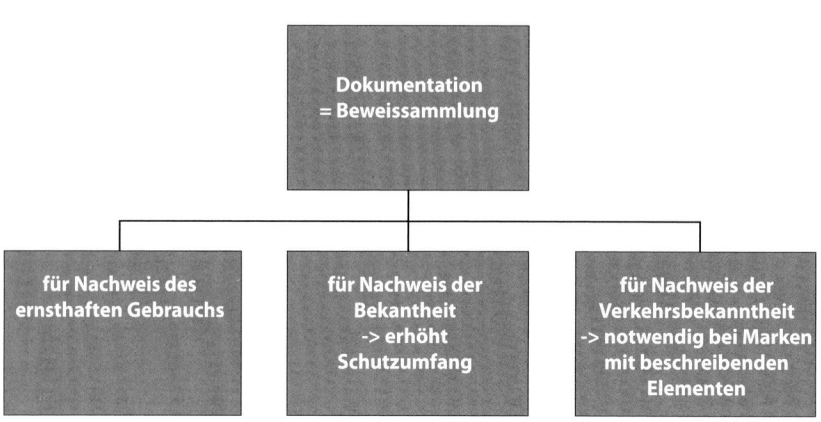

Grafik: © Orou 2009

III. Markenüberwachung

Es ist notwendig stets zu überprüfen, ob die Daten im Markenregister aktuell sind, ob Konkurrenzmarken registriert wurden und ob es Markenverletzer gibt.

Ausgangspunkt sind immer die eigenen Marken, so dass es unerlässlich ist, über die eigenen Marken genau Bescheid zu wissen. Die Erstellung einer detaillierten und aktuellen Liste der eigenen Marken wird daher dringend angeraten.

Markenliste – kennen Sie Ihre Marken?

Es nützt aber nichts, wenn diese Liste in Schwarz/Weiß gehalten ist, die Marken jedoch in Farben registriert sind. Auch nützt es nichts, wenn zwar einmal eine Markenliste erstellt wurde, diese Liste aber dann in irgendeinem Ordner gut abgeheftet ist und sich niemand weiter darum kümmert.

Wenn einmal eine Markenliste erstellt wird, so fördert diese Liste manchmal Erstaunliches hervor. Selbst bei Unternehmen mit eigener Rechtsabteilung stimmt die Markenliste oft nicht mit dem tatsächlichen Registerstand überein: Beispielsweise fehlen einige Marken schlicht in der Liste, da in der Zwischenzeit neue Marken angemeldet wurden; andere Marken scheinen noch in der Liste auf, obwohl sie mangels Verlängerung bereits gelöscht wurden; Inkonsistenz der Klassenverzeichnisse der vorhandenen Marken oder es wurde vergessen, auf manche Exportländer den Schutz auszuweiten, etc.

Anhand einer Markenliste sollten neben den betreffenden Marken (mit Abbildung in Farbe) folgende Daten (stets) abrufbar sein:

- Register, zB A (für Österreich), EU, IR (= internationales Markenregister, inklusive der benannten ausländischen Länder)
- Register-Nr.
- Priorität
- Klassen
- Anmerkungen (zB ob Lizenzen vergeben wurden, ob an eine Schutzerstreckung gedacht wurde, ob die Marke gar streitverfangen ist, etc)
- Fristen (zB Ende der Schutzfrist).

Oft wird aufgrund einer Kontrolle ersichtlich, dass es an der Zeit ist, so manchen Fehler zu korrigieren: Der Markenschutz für einige Vertriebsländer wird nachgeholt, manche Marken werden um zusätzliche Klassen erweitert, der Registerstand wird mit den aktuellen Adressen, Inhabern und Namen korrigiert etc.

Auf Basis dieser Liste kann dann die eigentliche Markenüberwachung erfolgen. Schematisch dargestellt:

Abbildung 12: Markenpflege durch Markenüberwachung

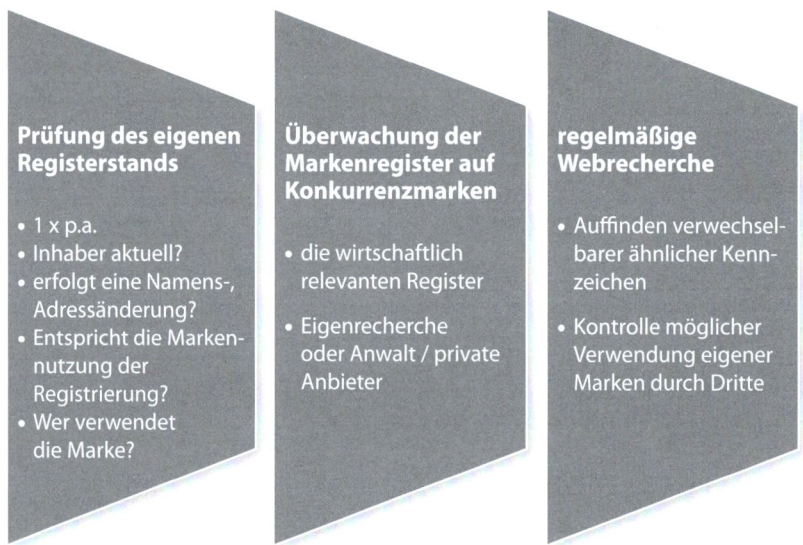

Grafik: © Orou 2009

IV. Vorgehen gegen Markenverletzer

Gegen Markenverletzer muss entschieden vorgegangen werden, ansonsten wird die eigene Marke verwässert und verliert ihren Wert. Besonders krass ist dies bei Produktpiraterie: Nicht nur, dass hier Trittbrettfahrer Umsatz auf Kosten des Markenunternehmens machen und das Markenunternehmen dadurch einen Gewinnentgang hat; es kommt noch schlimmer: Nachgeahmte Produkte mit minderer Qualität schädigen letztlich auch den Ruf des Markenunternehmens.

Zögern und Zaudern hat bei Markenverletzungen keinen Sinn!

Ein bekanntes Beispiel für die negativen Auswirkungen eines zu zögerlichen Vorgehens gegen die unerlaubte Verwendung eines Markennamens ist der „**Walkman**".

Sony hatte für einen portablen Kassettenrecorder das Fantasiewort Walkman geschaffen. Mit der Zeit setzte sich dieser Markenname als Begriff für kleine portable Kassettenrecorder durch. Walkman wurde für portable Kassettenrecorder zum Freizeichen. Zu spät versuchte Sony gegen die allgemeine Verwendung seiner Marke vorzugehen. In der Zeit der Klagseinbringung war die Marke zwar aufrecht registriert, Sony verlor jedoch sämtliche Gerichtsprozesse. Zu spät und zu zögerlich war Sony gegen die Verwässerung seiner Marke vorgegangen. Dass sich eine Marke zum Freizeichen entwickeln kann, ist jedoch in der Realität nicht sehr häufig.

Viel häufiger ist folgender Fall, der Klein- und Mittelbetriebe betrifft: Ein mittel-ständischer Betrieb wird im Laufe der Zeit aufmerksam, dass ein Großkonzern eine verwechselbare Marke für sich registriert hat. Anstatt entschieden dagegen vorzugehen, scheut dieser mittelständische Betrieb Kosten und Risiken und „möchte sich mit den Großen gar nicht erst anlegen". Bedenklich wird der Fall spätestens dann, wenn der Großkonzern die Marke auch benützt – dann wird nämlich die prioritätsältere Marke des mittelständischen Betriebes verwässert.

Noch schlimmer wird der Fall, wenn fünf Jahre lang, in Kenntnis dieses Zustandes, nichts gegen diese Markenbenützung durch den Dritten unternommen wird. Ein Nichtvorgehen gegen die Verwendung der eigenen Marke durch Dritte, und sei es nur durch eine verwechselbar ähnliche Marke, hat die Verwirkung zur Folge. Eine fünfjährige Untätigkeit bewirkt also die Verwirkung des Rechts, um gegen einen bekannten Markenverletzer vorgehen zu können. Diese 5-Jahres-Frist ist in den meisten Rechtsordnungen vorgesehen und gilt zumindest für die Gemeinschaftsmarke und die 27 EU-Mitgliedstaaten.

Einem Markeninhaber muss sich immer vergegenwärtigen, dass sein Markenrecht etwas Besonderes ist und er dieses Monopol, das er staatlich durchsetzen kann, verteidigen muss. Ansonsten läuft der Markeninhaber Gefahr, dieses Monopol zu verlieren.

II. Kapitel: Markenpflege   rechtlicher Teil

Markenpflege in rechtlicher Hinsicht bedeutet zusammengefasst:

Abbildung 13: Markenpflege

- Beachtung von Fristen
- Dokumentation der Benützung
- Markenüberwachung
- Vorgehen gegen Markenverletzer

Grafik: © Orou 2009

III. Kapitel:
MARKEN SIND WIRTSCHAFTSGÜTER
(Iris Burgstaller)

I. Worin Shakespeare und Goethe sich irrten

„What's in a name? That which we call a rose
By any other name would smell as sweet."
(William Shakespeare)

„Name ist Schall und Rauch."
(Goethe, Faust I)

Eines ist klar: Wenn es um Marken geht, muss Shakespeare und Goethe widersprochen werden – der Name macht einen Unterschied!

Dieser Unterschied kommt in erster Linie in marketingorientierter Hinsicht zum Ausdruck. Marken führen zu kognitiven Unterschieden, was bedeutet, dass Kunden Produkten unterschiedliche Attribute zuschreiben oder Markenprodukte gegenüber No-Name-Produkten mit bestimmten bevorzugten Qualitäten assoziieren. Gerade in einem Marktumfeld mit zunehmender funktionaler Gleichwertigkeit der Produkte, Reizübersättigung des Marktes und steigender Preissensibilität der Konsumenten kann diese Differenzierung aufgrund der Marke – der „Brand Appeal" – entscheidende Wettbewerbsvorteile gegenüber Konkurrenten bringen.

Dies zeigt sich gerade bei Top-Marken wie *Coca-Cola, Microsoft* oder *Google*, bei denen der Name keineswegs "Schall und Rauch", sondern der Unique Selling Point des Unternehmens und damit das Unterscheidungskriterium des Marktführers gegenüber seinen Konkurrenten ist, was sich selbstverständlich va in Form von beeindruckenden finanziellen Werten niederschlägt Aufgrund der mit dem Markenzeichen verbundenen, positiven Assoziationen beim Konsumenten ist es einem Unternehmen nämlich möglich, einen höheren Preis für das eigene Produkt zu rechtfertigen als dies etwa Gattungsmarken möglich ist. Veranschaulichen lässt sich dieser Preisunterschied insbesondere anhand des „Brand Value" Der „Brand Value" (ökonomischer Markenwert) drückt den monetären

Eine positive Auswirkung auf die Kaufbereitschaft des Konsumenten ergibt sich dann, wenn der Konsument die Marke mit einem Mehrwert (Added Value) verbindet. Der Mehrwert kann in der Markenpersönlichkeit, den konkreten Nutzenversprechen oder den marketingpolitischen Signalen des Unternehmens (Werbung, Public Relations, Sponsoring, etc.) liegen.

Die markenspezifische Kaufbereitschaft kann mehr oder weniger stark ausgeprägt sein. Die Kaufbereitschaft ist grundsätzlich umso stärker, desto besser das marketingpolitische Nutzenversprechen erfüllt wird und somit nach der Nutzung durch die gesammelten Erfahrungen des Konsumenten bestätigt wird. Durch die (positiven) Erfahrungen des Konsumenten mit dem Markenprodukt kann sich in der Folge Markenloyalität einstellen, die wiederum entscheidend für die Nachhaltigkeit der Marke und des Markenmanagements sowie die Entwicklung einer guten Markenreputation ist. In diesem Zusammenhang ist vor allem relevant, wie hoch die Nutzenerwartungen des Konsumenten an eine bestimmte Marke sind und wie viel an Zusatznutzen eine Marke außerdem aufseiten des Konsumenten tatsächlich stiften kann (Marken als Nutzenstifter).

Aus Konsumentensicht stellt sich der Nutzen von Marken folgendermaßen dar:

Abbildung 18: Markennutzen für Konsumenten

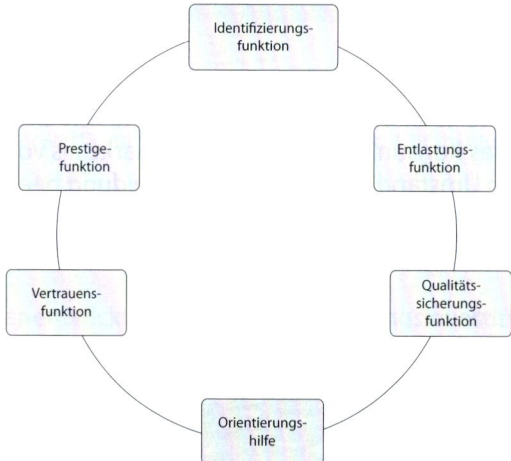

Quelle: *Meffert/Burmann/Koers*, Stellenwert und Gegenstand des Markenmanagement

Bei starken Marken ist der Konsument bereit, einen Preisbonus für ein Markenprodukt zu zahlen, der finanziell grundsätzlich diesem kognitiven Mehrwert des Markenprodukts („Customer-based Brand Value Added") gegenüber einem No-Name-Produkt mit gleichem Grundnutzen entspricht. Eine starke Marke zeichnet sich aufgrund ihrer vom

III. Kapitel:
MARKEN SIND WIRTSCHAFTSGÜTER
(Iris Burgstaller)

I. Worin Shakespeare und Goethe sich irrten

„What's in a name? That which we call a rose
By any other name would smell as sweet."
(William Shakespeare)

„Name ist Schall und Rauch."
(Goethe, Faust I)

Eines ist klar: Wenn es um Marken geht, muss Shakespeare und Goethe widersprochen werden – der Name macht einen Unterschied!

Dieser Unterschied kommt in erster Linie in marketingorientierter Hinsicht zum Ausdruck. Marken führen zu kognitiven Unterschieden, was bedeutet, dass Kunden Produkten unterschiedliche Attribute zuschreiben oder Markenprodukte gegenüber No-Name-Produkten mit bestimmten bevorzugten Qualitäten assoziieren. Gerade in einem Marktumfeld mit zunehmender funktionaler Gleichwertigkeit der Produkte, Reizübersättigung des Marktes und steigender Preissensibilität der Konsumenten kann diese Differenzierung aufgrund der Marke – der „Brand Appeal" – entscheidende Wettbewerbsvorteile gegenüber Konkurrenten bringen.

Dies zeigt sich gerade bei Top-Marken wie *Coca-Cola, Microsoft* oder *Google*, bei denen der Name keineswegs "Schall und Rauch", sondern der Unique Selling Point des Unternehmens und damit das Unterscheidungskriterium des Marktführers gegenüber seinen Konkurrenten ist, was sich selbstverständlich va in Form von beeindruckenden finanziellen Werten niederschlägt Aufgrund der mit dem Markenzeichen verbundenen, positiven Assoziationen beim Konsumenten ist es einem Unternehmen nämlich möglich, einen höheren Preis für das eigene Produkt zu rechtfertigen als dies etwa Gattungsmarken möglich ist. Veranschaulichen lässt sich dieser Preisunterschied insbesondere anhand des „Brand Value" Der „Brand Value" (ökonomischer Markenwert) drückt den monetären

Wert der Marke aus. In welchen Dimensionen sich diese Werte bewegen können, wird beispielsweise – anhand der folgenden Daten einer von *Interbrand* im Jahr 2008 durchgeführten Studie bzgl der weltweit stärksten Markenwerte belegt.

Abbildung 14: Interbrand Studie: Die weltweit stärksten Markenwerte

Brand Rank	Brand Name	Brand Value 2008 $ m	Parent Company	Country
1	Coca-Cola	66,667	Coca-Cola	U.S.
2	IBM	59,031	IBM	U.S.
3	Microsoft	59,007	Microsoft	U.S.
4	GE	53,086	GE	U.S.
5	Nokia	35,942	Nokia	FINLAND
6	Toyota	34,050	Toyota	JAPAN
7	Intel	31,261	Intel	U.S.
8	McDonald's	31,049	McDonald's	U.S.
9	Disney	29,251	Walt Disney	U.S.
10	Google	25,590	Google	U.S.
11	Mercedes-Benz	25,577	Daimler AG	GERMANY
12	Hewlett-Packard	23,509	Hewlett-Packard	U.S.
13	BMW	23,298	BMW	GERMANY
14	Gillette	22,069	Procter & Gamble	U.S.
15	American Express	21,940	American Express	U.S.
16	Louis Vuitton	21,602	Louis Vitton Moet Hennessy	FRANCE
17	Cisco	21,306	Cisco	U.S.
18	Malboro	21,300	Altria Group	U.S.
19	Citi	20,174	Citigroup	U.S.
20	Honda	19,079	Honda Motor	JAPAN

Quelle: http://www.interbrand.com/best_global_brands.aspx?langid=1000 und http://images.businessweek.com/ss/08/09/0918_best_brands/1.htm (18.09.2008)

II. Marken als Werte und Markenmanagement

Nicht zuletzt aufgrund des vorigen Zahlenbeispiels ist unbestritten: Marken zählen zu den wichtigsten Wertkomponenten von Unternehmen und stellen die wesentlichen Werttreiber für den zukünftigen Erfolg des Unternehmens dar. Produktführer behaupten ihre Marktstellung über lange Zeiträume hinweg durch die Stärke ihrer Marken und die Werte, die damit verbunden sind.

Starke Marken steigern den Unternehmenswert, den Shareholder Value. Bei Unternehmenstransaktionen werden beispielsweise astronomische Summen für starke Marken gezahlt. Starke Marken sind Grund von feindlichen Übernahmen, gleichzeitig sind sie aber auch Instrumente zur Abwehr von Übernahmen. Ebenso sind Marken Gegenstand von Asset-Backed-Security Transaktionen, bei denen Vermögensgegenstände als Sicherheit für die Ausgabe von Schuldverschreibungen (Bonds) dienen – eines der bekanntesten Beispiele für eine solche Transaktion ist die Securitisation der Marke „David Bowie", für die ein Wertpapiervolumen von rund $ 55 Millionen erreicht werden konnte. Marken übernehmen also zunehmend Sicherungsfunktionen im Rahmen der Finanzierung oder werden zur Steigerung der Liquidität im Rahmen von Sale-and-Lease-back-Transaktionen verwendet.

Dementsprechend „stark" ist das richtige Management von Marken in den Mittelpunkt einer wertorientierten Unternehmensführung gerückt. Im Fokus einer solchen (marken-)wertorientierten Unternehmensführung steht das Ziel, die Wertschöpfung der Marke und damit ihren monetären Wert zu steigern. Dies erfolgt durch entsprechende Planungs-, Steuerungs- und Controllingmaßnahmen. Ein solcher (sogenannter) Markenwertschöpfungsprozess ist exemplarisch wird in der folgenden Grafik vorgestellt.

Abbildung 15: Markenwertschöpfungsprozess

Quelle: Bundesverband Deutscher Volks- und Betriebswirte e. V., bdvb-aktuell Nr. 95, S. 6.

A. Markeninvestitionen

Am Beginn der Markenentwicklung stehen die Anfangsinvestitionen in die Marke (Kosten der Designentwicklung, Registrierungskosten, Einführungskampagnen etc). Marken werden teils erst durch beträchtliche Investitionen in die Entwicklung sowie in die Positionierung geschaffen.

Darüber hinaus sind im Rahmen der Markenpflege und Markenverteidigung unter Umständen laufend Investitionen in die Marke zu tätigen.

Marken stellen für Unternehmen somit Investitionsobjekte dar. Dementsprechend ist an Marken die Erwartung geknüpft, dass aus ihnen laufende Renditen erzielt werden oder ein sonstiger Nutzen für das Unternehmen entsteht. Die nutzenstiftenden Elemente von Marken für Unternehmen sind in der folgenden Grafik – zusammengefasst – dargestellt.

Abbildung 16: Markennutzen für Unternehmen

Quelle: *Meffert/Burmann/Koers*, Stellenwert und Gegenstand des Markenmanagement

B. Markenwerttreiber

Die Quelle des Markenwerts ist die Wahrnehmung der Marke durch den Konsumenten. In der Wahrnehmung des Konsumenten beginnt die Marke als Vorstellungsbild im Kopf, welches unter gewissen Umständen seine Kaufentscheidung beeinflussen kann.

Abbildung 17: Marke als Vorstellungsbild im Kopf

Quelle: *Meffert/Burmann/Koers*, Stellenwert und Gegenstand des Markenmanagement

Eine positive Auswirkung auf die Kaufbereitschaft des Konsumenten ergibt sich dann, wenn der Konsument die Marke mit einem Mehrwert (Added Value) verbindet. Der Mehrwert kann in der Markenpersönlichkeit, den konkreten Nutzenversprechen oder den marketingpolitischen Signalen des Unternehmens (Werbung, Public Relations, Sponsoring, etc.) liegen.

Die markenspezifische Kaufbereitschaft kann mehr oder weniger stark ausgeprägt sein. Die Kaufbereitschaft ist grundsätzlich umso stärker, desto besser das marketingpolitische Nutzenversprechen erfüllt wird und somit nach der Nutzung durch die gesammelten Erfahrungen des Konsumenten bestätigt wird. Durch die (positiven) Erfahrungen des Konsumenten mit dem Markenprodukt kann sich in der Folge Markenloyalität einstellen, die wiederum entscheidend für die Nachhaltigkeit der Marke und des Markenmanagements sowie die Entwicklung einer guten Markenreputation ist. In diesem Zusammenhang ist vor allem relevant, wie hoch die Nutzenerwartungen des Konsumenten an eine bestimmte Marke sind und wie viel an Zusatznutzen eine Marke außerdem aufseiten des Konsumenten tatsächlich stiften kann (Marken als Nutzenstifter).

Aus Konsumentensicht stellt sich der Nutzen von Marken folgendermaßen dar:

Abbildung 18: Markennutzen für Konsumenten

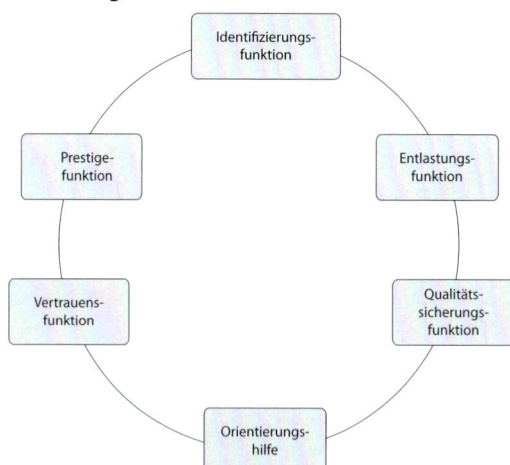

Quelle: *Meffert/Burmann/Koers,* Stellenwert und Gegenstand des Markenmanagement

Bei starken Marken ist der Konsument bereit, einen Preisbonus für ein Markenprodukt zu zahlen, der finanziell grundsätzlich diesem kognitiven Mehrwert des Markenprodukts („Customer-based Brand Value Added") gegenüber einem No-Name-Produkt mit gleichem Grundnutzen entspricht. Eine starke Marke zeichnet sich aufgrund ihrer vom

Konsumenten wahrgenommenen Funktionen neben einer hohen Eroberungsrate vor allem durch eine hohe Markenloyalität aus. Wesentlich ist, dass starke Marken sich grundsätzlich nur in Branchen herausbilden, die durch eine hohe Markenrelevanz gekennzeichnet sind – in denen also die Marke generell eine wesentliche Rolle bei der Kaufentscheidung spielt.

Ein sinnvolles Markenmanagement muss vor diesem Hintergrund darauf ausgerichtet sein, einen möglichst effizienten Transfer vom „Customer-based Brand Value Added" zum Brand Value zu erreichen. Dies bedeutet unter anderem, dass Markeninvestitionen nur dann in wesentlicher Höhe durchgeführt werden sollten, wenn die Branche eine hohe Markenrelevanz aufweist. Beispielsweise hat Procter&Gamble die Investitionen in den Markenaufbau von Tempo, Bounty oder Charmin stark reduziert, weil die Kaufentscheidung von Taschentüchern, Küchenrollen und Toilettenpapier sehr gering durch Marken beeinflusst wird (geringe Markenrelevanz). Markenmanagement heißt in diesem Zusammenhang vordergründig, die Markenrelevanz der jeweiligen Branche festzustellen, denn diese lässt sich durch Markenmanagement nicht beeinflussen.[21]

Festzuhalten ist: Marken sind Werte. Marken schaffen Werte. Aber: Wie viel sind Marken tatsächlich wert?

III. State of the art der Markenbewertung

> *„Qui numerare incipit errare incipit."*
> *(„Wer anfängt zu zählen, beginnt zu irren.")*
> *(Römisches Sprichwort)*

Dieser Satz trifft auf Markenbewertungen in besonderem Maße zu, vor allem deshalb, weil die Markenbewertung im Spannungsfeld zwischen dem verhaltensorientierten (marketingorientierten) und dem finanzorientierten Ansatz steht. Den Bogen zwischen diesen beiden Ansätzen zu spannen, stellt eine komplexe Aufgabe dar.

Die zunehmende Bedeutung von Marken hat zu einer wahren Flut von Markenbewertungsverfahren geführt. Aufgrund dieser Vielzahl an Verfahren – jedes der führenden Unternehmen in diesem Sektor bietet ein eigens entwickeltes Verfahren an – kommt es in der Praxis zu teilweise eklatanten Unterschieden bei den ermittelten Markenwerten.

---

21 Vgl. Bauer/Huber/Albrecht, Erfolgsfaktoren der Markenführung, S. 18ff.

Besonders anschaulich kann dies verdeutlicht werden unter Bezugnahme auf die eingangs dargestellte Interbrand Studie, in deren Ranking die weltstärksten Marken von Coca Cola mit rund $66,667 Mio angeführt werden und Google als auf Platz zehn mit rund $ 25,59 Mio aufscheint. Bei der von BrandZ durchgeführten Studie für 2009 liegt Google mit einem Markenwert von $ 100 Mio – also fast dem Vierfachen des Interbrand Wertes - an erster Stelle.

Von einem einzigen „State of the art" der Markenbewertung kann nicht ausgegangen werden, weil derzeit keine einheitliche Vorgangsweise besteht. Dies ist bis zu einem gewissen Grad mit dem Gegenstand der Markenbewertung selbst verbunden, weil Marken immaterielle Vermögenswerte darstellen und die Übersetzung eines immateriellen Gegenstandes ins Materielle – sprich in finanzielle Werte – immer große Schwierigkeiten bereitet. Daneben treten die bei zukunftsorientierten Bewertungen generell bestehenden Problemkreise auf – insbesondere die grundlegende Unsicherheit von Prognosen sowie die Komplexität einer zuverlässigen Einschätzung zukünftiger Potenziale und Gewinnerwartungen sind hier zu erwähnen.

A. Wer Marken bewerten will …

Trotz der Vielzahl von Ansätzen und Philosophien sind bei der Herangehensweise an eine Markenbewertung die folgenden Bewertungsgrundsätze in die Überlegungen mit einzubeziehen.

Wer Marken bewerten will,

- muss sich der Komplexität der Materie sowie auch der Tatsache bewusst sein, dass eine Marke nur in sehr idealtypischen praxisfernen Fällen einer eindeutigen Bewertung zugänglich ist. In der Regel wird es unter-schiedliche Ansätze und dementsprechend unterschiedliche Ergebnisse geben – ein absoluter Markenwert wird sich nicht ermitteln lassen, lediglich ein relativer Wert ist bestimmbar. Zudem ist der Markenwert immer abhängig von der Motivlage des Bewerters;

- muss sich fragen, wozu und für wen die Bewertung durchgeführt wird (Bewertungsanlass) und welche Funktion der Bewertung zukommt. Beispielsweise wird der Bewertungsfokus im Zusammenhang mit Unternehmenstransaktionen ein anderer sein als im Rahmen der Feststellung eines möglichen Schadensersatzanspruches im Falle einer Markenrechtsverletzung;

- muss sich eingehend mit der Marke selbst und dem jeweils passenden Zugang zu ihrer Bewertung beschäftigen. Markenbewertung muss immer individuell auf die jeweilige Marke abgestimmt sein;

- muss den Markt, auf dem die Marke eingesetzt wird, kennen oder kennenlernen und in puncto Markensensibilität verstehen – je nach Markt und Branche wird die Markenrelevanz unterschiedlich sein. Grundsätzlich sollten die *markt*spezifischen Besonderheiten neben den *marken*spezifischen Besonderheiten in die Bewertung einfließen;

- sollte möglichst auf objektive und auch durch Dritte überprüfbare Daten zurückgreifen, um die Reliabilität und das Vertrauen in die Legitimität der Bewertung zu erhöhen;

- sollte darauf achten, dass die Bewertung für einen Dritten plausibel und nachvollziehbar ist.

- muss last but not least überlegen, welche Bewertung ökonomisch in puncto Kosten vertretbar ist.

B. Anforderungen an ein objektiviertes Markenbewertungsverfahren

Trotz der heterogenen auf dem Markt existierenden Markenbewertungsverfahren besteht weitgehende Einigkeit darüber, dass ein objektiviertes Markenbewertungsverfahren grundsätzlich zukunftsorientiert sein sollte, und zwar dahingehend, dass das zukünftige Wertschöpfungspotenzial der Marke ermittelt und unter Anwendung eines kapitalwertorientierten Verfahrens auf den Tageswert umgerechnet werden kann.

Die technische Vorgangsweise bei der Ermittlung eines objektivierten Markenwertes ist in der folgenden Grafik vereinfacht dargestellt:

Abbildung 19: Vorgangsweise bei Markenwertermittlung

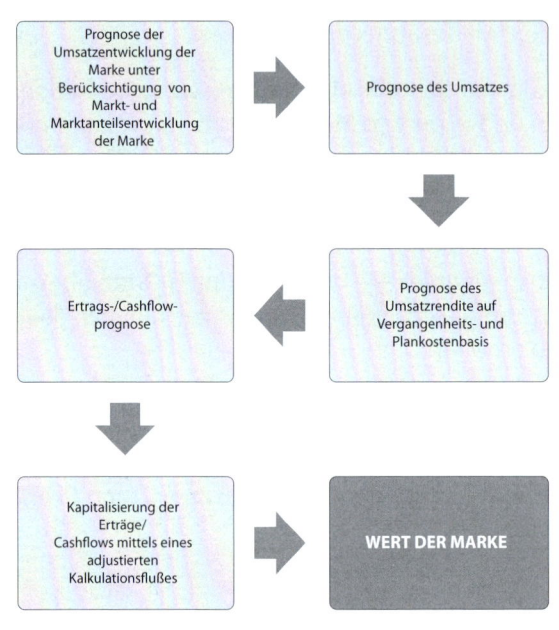

Quelle: *Hamann* (1992) 224

In Anlehnung an die oben erwähnten Bewertungsgrundsätze sowie an die im Rahmen einer Arbeitsgruppe des *Brand Valuation Forums* festgelegten Standards einer Markenbewertung kann ein Anforderungsprofil an ein objektiviertes Markenbewertungsverfahren erstellt werden. Ein ähnlicher Vereinheitlichungs-standard ist auch vom Österreichischen Normungsinstitut herausgegeben worden (Standard-Ansatz nach ON-Regel 16800).

Die folgenden Aspekte sind entsprechend den seitens des *Brand Valuation Forums* entwickelten Grundsätzen bei der Ermittlung eines objektiven Markenwertes zu berücksichtigen:

1. Berücksichtigung von Bewertungsanlass und Bewertungsfunktion.
2. Berücksichtigung von Markenart und Markenfunktion.
3. Berücksichtigung des bestehenden Markenschutzes.
4. Berücksichtigung der Marken- und Zielgruppenrelevanz.
5. Ermittlung des Preisbonusses der Marke.
6. Berücksichtigung der wirtschaftlichen Lebensdauer der Marke.

7. Isolierung von markenspezifischen Einzahlungsüberschüssen.
8. Berücksichtigung eines kapitalwertorientierten Verfahrens und eines angemessenen Diskontierungssatzes.
9. Markenspezifische Risiken.
10. Nachvollziehbarkeit und Transparenz.

Auf die einzelnen Punkte wird im Folgenden kurz überblicksartig eingegangen.

1. Berücksichtigung von Bewertungsanlass und Bewertungsfunktion

Markenbewertung ist in der Regel kein Selbstzweck, sondern soll anlassbezogen Informationen vermitteln. Diese richten sich grundsätzlich nach dem Bewertungsadressaten:

- Der Eigentümer will in der Regel Informationen als Grundlage für bestimmte Entscheidungen (Unternehmenstransaktionen, Lizenzierung, Einreichung einer Klage auf Schadenersatz bei Markenrechtsverletzungen etc).
- Potenzielle Käufer oder Lizenznehmer wollen ebenfalls Informationen als Entscheidungsgrundlage.
- Unternehmensintern besteht Informationsbedarf bzgl des Wertes der Marke für marketingrelevante strategische Entscheidungen, für Budgets oder als Bemessungsgrundlage für Erfolgshonorare.
- Unternehmensextern kann eine Bewertung für steuerliche Zwecke gefordert sein, wenn beispielsweise Markentransfers oder Lizenzierungen im Konzern erfolgen. Auch durch Basel II und die zunehmende Bedeutung der Finanzierungs- und Sicherungsfunktion von Marken bei Finanzierungen werden Markenbewertungen immer wichtiger.

Für die Bewertung ist die Befassung mit dem Bewertungsadressaten sowie der Bewertungsfunktion auch deswegen relevant, weil dies zudem darüber ent-scheidet, ob die Bewertung vergangenheitsbezogen (in der Regel für unter-nehmensinterne Zwecke, Budgets etc) oder zukunftsbezogen (in der Regel für Markenrechtstransaktionen sowie sonstige externe Interessenten) erfolgen soll.

2. Berücksichtigung von Markenart und Markenfunktion

Marken können nach unterschiedlichen Kriterien differenziert werden, beispielsweise folgendermaßen:

- geografischer Geltungsbereich: regional, national, international, Gemeinschaftsmarke;
- Produkte oder Dienstleistungen;
- Einzelmarken oder Dachmarken.

Im Rahmen der Bewertung ist es jedenfalls wesentlich, auf den jeweiligen zur Bewertung gelangenden Markentyp Bezug zu nehmen und soweit erforderlich auch die allenfalls zur Abgrenzung von anderen Markentypen herangezogenen Kriterien offenzulegen.

Ebenso empfiehlt es sich, die oben in Abbildungen 16 und 18 dargestellten nutzenstiftenden Elemente und Funktionen der Marke als Ausgangsbasis für die monetäre Bewertung festzulegen. Damit wäre auch der Bogen vom verhaltenswissenschaftlichen Ansatz zum finanziellen Ansatz gespannt.

Darüber hinaus ist wesentlich, im Rahmen dieser Analyse klar zu machen, welcher Vermögenswert konkret Gegenstand der Bewertung sein soll. In der Regel bezieht sich die Bewertung nicht allein auf das Markenlogo und die damit verbundenen visuellen Elemente. Der Mehrwert im Zusammenhang mit Marken wird in der Regel erst durch den mit ihnen assoziierten „Goodwill" geschaffen. Die Bewertung kann sich aber beispielsweise auch auf ein größeres Bündel von Vermögenswerten, nämlich Marke mitsamt den sonstigen marketingspezifischen immateriellen Vermögensgegenständen beziehen. Als Letztere kommen beispielsweise Domainnamen, Designrechte, Verpackung, Urheberrechte hinsichtlich Farbe, Geruch, Sound, Firmenwortlaut, Bildelementen und Schriftsätzen in der Werbung. Denkbar ist auch, der Bewertung im Sinne eines holistischen Ansatzes das ganze Unternehmen zugrunde zu legen, da entsprechend diesem Ansatz auch die Unternehmenskultur, die Mitarbeiter, das gesamte unternehmerische Programm samt der immateriellen Vermögenswerte die Grundlage für die marketingspezfische Differenzierung und Wertschöpfung darstellt.

Wie wesentlich die Definition des Vermögenswertes ist, lässt sich besonders anschaulich an Transaktionen zeigen: Beispielsweise wurde im Zuge des Rolls Royce Deals von Volkswagen im Jahr 1998 für die materiellen Vermögenswerte (Werke, Produktion, etc.) der Rolls Royce Produktion rund $ 670 Millionen bezahlt. BMW erwarb wenige Jahre später die Nutzungsrechte an der Marke „Rolls Royce" um rund $ 60 Millionen.

3. Berücksichtigung des bestehenden Markenschutzes

Je stärker grundsätzlich die Marke positioniert ist, desto größer ist die Position des Eigentümers, über die Marke zu disponieren (property right) und jeden anderen von ihrer Nutzung auszuschließen bzw für eine unrechtmäßige Verwendung haftbar zu machen (liability right).

Dementsprechend muss als Ausgangspunkt für eine Bewertung auch eine Klärung der rechtlichen Aspekte rund um die Marke erfolgen, also insbesondere die Inhaberschaft, die bestehenden Rechte Dritter und der rechtliche Geltungsbereich (geografisch, objektbezogen etc) müssen ermittelt werden.

4. Berücksichtigung der Marken- und Zielgruppenrelevanz

Voraussetzung einer jeden Markenbewertung ist zunächst, Grundkenntnisse bzgl des relevanten Marktes, auf dem die Marke verwendet wird, zusammenzutragen. Entscheidend für die Markenbewertung ist nämlich, inwieweit der Markt überhaupt markensensibel ist, das heißt, wie stark Konsumenten ihre Kaufentscheidung an Marken ausrichten. Die Markenrelevanz bzw Markensensibilität ist im Rahmen einer zukunftsorientierten Markenbewertung darüber hinaus wesentlich für die Beurteilung, ob und in welcher Höhe die Marke nachhaltig Wertschöpfungsbeiträge leisten kann.

Bei unterschiedlichen Marktsegmenten, auf denen die Marke eingesetzt wird, ist somit eine Differenzierung im Rahmen der Bewertung erforderlich – Beispiel: Berücksichtigung unterschiedlicher Zielgruppen einer Marke, wenn diese ein unterschiedliches Kaufverhalten aufweisen.

Diese Differenzierung hat außerdem einen praktischen Nutzen für die Isolierung der Umsätze, des Cashflows oder der Gewinne des Unternehmens, die auf die Marke zurückzuführen sind.

5. Berücksichtigung des Markenstatus

Der Markenstatus bezieht sich sowohl auf den Erfolg der Marke in ihrem Markt als auch auf die Anziehungskraft der Marke. Dieser Markenstatus ist grundsätzlich vergangenheitsbezogen und evaluiert das bisherige Verhalten der Konsumenten gegenüber der Marke.

Im Rahmen der Erhebung sind unter anderem die folgenden Aspekte zu untersuchen: Käuferreichweite, Wiederkaufrate (Markenbindung, Markenloyalität), Marktanteil sowie Preis- und Mengenbonus. Darüber hinaus sind für die Anziehungskraft der Marke die folgenden Kriterien relevant: Markenbekanntheit, Markensympathie, Identifikation mit der Markenphilosophie, Markenqualität, Markentreue sowie Preisakzeptanz und Weiterempfehlungsbereitschaft.

Die Ermittlung des Markenstatus hat sich insbesondere mit der Typologie der Zielgruppe zu beschäftigen, beispielsweise: Sind die Käufer bei ihrer Kauf-entscheidung eher sprunghaft oder sehr loyal? Bezieht sich die Markenloyalität nur auf bestimmte Produkte oder auf die gesamte Produktpalette? Wird das Produkt saisonal unterschiedlich häufig gekauft? Etc.

Darüber hinaus ist aber auch der Preis- oder Mengenbonus als eines der Kernstücke der Markenbewertung zu ermitteln. Der Preisbonus der Marke oder der Markenerfolg besteht – vereinfacht ausgedrückt – in dem Mehrerlös des Unternehmens, der aufgrund der Marke gegenüber einem No-Name-Produkt erzielt wird (Markenstärke).

Dies betrifft einerseits den höheren Preis, den ein Konsument aufgrund seiner Wahrnehmung der markenspezifischen Produktattribute mehr zu zahlen bereit ist, oder die höhere Menge, die der Markenproduzent gegenüber Konkurrenz-produkten gleicher oder ähnlicher Produktqualität auf dem Markt absetzen kann. Die wesentlichen Faktoren für die Ermittlung des Preisbonus sind die Markenreichweite (Welche Zielgruppen werden von der Marke erreicht?), die Markenbindung und die Markenloyalität sowie die Marktstärke der Marke (Markenbekanntheit, Markenanteil, Markenanziehung).

Auf Basis des ermittelten Preis- sowie des Mengenbonus werden in der Folge die zukünftig von der Marke voraussichtlich erwirtschafteten Cashflows ermittelt (siehe oben).

Grundsätzlich sollten diese Werte auf der Basis von repräsentativen Daten der relevanten Zielgruppe ermittelt werden (zB Verbraucher- oder Handelspanels; Marktstudien). Tatsächlich ist der Preisbonus aber in der Regel nicht direkt und objektiv anhand dieser Daten ermittelbar, sondern nur ableitbar; und diese Ableitung muss nach klar nachvollziehbaren, validen und reliablen Kriterien erfolgen, die außerdem transparent dokumentiert werden sollten, um Zweifel an der Aussagefähigkeit der Bewertung hintanzuhalten.

6. Berücksichtigung der wirtschaftlichen Lebensdauer der Marke

Die wirtschaftliche Lebensdauer der Marke entspricht dem Zeitraum, über den die Marke voraussichtlich zusätzliche Cashflows für das Unternehmen erwirtschaften wird. Häufig ist in diesem Zusammenhang auch von der Nachhaltigkeitsdauer der Marke die Rede.

Diese wirtschaftliche Lebensdauer kann beispielsweise anhand von Produktlebenszyklen, anhand von Erfahrungswerten bei ähnlichen Produkten oder auf Basis von Marktanalysen geschätzt werden.

Bei voraussichtlich unbegrenzter Lebensdauer wird es – wie beispielsweise in der ON-Regel 16800 vorgeschlagen – sinnvoll sein, zwei Phasen zu unterscheiden: die erste Phase, in der die voraussichtlichen Cashflows aus der Marke noch relativ genau prognostiziert werden können und die zweite Phase, in der aufgrund der höheren Unsicherheit eine ewige Rente mit unbegrenzt gleichbleibenden oder konstant steigenden Cashflows angesetzt und die Prognoseunsicherheit durch entsprechende Abschläge zu berücksichtigt wird.

7. Isolierung von markenspezifischen Einzahlungsüberschüssen

Sofern nicht aufgrund des spezifischen Bewertungsanlasses eine gegenwarts- oder vergangenheitsbezogene Bewertung durchzuführen ist, sind im Rahmen dieser Analyse die durch die Marke generierten zukünftigen Einzahlungsüberschüsse zu isolieren. Dieser auf die Marke zurückzuführende Teil der zukünftigen Erträge ist grundsätzlich objektiv durch eine geeignete Methode empirisch zu ermitteln, was in der Praxis allerdings bedeutet, dass auf – im besten Fall bestehende – Marktforschungsdaten (Benchmarkdaten) zurückgegriffen oder ansonsten eine spezifische Marktanalyse zur Erhebung von Benchmarks durchgeführt werden muss.

Idealtypisch ergeben sich die markenspezifischen Einzahlungsüberschüsse wie in folgendem Beispiel:

Abbildung 20: Ermittlung markenspezifischer Einzahlungsüberschüsse

Werte in €	Marken-produkt	No-Name-Produkt	Marken-bonus	Markenbonus, in % vom Verkaufspreis
durchschnittlicher Verkaufspreis	10,00	5,50		
Kosten im Zusammenhang mit Marke (Markenpflege)	–4,00	0,00		
Marken-Cashflow pro Stück	**6,00**	**5,50**	**0,50**	**5% (= 0,50/10)**

Bei einem Umsatz von € 100 Mio und einem Unternehmenssteuersatz von 25% beträgt der jährliche Marken-Cashflow € 3,75 Mio.

Quelle: Beispiel in Anlehnung an ON-Regel 16800, Ausgabedatum 1. 3. 2001.

Häufig liegen Daten zu No-Name-Produkten in der Praxis nicht vor – entweder, weil diese Daten nicht zugänglich sind oder weil es an validen Vergleichsprodukten fehlt. In diesem Fall kann zum Beispiel auf ein Benchmarkprodukt vergleichbarer Qualität zurückgegriffen werden, das einen möglichst geringen Bekanntheitsgrad aufweist und im Niedrigpreissegment vertrieben wird. Liegen auch keine Daten zu einem solchen Benchmarkprodukt vor, müsste eine Marktanalyse zur Ermittlung der markenspezifischen Einzahlungsüberschüsse durchgeführt werden. Diese Analyse ist in der Regel mit – gerade für Mittel- und Kleinunternehmen – unter Umständen prohibitiv hohen Kosten verbunden.

8. Berücksichtigung eines kapitalwertorientierten Verfahrens und eines angemessenen Diskontierungssatzes

Die ermittelten zukünftigen Einzahlungsüberschüsse sind durch Diskontierung mit einem risikoangepassten Kapitalisierungszinssatz auf den Bewertungsstichtag zu beziehen. Die Ermittlung des risikoangepassten Kapitalisierungszinssatzes erfolgt grundsätzlich mithilfe des *Capital Asset Pricing Models* (CAPM), aus dem die gewogenen durchschnittlichen Kapitalkosten des Unternehmens ermittelt (*Weighted Average Cost of Capital*) und in der Folge die vermögenswertspezifischen (dh auf die Marke bezogenen) Kapitalkosten abgeleitet werden können.

Vereinfacht gesagt besteht die Grundidee des CAPM grundsätzlich darin, dass ein Unternehmen ein Portfolio von Vermögenswerten und Verbindlichkeiten darstellt, die

III. Kapitel: Marken sind Wirtschaftsgüter

je nach Liquidität sowie erwarteter Rendite unterschiedliche Kapitalkosten aufweisen. Die Positionierung der Marke als Vermögenswert innerhalb dieses Portfolios sowie das Verhältnis der Kapitalkosten der Vermögenswerte zueinander ist in der folgenden Grafik dargestellt:

Abbildung 21: Vermögensspezifische Kapitalkosten

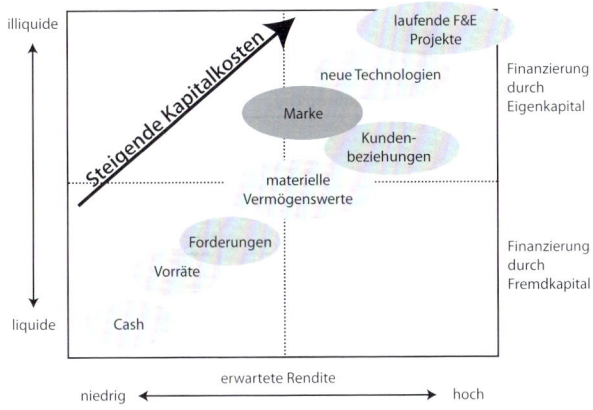

Quelle: in Anlehnung an *Schreyvogel/Wirth*, IWP-Fachtagung (2007).

Allgemein lässt sich somit sagen, dass die Marke als illiquides Wirtschaftsgut idealtypisch durch Eigenkapital finanziert wird und aufgrund der gegenüber Fremdkapitalgebern erhöhten Renditeforderung in der Regel relativ hohe Kapitalkosten vorliegen werden.

Für die konkrete Ermittlung der Kapitalkosten der Marke sieht beispielsweise das Österreichische Normungsinstitut folgende Vorgangsweise vor:

$$markenwertspezifischer\ Kapitalisierungszinssatz = \frac{Eigenkapitalkosten}{Markenwertindikator}$$

- Ermittlung der unternehmensspezifischen Eigenkapitalkosten: Die Eigenkapitalkosten entsprechen der Renditeforderung der Eigenkapitalgeber für das verschuldete Unternehmen. Die Eigenkapitalkosten ergeben sich nach dem CAPM aus der Rendite einer risikolosen Anlage zuzüglich der unternehmensspezifischen Risikoprämie.

C. Praktische Ansätze zur Markenbewertung

Der oben dargestellte theoretisch richtige und objektivierte Bewertungsansatz stellt sich in der praktischen Anwendung in der Regel als sehr aufwändig und kostenintensiv dar. Soweit tatsächlich ein objektivierter Markenwert zu ermitteln ist, wird eine Markenbewertung – den oben definierten Kriterien entsprechend – der einzig gangbare Weg sein, was insbesondere auch die Erhebung markt- und markenspezifischer Studien und Analysen erforderlich machen wird.

Für die Fälle, in denen aus zeitlichen Gründen oder aus Kostengründen von der Ermittlung eines objektivierten Markenwertes Abstand genommen wird, haben sich einige „praktischere", weil einfachere Verfahrensansätze entwickelt. Es ist aber darauf hinzuweisen, dass diese Verfahren eine wie oben erläuterte Bewertung keinesfalls ersetzen können und grundsätzlich nur behelfsweise eingesetzt sowie insbesondere in jedem Einzelfall auf Plausibilität hin überprüft werden sollten.

1. Kostenansatz

Grundsätzlich kann der Wert der Marke auch anhand eines reinen Kostenansatzes abgeleitet werden. Hierbei werden die für die Entwicklung der Marke anfallenden Kosten (Anfangsinvestitionen sowie laufende Marketingkosten) ermittelt (Ermittlung des sogenannten „Markensubstanzwertes").

Als Kosten können entweder die tatsächlich angefallenen (historischen) „Erstellungskosten" der Marke (direkt zurechenbare Entwicklungskosten, An-meldekosten, Überwachungsgebühren, Verlängerungsgebühren, Kosten für Widerspruchs-, Erinnerungs- und Beschwerdeverfahren, Werbekosten) angesetzt werden oder die entsprechenden revalorisierten Wiederbeschaffungskosten. Unter Wiederbeschaffungskosten sind die Kosten zu verstehen, die aktuell für den Aufbau einer vergleichbaren Marke (vergleichbarer Bekanntheitsgrad, vergleichbare Markenstärke) erforderlich sind.

Die Probleme dieser Methode sind evident: Je nachdem, ob es sich um historische Kosten oder Wiederbeschaffungskosten handelt, ist das Verfahren gegenwarts- bzw vergangenheitsbezogen, sodass die Aussagekraft im Hinblick auf das zukünftige Nutzenpotenzial der Marke gering ist. Für die Steuerung oder Planung im Rahmen eines wertorientierten Managements ist ein solcherart ermittelter Markenwert daher nur eingeschränkt nutzbar. Bei bereits vor längerer Zeit eingeführten Marken kann der Umstand eintreten, dass zum einen die erforderlichen Unterlagen für die Kostenermittlung fehlen, zum anderen eine Bewertung mittels Wiederbeschaffungskosten aufgrund des geänderten Marktumfeldes oder fehlender Vergleichsmaßstäbe unpassend oder je nach Liquidität sowie erwarteter Rendite unterschiedliche Kapitalkosten aufweisen. Die Positionierung der Marke als Vermögenswert innerhalb dieses Portfolios sowie das Verhältnis der Kapitalkosten der Vermögenswerte zueinander ist in der folgenden Grafik dargestellt:

Abbildung 21: Vermögensspezifische Kapitalkosten

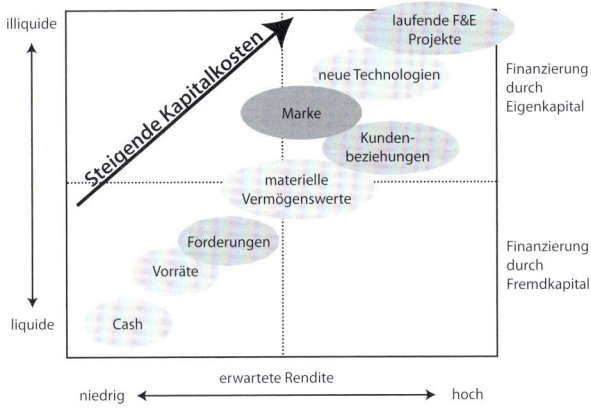

Quelle: in Anlehnung an *Schreyvogel/Wirth*, IWP-Fachtagung (2007).

Allgemein lässt sich somit sagen, dass die Marke als illiquides Wirtschaftsgut idealtypisch durch Eigenkapital finanziert wird und aufgrund der gegenüber Fremdkapitalgebern erhöhten Renditeforderung in der Regel relativ hohe Kapitalkosten vorliegen werden.

Für die konkrete Ermittlung der Kapitalkosten der Marke sieht beispielsweise das Österreichische Normungsinstitut folgende Vorgangsweise vor:

$$\text{markenwertspezifischer Kapitalisierungszinssatz} = \frac{\text{Eigenkapitalkosten}}{\text{Markenwertindikator}}$$

- Ermittlung der unternehmensspezifischen Eigenkapitalkosten: Die Eigenkapitalkosten entsprechen der Renditeforderung der Eigenkapitalgeber für das verschuldete Unternehmen. Die Eigenkapitalkosten ergeben sich nach dem CAPM aus der Rendite einer risikolosen Anlage zuzüglich der unternehmensspezifischen Risikoprämie.

- Markenwertindikator: Der Markenwertindikator ist ein Maß für die relative Stärke einer Marke.

Eine sehr gängige Methode zur Ermittlung des Markenwertindikators findet sich in der ON-Regel 16800 und kann wie folgt dargestellt werden:

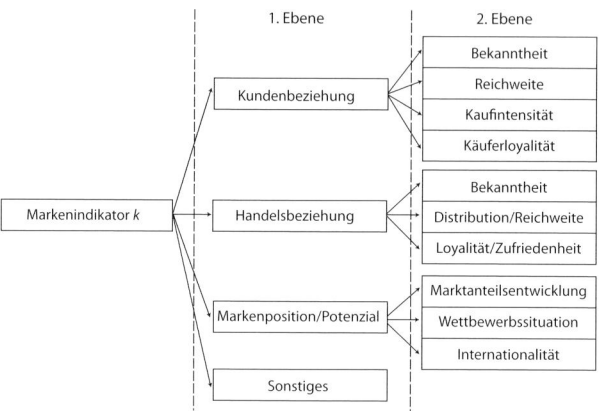

Quelle: ON-Regel 16800, (Stand: 01.032006)

Wie in der Abbildung ersichtlich werden durch den Markenindikatorfaktor Stärken und Schwächen einer Marke im Diskontzinssatz berücksichtigt. Die eigene Marke wird einer Vergleichsmarke, die für ein Durchschnittsprodukt in der Branche steht, gegenübergestellt und beurteilt. Die Beurteilungsspanne liegt zwischen 0,5 und 2, wodurch sich wiederum der Wert je nach Stärke der Marke halbieren oder verdoppeln kann. Zusätzlich werden für alle Einflussfaktoren Gewichtungen festgelegt, die sich je nach Branche unterscheiden, welche dann mit den Wertungen multipliziert werden und am Ende den Markenindikatorfaktor ergeben. Ermittelt werden die Vergleichswerte gegenüber dem Durchschnittsprodukt beispielsweise anhand von Marktstudien, Befragungen oder Ratings durch unabhängige Institute.

Ein Markenindikatorfaktor könnte auf Basis eines entsprechenden Fragebogens also folgendermaßen aussehen (Beispiel: Einflussgröße Bekanntheit): Alle Passanten des Einzugsbereiches wurden hinsichtlich der Wiedererkennung der Marke befragt. Diese Studie ergab, dass 60% der Personen den Namen der Marke kennen. Der Durchschnitt der Vergleichsmarken liegt bei 48%, daraus ergibt sich: 0,60/0,48= 1,25. Diese Ermittlung wird für die anderen relevanten Einflussgrößen ebenfalls durchgeführt, aus denen sich dann der Markenindikatorfaktor ergibt:

Abbildung 23: Beispiel zum Markenindikatorfaktor

Kundenbeziehungen					
Bekanntheit	1,25	30%	0,375		
Reichweite	1,2	20%	0,24		
Kaufintensität	1,5	25%	0,375		
Käuferloyalität	0,6	25%	0,15		
Summe			1,14	50%	0,57
Handelsbeziehungen					
Bekanntheit	1,1	30%	0,33		
Reichweite	1	30%	0,3		
Loyalität	0,7	40%	0,28		
Summe			0,91	20%	0,182
Markenposition/Potenzial					
Marktanteilsentwicklung	1,1	40%	0,44		
Wettbewerbssituation	1,2	40%	0,48		
Internationalität	1	20%	0,2		
Summe			1,12	30%	0,336
Markenindikatorfaktor					**1,088**

Quelle: Anlehnung an ON-Regel 16800, Ausgabedatum 01.03.2001

9. Markenspezifische Risiken

Starke Marken können in erheblichem Maße das Markt- und Wettbewerbsrisiko des Unternehmens reduzieren. Im Rahmen der Markenbewertung – hier insbesondere bei der Ermittlung des Diskontierungszinssatzes – muss diese risikobeeinflussende Funktion der Marke berücksichtigt werden.

Starke Marken führen grundsätzlich zu einem Abschlag vom Diskontierungszinssatz (womit sich im Rahmen der Diskontierung ein höherer Markenwert ergibt), der transparent und anhand von objektiv nachprüfbaren Kriterien zu schätzen ist. Auf diese Schätzung werden insbesondere die Wettbewerbssituation des Marktes, der Markenstatus, die getätigten Markeninvestitionen des Unternehmens zur Unterstützung der Marke, die Homogenität der Marke, die Diversifikation der Zielgruppen sowie der juristische Markenschutz Einfluss nehmen.

10. Nachvollziehbarkeit und Transparenz

Die Grundsatzkriterien Nachvollziehbarkeit, Transparenz, Verlässlichkeit sowie Objektivierbarkeit müssen bei jedem der vorher beschriebenen Aspekte berücksichtigt werden.

C. Praktische Ansätze zur Markenbewertung

Der oben dargestellte theoretisch richtige und objektivierte Bewertungsansatz stellt sich in der praktischen Anwendung in der Regel als sehr aufwändig und kostenintensiv dar. Soweit tatsächlich ein objektivierter Markenwert zu ermitteln ist, wird eine Markenbewertung – den oben definierten Kriterien entsprechend – der einzig gangbare Weg sein, was insbesondere auch die Erhebung markt- und markenspezifischer Studien und Analysen erforderlich machen wird.

Für die Fälle, in denen aus zeitlichen Gründen oder aus Kostengründen von der Ermittlung eines objektivierten Markenwertes Abstand genommen wird, haben sich einige „praktischere", weil einfachere Verfahrensansätze entwickelt. Es ist aber darauf hinzuweisen, dass diese Verfahren eine wie oben erläuterte Bewertung keinesfalls ersetzen können und grundsätzlich nur behelfsweise eingesetzt sowie insbesondere in jedem Einzelfall auf Plausibilität hin überprüft werden sollten.

1. Kostenansatz

Grundsätzlich kann der Wert der Marke auch anhand eines reinen Kostenansatzes abgeleitet werden. Hierbei werden die für die Entwicklung der Marke anfallenden Kosten (Anfangsinvestitionen sowie laufende Marketingkosten) ermittelt (Ermittlung des sogenannten „Markensubstanzwertes").

Als Kosten können entweder die tatsächlich angefallenen (historischen) „Erstellungskosten" der Marke (direkt zurechenbare Entwicklungskosten, An-meldekosten, Überwachungsgebühren, Verlängerungsgebühren, Kosten für Widerspruchs-, Erinnerungs- und Beschwerdeverfahren, Werbekosten) angesetzt werden oder die entsprechenden revalorisierten Wiederbeschaffungskosten. Unter Wiederbeschaffungskosten sind die Kosten zu verstehen, die aktuell für den Aufbau einer vergleichbaren Marke (vergleichbarer Bekanntheitsgrad, vergleichbare Markenstärke) erforderlich sind.

Die Probleme dieser Methode sind evident: Je nachdem, ob es sich um historische Kosten oder Wiederbeschaffungskosten handelt, ist das Verfahren gegenwarts- bzw. vergangenheitsbezogen, sodass die Aussagekraft im Hinblick auf das zukünftige Nutzenpotenzial der Marke gering ist. Für die Steuerung oder Planung im Rahmen eines wertorientierten Managements ist ein solcherart ermittelter Markenwert daher nur eingeschränkt nutzbar. Bei bereits vor längerer Zeit eingeführten Marken kann der Umstand eintreten, dass zum einen die erforderlichen Unterlagen für die Kostenermittlung fehlen, zum anderen eine Bewertung mittels Wiederbeschaffungskosten aufgrund des geänderten Marktumfeldes oder fehlender Vergleichsmaßstäbe unpassend oder überhaupt nicht möglich ist. Außerdem werden nur direkt zurechenbare Kosten erfasst, nicht aber zum Beispiel indirekt zurechenbare Marketingkosten, die häufig ebenfalls einen wesentlichen Beitrag zur Markenbildung leisten. Das Hauptargument gegen eine solche Markensubstanzbewertung liegt aber darin, dass sich der so ermittelte Markenwert durch Mehrkosten erhöht. Je mehr also in die Marke investiert wird, umso höher ist der Markenwert. Diese Korrelation kommt aber – denkt man gerade an Fehlinvestitionen – in der Praxis nicht regelmäßig vor.

Aus diesen Gründen wird eine Markensubstanzbewertung in der Regel nur zur Feststellung des „Bottom-Line-Wertes" (Selbstkosten, Zerschlagungswert) durchgeführt und ist somit vor allem bei der Verwertung von Markenrechten im Rahmen der Zwangsvollstreckung, der Befriedigung aus einer sicherungs-übereigneten Marke oder bei der Verwertung im Konkurs von Relevanz.

2. Lizenzansatz

Ein weiterer in der Praxis beliebter Ansatz beruht darauf, die im Rahmen einer Lizenzierung der Markenrechte an einen Dritten erzielbaren Nutzungsentgelte als markenspezifische Wertschöpfungsbeiträge anzusetzen. Die Nutzungsentgelte sind hierbei in der Regel als Prozentsatz vom Umsatz anzusehen. Abhängig von der Branche und den Markt- sowie Markenspezifika sind Nutzungsentgelte von 2% bis zu 15% in der Praxis üblich.

Sinnvoll, weil weniger stark mit dem Verdacht der Willkür behaftet, ist der Lizenzansatz insbesondere dann, wenn tatsächlich eine Lizenzierung der Marken oder vergleichbarer Marken des Unternehmens an Dritte erfolgt oder Marktinformationen über Lizenzierungen vergleichbarer Marken vorliegen oder erhoben werden können (beispielsweise über www.royaltysource.com).

Die Höhe der Nutzungsentgelte sowie die Art der Anknüpfung der Nutzungsentgelte (fixe oder variable Gebühren oder Kombinationen davon) sind grundsätzlich sehr stark branchenabhängig. Eine starke Marke wie *Walt Disney* beispielsweise erhält für das Recht auf Nutzung der Marke – sei es bei Bekleidung oder bei Spielzeug – rund 10% der erzielten Umsätze. Für *Donna Karan* (Marke „*DKNY*") werden Lizenzen von 7% zuzüglich 2% Verwaltungsbeitrag auf Basis des Umsatzes sowie Anfangszahlungen von USD 6.000.000 verlangt. Im Lebensmittelbereich sind die Nutzungsentgelte niedriger – beispielsweise für eine bekannte amerikanische Kaugummimarke (*Big League Chew*) zwischen 2,5% und 5% vom Umsatz, für die von *Sugar Foods Inc.* lizenzierten Markenrechte für Würze, Senf,

Dressing zwischen 3% und 5% vom Umsatz. Die Franchise-Rechte für *Waldorf-Astoria* liegen zwischen 7% und 10% von den Umsätzen.[22]

Liegen keine unternehmensinternen oder unternehmensexternen Vergleichstransaktionen vor, ist diese Methode problematisch, weil Plausibilitäts- und Validierungsschritte erforderlich sind, um die Ermittlung des Markenanteils vom Umsatz zu begründen.

Neben der Höhe der Lizenz ist die Nachhaltigkeitsdauer der Nutzungsentgelte festzulegen, wobei hier die wirtschaftliche Nutzungsmöglichkeit der Marke zu beachten ist. In der Regel wird eine wirtschaftliche Nutzungsdauer von mehr als 15–20 Jahren erklärungsbedürftig sein.

3. Retrograde Ermittlung

Sofern ein Unternehmenswertgutachten auf Basis einer kapitalmarktorientierten Methode vorliegt, könnte der Markenwert auch folgendermaßen, also retrograd, aus dem Unternehmenswert abgeleitet werden:

> **Unternehmenswert (Aktienwert)**
> abzüglich Schulden
> abzüglich Wiederbeschaffungskosten der materiellen Wirtschaftsgüter
> = **immaterieller im Unternehmen vorhandener Wert**
> abzüglich sonstiger immaterieller Wirtschaftsgüter (Patente, Rechte etc)
> = **Markenwert**

Diese retrograde Ermittlung des Markenwertes birgt folgende Probleme: Zum einen gilt dieser Ansatz in seiner Reinform lediglich für börsenotierte Unternehmen, weil bei diesen der Unternehmenswert aufgrund der Marktinformationen relativ leicht und verlässlich ermittelbar ist. Zum anderen wirft dieser Ansatz eine Reihe von Folge-Bewertungsproblemen auf, weil das gesamte materielle und immaterielle Vermögen zu Tageswerten zu bewerten ist. Der Ansatz ist somit nur dann praktikabel, wenn das Unternehmen entweder, abgesehen von der Marke, eigentlich nur über unbedeutende oder leicht bewertbare Vermögenswerte (zB Forderungen oder Bankguthaben) verfügt oder nur eine Marke besitzt oder es sich um junge Einzelprodukt-Unternehmen *("pure player"*[23]) handelt.

---

22 Vgl: Intellectual Property Research, Royalty Rates for Trademarks & Copyrights² (2000).
23 Ein Unternehmen, das lediglich ein spezifisches Produkt vertreibt und bei dem - mangels umfangreicher Produktpalette - daher der Markenanteil des Umsatzes relativ leicht ermittelbar ist.

Trotz der Einschränkungen für die Wertermittlung nach diesem Verfahren wird eine solche retrograde Ermittlung häufig für Schätzungen der möglichen Bandbreite sowie zur Plausibilisierung des Markenwertes herangezogen.

4. Multiplier-Ansatz

Bei dem Multiplier-Ansatz wird ein markenspezifischer Multiplikator ermittelt, der dann auf eine Umsatzgröße oder Ertragsgröße angewendet den Markenwert liefert.

Dies erfolgt meist mithilfe von Datenbankenrecherchen, in deren Verlauf Benchmarking-Analysen von Vergleichsunternehmen (im Idealfall mit ähnlichen Produkten ohne entsprechende Markierung) durchgeführt und hieraus wiederum Multiplier ermittelt werden.

Bekannte Beispiele für solche Multiplier-Ansätze sind die Verfahren von *Nielsen* (*Brand Performancer*) sowie von *Interbrand*: Hierbei wird anhand bestimmter Kriterien nach einem *Scoring-Modell* (zB bei *Nielsen* unter anderem Markenbekanntheit, Markentreue, Markenset, Marktvolumen, Marktanteil) ein Multiplier ermittelt, der in der Folge auf den Umsatz oder auf einen Durchschnittsgewinn angewendet wird.

Ein dagegen im Konsumgüterbereich behelfsmäßig angewendeter, kreativer Ansatz zur Bestimmung des Multipliers besteht darin, die Regalgröße von Produkten für dessen Ermittlung heranzuziehen, weil die Regalgröße (und auch Position) als ein Indikator für die relative Markenstärke angesehen wird.

Problematisch bei diesen Multiplier-Ansätzen ist, dass in der Praxis die für die Ermittlung von stichhaltigen Multipliern erforderlichen Vergleichsdaten häufig nicht vorliegen. Bei manchen Branchen allerdings sind solche Multiplikatoren – insbesondere auch zur Ermittlung des Unternehmenswertes – durchaus bekannt, sodass auf diese Werte zurückgegriffen werden kann. Ist dies nicht der Fall, muss wiederum der Anteil des Umsatzes, der rein auf die Verwendung der Marke zurückzuführen ist, geschätzt werden, was zu den oben beschriebenen Problembereichen führt. Behelfsmäßig kann aber mit dem Vielfachen, beispielsweise des Jahresumsatzes, eine Schätzung des möglichen Markenwertes erfolgen.

IV. Die Marke im UGB-Jahresabschluss

Das Ziel des UGB-Jahresabschlusses ist grundsätzlich eine möglichst getreue Darstellung der Vermögens-, Finanz- und Ertragslage des Unternehmens. Marken sind daher grundsätzlich im Jahresabschluss zu erfassen, wobei allerdings danach zu unterscheiden ist, ob Marken als in der Bilanz darstellbare Vermögensgegenstände oder in der Gewinn- und Verlustrechnung zu erfassende laufende Aufwendungen zu bewerten sind.

Hierzu ein kurzes theoretisches Beispiel, das die unterschiedlichen Wirkungen einer Bilanzierung sowie einer aufwandsmäßigen Erfassung von Marken und Marketingmaßnahmen aufzeigt.

Ausgangssachverhalt: Ein Unternehmen – nennen wir es *„McDonnells"* – führt eine Werbekampagne durch und bewirbt ein neues Produkt. Die Aufwendungen im Zusammenhang mit dieser Werbekampagne belaufen sich auf rund € 1 Mio. Die Marketingabteilung geht davon aus, dass diese Werbekampagne über vier Jahre hinweg Mehrerträge von rund € 0,5 Mio pro Jahr bringen wird.

Abbildung 24: Fall 1: Keine Aktivierung der Werbekosten

Werte in €	Jahr 1	Jahr 2	Jahr 3	Jahr 4	Summe
Kosten der Werbekampagne	−1.000.000	0	0	0	−1.000.000
Mehrerträge aus Werbekampagne	+500.000	+500.000	+500.000	+500.000	+2.000.000
Jahresergebnis	−500.000	+500.000	+500.000	+500.000	+1.000.000

Abbildung 25: Fall 2: Aktivierung der Werbekosten in der Bilanz und Abschreibung über voraussichtliche Nutzungsdauer

Werte in €	Jahr 1	Jahr 2	Jahr 3	Jahr 4	SummeTotalergebnis
Kosten der Werbekampagne	−250.000	−250.000	−250.000	−250.000	−1.000.000
Mehrerträge aus Werbekampagne	+500.000	+500.000	+500.000	+500.000	+2.000.000
Jahresergebnis	+250.000	+250.000	+250.000	+250.000	+1.000.000
Bilanzsumme (jahresbezogener Vergleich zu Fall 1)	+750.000	+500.000	+250.000	0	

Die Summe der Jahresergebnisse aus der Werbekampagne ist natürlich in beiden Fällen dasselbe, da es nur zu einer zeitverschobenen Erfassung der Aufwendungen kommt. Die Aktivierung der Kosten für die Werbekampagne auf das Markenrecht (Fall 2) führt grundsätzlich zu einem ausgeglichenen Ergebnis sowie zu einer in den Anfangsjahren höheren Bilanzsumme und stärkeren Eigenkapitalposition. Gerade in der Anlaufphase von Unternehmen kann die Aktivierung von Markenrechten das Bilanzbild des Unternehmens somit wesentlich verbessern, was vor allem für Ratings (Basel II) von Bedeutung sein kann.

A. Unter welchen Voraussetzungen können Markenrechte aktiviert werden?

Markenrechte stellen grundsätzlich immaterielle Wirtschaftsgüter dar. Für deren Erfassung als Vermögensgegenstände in der Bilanz sind zwei Voraus-setzungen notwendig:

1. Erwerb des Markenrechts
2. Entgeltlichkeit des Erwerbs

Für **selbst entwickelte** Marken besteht hingegen ein Bilanzierungsverbot, sofern diese dem Unternehmen selbst dauerhaft, also länger als ein Jahr, dienen sollen und somit Anlagevermögen darstellen. Dies wird die Regel sein, da Marken grundsätzlich für den eigenen Gebrauch und nicht schon mit der Absicht, die Marken zu verkaufen, geschaffen werden (in diesem Fall liegt aktivierungsfähiges Umlaufvermögen vor).

Das Bilanzierungsverbot für selbst entwickelte Marken lässt sich mit der generell schwierigen Bewertbarkeit von immateriellen Werten erklären: Da diese Rechte schwer fassbar und ein objektiver Wert schwer feststellbar ist, sollten diese Werte aufgrund der zu hohen Unsicherheit hinsichtlich ihres tatsächlichen Wertes nicht zu einer Erhöhung des in der Bilanz dargestellten Vermögens führen. Erst wenn ein Marktvorgang realisiert worden ist – sofern ein Dritter bereit gewesen ist, einen bestimmten Preis für das immaterielle Wirtschaftsgut zu bezahlen – wird von einem objektiven bilanzierbaren Wert für das Markenrecht ausgegangen und kann ein Ausweis in der Bilanz erfolgen. Die Ausnahme zu diesem Bilanzierungsverbot wird unter Punkt D. vorgestellt.

1. Was ist unter einem entgeltlichen Erwerb zu verstehen?

Ein Kauf wird stets als entgeltlicher[24] Erwerb aufgefasst. Dies gilt grundsätzlich auch beim Erwerb von Nahestehenden, sei es beim Erwerb eines Markenrechts von einem Familienmitglied oder von einem verbundenen Unternehmen (beispielsweise Tochter-, Mutter-, Schwesterngesellschaft). Bei solchen Erwerben muss aber in besonderem Maße auf die Kaufpreisfestsetzung Bedacht genommen und untersucht werden, ob der gezahlte Kaufpreis und die vereinbarten Vertragsbedingungen tatsächlich fremdüblich sind. Fremdüblich in diesem Zusammenhang heißt, dass der Kaufpreis sowie die Bedingungen, unter denen die Transaktion erfolgt, in dieser Form auch mit einem Dritten vereinbart worden wären. Dies ist vor allem für die steuerliche Anerkennung des Erwerbs relevant. Hinzuweisen ist bei Erwerbungen innerhalb des Konzerns darauf, dass die Aktivierungsfähigkeit auf die jeweiligen Einzelbilanzen beschränkt ist. Im Rahmen eines allfällig zu erstellenden Konzernabschlusses wäre diese konzerninterne Markenanschaffung wiederum zu neutralisieren.

Als entgeltlicher Erwerb kommt nicht nur ein Kauf in Frage, sondern auch ein Tausch. Beispielsweise kann auch die Einlage eines selbst geschaffenen Markenrechts in eine Kapitalgesellschaft im Austausch gegen Gewährung von Anteilen an dieser Gesellschaft als entgeltlicher Erwerbsvorgang aufgefasst werden. Als Gegenleistung kommen aber auch Nutzungsrechte oder Dienstleistungen in Frage. Eine reine Schenkung ohne Gegenleistung hingegen stellt keinen entgeltlichen Vorgang dar.

---

24 *Gegen Bezahlung.*

2. Wie hoch ist der aktivierbare Ansatz in der Bilanz?

Aktiviert werden dürfen die Anschaffungskosten inkl der Anschaffungsnebenkosten, die erforderlich sind, um das Markenrecht tatsächlich im eigenen Unternehmen zu verwenden. Dazu zählen in der Regel auch der Kaufpreis sowie die Kosten des Kaufvertrages und die direkt zurechenbaren Beratungskosten.

B. Müssen Marken planmäßig abgeschrieben werden?

Nach derzeit herrschender Auffassung sind Marken im unternehmensrechtlichen Jahresabschluss als gewerbliche Schutzrechte anzusehen, die einer Abnutzung unterliegen können. Diese Abnutzung kann unterschiedliche Ursachen haben und beispielsweise folgendermaßen argumentiert werden:

- Die Marke wird erfahrungsgemäß von Neuentwicklungen wirtschaftlich abgelöst.
- Die Marke wird entsprechend dem Produktlebenszyklus weniger wert.
- Die Marke verliert ungeachtet eines bestehenden formalen Rechtsschutzes im Zeitablauf an wirtschaftlichem Wert.

Die voraussichtliche Nutzungsdauer der Marke ist grundsätzlich anhand der konkreten Umstände des Einzelfalls festzulegen. In der Praxis wird als Nutzungsdauer häufig eine allenfalls bestehende Befristung des rechtlichen Markenschutzes herangezogen, wenn eine Verlängerung dieses Schutzes zwar möglich ist, aber wiederum (signifikante) Kosten verursacht. Sofern stichhaltige wirtschaftliche Gründe für einen rascheren Wertverzehr sprechen und nachgewiesen werden können, kann grundsätzlich auch eine abweichende Nutzungsdauer unterstellt werden. Die aktuelle deutsche Rechtsprechung geht beispielsweise bei Markenrechten von einer durchschnittlichen Nutzungsdauer zwischen drei und sechs Jahren aus, räumt allerdings branchenspezifische und markenspezifische Besonderheiten ein.

Inwieweit sich die internationalen Tendenzen in der Rechnungslegung – die in die Richtung gehen, dass Markenrechte grundsätzlich keiner Abnutzung unterliegen – auf die Abschreibung von Marken nach Unternehmensrecht auswirken (siehe dazu gleich unter C.), bleibt abzuwarten.

C. Wann werden entgeltlich erworbene Marken außerplanmäßig in der Bilanz abgeschrieben?

Abgesehen von den planmäßigen Abschreibungen kommt auch eine außerplanmäßige Abschreibung in Frage, wenn der Markenwert unvorhergesehen sinkt. Dies kann unterschiedliche Ursachen haben, beispielsweise folgende:

- Die Anschaffung der Marke kann sich als Fehlinvestition erweisen.
- Die Marke kann insgesamt in Verruf kommen. Ein Beispiel hierfür wäre das Auftreten von Krankheiten und Todesfällen durch den Verzehr von Lebensmitteln eines Babynahrungsmittelerzeugers, die dazu führen, dass die Wertschätzung der Konsumenten für dieses Nahrungsmittel verloren-geht und folglich der Markenwert sinkt.
- Die Marke wird vorzeitig von einer neu eingeführten Marke verdrängt.
- Es kommt zu Nachfrageverschiebungen auf dem Markt.

Sofern die eben beschriebenen Ursachen für die außerplanmäßige Abschreibung wegfallen und der Marktwert wieder gestiegen ist, kann grundsätzlich eine Zuschreibung erfolgen.

D. Die Ausnahme zur Regel: Markenerstellung als Ingangsetzungs- oder Erweiterungsaufwand

Eine Ausnahme zum Bilanzierungsverbot von selbst erstellen Marken formuliert § 198 Abs 3 UGB, wonach *„Aufwendungen für das Ingangsetzen und Erweitern eines Betriebes"* als Aktivposten ausgewiesen werden dürfen. Zweck dieser Bilanzierungshilfe ist grundsätzlich, Verluste in der Anfangsphase aufgrund hoher Investitionen bilanziell abzufedern und eine bilanzielle Überschuldung zu vermeiden. Die Aktivierung von Ingangsetzungs- und Erweiterungskosten ist grundsätzlich als Wahlrecht ausgestaltet.

Aktivierungsfähige Ingangsetzungskosten sind grundsätzlich sämtliche Aufwendungen, die über die aktivierungspflichtigen Ausgaben für Wirtschaftsgüter sowie Rechnungsabgrenzungsposten hinausgehen und bis zur Aufnahme der geregelten Geschäftstätigkeit des Unternehmens anfallen. Darunter fallen beispielsweise Marktanalysen und -Studien, Aufbau der Vertriebsorganisation, Einführungswerbung und auch selbst erstellte immaterielle Vermögenswerte wie Marken zB.

Marken können auch aktiviert werden, wenn sie als Erweiterungsaufwendungen qualifiziert werden können: Eine Erweiterung in diesem Sinne ist grundsätzlich eine auf das Gesamtunternehmen wesentliche und außerordentliche Erweiterung der Unternehmenskapazität wie beispielsweise die Errichtung neuer Fertigungsbereiche oder der Eintritt in neue Märkte bzw in neue Marktsegmente.

Die als Ingangsetzungs- oder Erweiterungsinvestition aktivierten selbst entwickelten Marken sind maximal auf fünf Jahre abzuschreiben (§ 210 UGB). Kürzere Abschreibungsdauern können aber aus Vorsichtsgründen ebenfalls erforderlich sein.

V. Die Marke im IFRS-Jahresabschluss

A. Unter welchen Voraussetzungen werden Markenrechte aktiviert?

Nach internationalen Rechnungslegungsstandards, die seit 1. 1. 2005 auf börsenotierte Gesellschaften innerhalb der EU anzuwenden sind, kommt es im Ergebnis zu einer ähnlichen Vorgehensweise bei der Aktivierung von Markenrechten wie nach österreichischem UGB:

Entgeltlich erworbene Marken müssen (verpflichtend) aktiviert werden.

Für selbst erstellte Markennamen kommt hingegen eine Aktivierung nicht in Frage. Zwar dürfen nach IAS/IFRS selbst erstellte immaterielle Vermögensgegenstände aktiviert werden, wenn sie aufgrund von Ereignissen der Vergangenheit (bspw. Erwerb oder Selbsterstellung) in der Verfügungsmacht des Unternehmens stehen und erwartet wird, dass dem Unternehmen aus ihnen künftiger wirtschaftlicher Nutzen (Zufluss von Zahlungsmitteln oder anderen Vermögenswerten) zufließt. Allerdings werden selbst erstellte Markenrechte ausdrücklich aus diesem Anwendungsbereich ausgenommen, sodass eine Aktivierung von selbst geschaffenen Markenwerten nicht möglich ist.

B. Unter welchen Voraussetzungen werden Marken nach IFRS abgeschrieben?

Für Marken wird nach IFRS-Grundsätzen in der Regel davon ausgegangen, dass eine bestimmte Nutzungsdauer nicht definiert werden kann, da keine planmäßige Abnutzung unterstellt werden kann. Aus diesem Grund wird die Abschreibung von Marken nach IFRS verneint und dies mit folgenden Argumenten:

- Die rechtliche Registrierung einer Marke ist in der Regel auf zehn Jahre beschränkt. Danach kann allerdings gegen Zahlung einer Erneuerungsgebühr eine Verlängerung um zehn Jahre erfolgen. Unter diesen Voraussetzungen schränkt die rechtliche Befristung die Nutzungsdauer nicht ein.
- In wirtschaftlicher Hinsicht werden Marken grundsätzlich durch entsprechende Werbemaßnahmen laufend aufrechterhalten. Erst wenn die Marke nur mehr über einen bestimmten Zeitraum weitergeführt werden soll, ergibt sich eine bestimmbare Restnutzungsdauer. In diesem Fall wird allerdings auch das Erfordernis einer außerplanmäßigen Abschreibung zu prüfen sein.

Eine außerplanmäßige Abschreibung, die auf Basis eines *„Impairment-Tests"* (Bewertung) durchzuführen ist, kommt allerdings auch nach IFRS in Frage, beispielsweise dann, wenn geringere Einnahmen im Zusammenhang mit der Marke erwartet werden.

VI. Die Marke im Steuerrecht

A. Anschaffung und Entwicklung von Marken

Im Steuerrecht werden Marken grundsätzlich nach Maßgabe der Behandlung im unternehmensrechtlichen Jahresabschluss beurteilt, somit ist auch hier eine Unterscheidung in entgeltlich erworbene und selbst geschaffene Marken zu treffen (vgl unter 1).

Wie bereits unter Punkt V.A. kann ein entgeltlicher Erwerb auch von Nahestehenden oder Konzerngesellschaften (Mutter-, Tochter-, Schwestergesellschaft) erfolgen. In diesem Fall ist die gegenüber den Steuerbehörden nachzuweisen, dass die Kaufpreisfestsetzung fremdüblich erfolgt ist. Da keine freie Markttransaktion vorliegt muss dokumentiert werden, dass die Preisfestsetzung nicht willkürlich, sondern nach Maßgabe von plausiblen, marktkonformen Überlegungen erfolgt ist. Besondere Brisanz erlangt die Kaufpreisfestsetzung bei grenzüberschreitenden Verkäufen von Marken, weil hierbei Gewinnpotenzial ins (unter Umständen niedrig besteuernde) Ausland exportiert werden kann. Für konzerninterne Geschäfte über die Grenze sind von der OECD in diesem Zusammenhang explizite Verrechnungspreisgrundsätze[25] entwickelt worden, die Ansätze für die sich ergebende Bewertungsproblematik liefern. Wie bereits dargestellt wurde, stellt die Bewertung von Marken eine besondere Komplexität dar, die steuerlich regelmäßig dazu führt, dass das Unternehmen eine erhöhte Beweislast für die fremdübliche Kaufpreisfestsetzung trifft.

Bei der Abschreibung von entgeltlich erworbenen Marken sind steuerlich einige Besonderheiten zu beachten.

1. Können entgeltlich erworbene Markenrechte steuerlich laufend abgeschrieben werden?

Bei entgeltlichem Erwerb eines Markenrechts ist eine zwingende Aktivierung der Anschaffungskosten in der Bilanz vorzunehmen. Dies bedeutet, dass die Anschaffung erfolgsneutral ist und nur durch die nachfolgende Abschreibung des Wirtschaftsgutes über die Gewinn- und Verlustrechnung ergebniswirksam wird. Diese Aktivierungspflicht in der Bilanz gilt auch für steuerliche Zwecke, sodass sich auch das steuerliche Ergebnis durch die Anschaffung nicht verändert, sondern erst durch die nachfolgenden Abschreibungen.

Bis vor kurzem waren sich Finanzverwaltung und Schrifttum nicht einig darüber, inwieweit Markenrechte überhaupt steuerlich abschreibbar sein können. Eine steuerliche Abschreibung wurde seitens der österreichischen Finanzverwaltung häufig verneint. Dies hatte bisher zur Folge, dass die Kosten aus der Markenanschaffung während der laufenden Nutzung der Marke steuerlich nicht verwertbar waren, sondern nur unter zwei Umständen ergebnis- und somit steuermindernd nutzbar waren, und zwar

1. wenn eine Wertminderung des Markenrechts eingetreten ist, die eine außerplanmäßige Abschreibung gerechtfertigt hat und

2. wenn die Marke veräußert wurde, weil in diesem Fall als Veräußerungserlös die Differenz zwischen erhaltenem Kaufpreis und (ohne laufende Abschreibungen höherem) Buchwert bzw Anschaffungskosten der Marke steuerpflichtig ist.

Seit 2006 hat nunmehr allerdings auch in die österreichischen Einkommensteuerrichtlinien die Auffassung Eingang gefunden, dass Markenrechte wie Firmenwerte mit steuerlicher

---

[25] Vgl OECD Transfer Pricing Guidelines for Multinational Enterprises and Tax Administrations, 1995, updated 2008.

Wirkung über fünfzehn Jahre hinweg abgeschrieben werden können. Damit ist die Marke jährlich zumindest zu einem Fünfzehntel auch anerkannterweise steuerlich verwertbar.

Beispiel: Eine österreichische GmbH erwirbt ein Markenrecht zu einem Kaufpreis von € 1,5 Mio. Die Erträge aus der Markennutzung werden mit rund € 0,5 Mio pro Jahr angenommen. Die Nachhaltigkeitsdauer dieser Erträge wird von der Marketingabteilung mit vier Jahren unterstellt. Die planmäßige steuerliche Abschreibung erfolgt auf 15 Jahre.

Abbildung 26: Steuerliche Wirkung der Markenabschreibung

Werte in €	Jahr 1	Jahr 2	Jahr 3	Jahr 4	Summe
Anschaffungskosten Marke	−1.500.000	0	0	0	−1.500.000
Mehreinnahmen aus Markennutzung	+500.000	+500.000	+500.000	+500.000	+2.000.000
Cashflow-Auswirkung	−1.000.000	+500.000	+500.000	+500.000	+500.000
Cashflow kumuliert	−1.000.000	−500.000	0	+500.000	
Aktivierung – Anschaffungskosten	+1.500.000				
Einnahmen aus Marke	+500.000	+500.000	+500.000	+500.000	+2.000.000
steuerliche Abschreibung der Marke	−100.000	−100.000	−100.000	−100.000	−400.000 (1.100.000 Abschreibungspotenzial für Folgejahre)
steuerliches Jahresergebnis	+400.000	+400.000	+400.000	+400.000	+1.600.000
Körperschaftsteuerzahlung	−100.000	−100.000	−100.000	−100.000	−400.000

In den ersten Jahren kommt es aufgrund der längeren Nutzungsdauer zu einem höheren steuerpflichtigen Jahresergebnis, das sich dann erst über die restlichen planmäßigen Abschreibungen wieder ausgleicht. Die längere steuerliche Nutzungsdauer führt somit insgesamt zu einem negativen Zinseffekt, weil die Steuerzahlungen in den ersten Jahren nicht aus den Cashflows aus der Markennutzung (cashmäßiger Turnaround erst Ende Jahr drei) erfolgen können. Erst über die Abschreibungsbeträge in der restlichen Nutzungsdauer (im Beispiel verbleibt ein Abschreibungspotenzial von EUR 1.100.000 für die Folgejahre) gleicht sich dieser Effekt wieder aus (vorausgesetzt keine Einnahmen aus der Marke mehr, aber nach wie vor steuerliche Abschreibungen). Sofern nach dem Jahr vier tatsächlich keine Erträge mehr aus der Markennutzung zu erwarten sind, wären die Voraussetzungen für eine außerplanmäßige Abschreibung zu prüfen.

2. Können Markenrechte steuerlich außerplanmäßig abgeschrieben werden?

Ebenso zulässig für steuerliche Zwecke ist eine außerplanmäßige Abschreibung, wenn eine unvorhergesehene Wertminderung eintritt. Umstände, die eine solche außerplanmäßige Abschreibung rechtfertigen, sind unter Punkt IV. C. dargestellt.

B. Markentransaktionen aus steuerlicher Sicht

Steuern können bei Markentransaktionen einen wesentlichen Kostenfaktor darstellen. Beispielsweise können Quellensteuern grenzüberschreitende Lizenzierungen unrentabel machen oder Ertragsteuern den Erlös bei Veräußerung der Marke wesentlich schmälern. Aus diesem Grund sollten bei Markentransaktionen – abgesehen von den wirtschaftlichen Überlegungen – frühzeitig auch Steuern mitbedacht werden. Gerade im internationalen Kontext ergeben sich bei Markentransaktionen auch interessante steuerliche Gestaltungsmöglichkeiten.

Im Folgenden werden einige ausgewählte steuerliche Aspekte von Markentransaktionen dargestellt.

1. Lizenzierung von Marken

Lizenzeinkünfte von in Österreich ansässigen natürlichen oder juristischen Personen unterliegen grundsätzlich dem normalen Einkommensteuertarif (progressiv bis 50%) oder der Körperschaftsteuer (25%). Besondere Begünstigungen – etwa vergleichbar der Progressionsermäßigung für natürliche Personen für Lizenzeinnahmen aufgrund von Patenten – bestehen nicht.

Bei Lizenzierungen zwischen Nahestehenden oder zwischen verbundenen Unternehmen ist besonderes Augenmerk auf die Fremdüblichkeit der Lizenzvereinbarung zu legen. Empfehlenswert ist jedenfalls ein schriftlicher Vertrag, in dem die wesentlichen Vertragselemente (Lizenzhöhe, Nutzungsdauer, Reichweite der Berechtigung) enthalten sind.

In diesem Zusammenhang noch der Hinweis darauf, dass schriftliche Lizenzverträge, die das Recht auf Benutzung namentlich aufgezählter Vertragsschutzrechte (registrierte Wortmarken) beinhalten, von der Rechtsgeschäftsgebühr von 1% befreit sind.

a) Internationale Aspekte

Bei Lizenzierungen von Marken über die Grenze hinweg ist aus steuerlicher Sicht insbesondere auf die Quellensteuer zu achten, die im Ausland auf die (Brutto-) Lizenzzahlungen erhoben werden kann und vom Lizenznehmer bei Auszahlung an den Lizenzgeber abzuführen ist. Zur Auszahlung gelangt in diesem Fall grundsätzlich nur mehr der Nettobetrag der Lizenz (nach Abzug der Quellensteuer). Die Höhe der ausländischen Quellensteuer richtet sich grundsätzlich nach dem Recht des jeweiligen Staates, in dem der Lizenznehmer ansässig ist. Hat Österreich mit dem ausländischen Staat ein Doppelbesteuerungsabkommen abgeschlossen, wird die nationale Quellensteuer in der Regel auf 15% bis sogar 0% reduziert. Die ausländische Quellensteuer kann dann in Österreich auf die Einkommen- oder Körperschaftsteuer, die auf die Lizenzeinnahmen beim Lizenzgeber entfällt, angerechnet werden, sodass die Quellensteuer in der Regel nur einen Zins- und Liquiditätseffekt für den Zeitraum zwischen Abfuhr der Quellensteuer im Ausland und steuerlicher Veranlagung des Lizenzempfängers in Österreich hat.

> Aber Vorsicht: Quellensteuern sind in der Regel Bruttosteuern! Quellensteuern führen in Österreich nicht zu Steuergutschriften – Quellensteuerüberhänge können nicht vorgetragen werden, sondern gehen verloren!

Quellensteuern bereiten daher nach derzeitiger Rechtslage[26] beispielsweise in den folgenden Fällen Probleme:

- Im Zusammenhang mit der Lizenzierung fallen beim Lizenzgeber hohe Aufwendungen an (beispielsweise im Zusammenhang mit der Verteidigung der Marke).
- Der Lizenzgeber zahlt in Österreich für das Jahr der Lizenzerträge keine Steuern oder geringere Steuern als vergleichsweise die Höhe der ausländischen Quellensteuer ausmacht, weil, z B laufende Verluste aus sonstigen Einkunftsquellen vorliegen oder Verlustvorträge aus Vorjahren mit dem Ergebnis verrechnet werden können.

---

[26] Auf Einzelfallsbasis wurde seitens des österreichischen Bundesministeriums für Finanzen in diesen Fällen auf Antrag allerdings eine Entlastung von der Doppelbesteuerung eingeräumt.

Dazu ein **Beispiel:** Eine österreichische GmbH lizenziert die von ihr entwickelte Marke an einen Unternehmer in Estland und erhält dafür jährlich Lizenzen von € 500.000. Nach dem Doppelbesteuerungsabkommen zwischen Österreich und Estland darf Estland eine Quellensteuer von 10% (somit € 50.000) einheben. Zur Auszahlung gelangt somit nur der Nettolizenzbetrag von € 450.000. Aus einem Markenrechtsstreit entstehen der österreichischen GmbH sehr hohe Kosten von € 400.000. Das in Österreich steuerpflichtige Nettohonorar aus der Lizenzierung beträgt daher nur € 100.000, die österreichische Körperschaftsteuer lediglich € 25.000. Daher kann maximal auch nur ein Betrag von € 25.000 der ausländischen Quellensteuer angerechnet werden.

Abbildung 27: Quellensteuer bei grenzüberschreitender Lizenzierung

Beispiel: Grenzüberschreitende Lizensierung

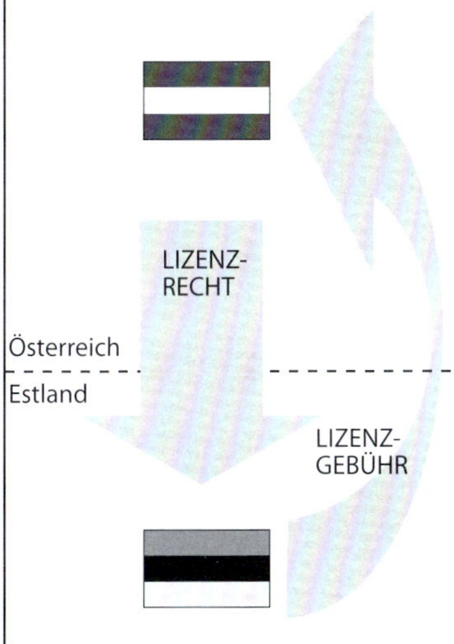

Besteuerung in Österreich

	€
Bruttohonorar	500.000,00
Aufwendungen	400.000,00
Nettohonorar	100.000,00
österreichische KöSt 25%	25.000,00
ausländische Quellensteuer	50.000,00
davon anrechenbar auf KöSt 25%	-25.000,00
Gesamtsteuerbelastung	50.000,00
Effektive Steuerbelastung in % vom Nettohonorar	**50%**

Österreich / Estland

LIZENZ-RECHT / LIZENZ-GEBÜHR

Quellenbesteuerung in Estland

	€
Brutto-Lizenzzahlung	500.000,00
Quellensteuer laut DBA 10%	-50.000,00
Auszahlungsbetrag	450.000,00

Quellensteuern können somit unter Umständen zu einer hohen Effektivsteuerbelastung führen und sollten daher bei grenzüberschreitenden Lizenzverträgen nicht außer Acht gelassen werden, um allenfalls Quellensteueroptimierende Gestaltungen wählen zu können. Für konzerninterne Lizenzierungen zwischen Kapitalgesellschaften innerhalb der EU besteht beispielsweise unter gewissen Voraussetzungen (insbesondere bei Erfüllung bestimmter Beteiligungsgrenzen sowie Haltedauer) die Möglichkeit, eine Entlastung von der Quellensteuer in Anspruch zu nehmen.[27]

Weiters ist bei internationalen Transaktionen die Lizenzierung der Marke von der Veräußerung der Marke zu differenzieren. Diesbezüglich wurden im Update 2008 des OECD-Musterabkommens konkrete Abgrenzungskriterien aufgestellt. Dennoch kann diese Abgrenzung in der Praxis nach wie vor aufgrund von nationalen Unterschieden der Steuergesetze allerdings Schwierigkeiten bereiten.

Ein Spezialproblem stellt die grenzüberschreitende Lizenzierung einer Marke an eine verbundene (Konzern-)Gesellschaft dar, da hierbei eine fremdübliche Festsetzung der Lizenz zu erfolgen hat, damit die Lizenzierung auch seitens beider Steuerbehörden – der des Lizenzgebers sowie der des Lizenznehmers – anerkennt wird. Diesbezüglich enthalten die OECD Verrechnungpreisgrundsätze[28] für Geschäfte zwischen verbundenen Unternehmen Ansätze zur Preisfestsetzung und deren Dokumentation.

Die Lizenzierung von Marken unterliegt grundsätzlich der Umsatzsteuer. Bei Lizenzvergaben an ausländische Unternehmer ist entsprechend der EU-Mehrwertsteuerrichtlinie die Umsatzsteuerpflicht grundsätzlich im Empfängerstaat zu prüfen, sofern es sich bei dem Lizenznehmer um einen Unternehmer handelt. In der Regel hat in diesem Fall der ausländische Unternehmer die Umsatzsteuer einzubehalten und an das zuständige Finanzamt im Empfängerstaat abzuführen. Die umsatzsteuerliche Behandlung sollte aber jedenfalls im Einzelfall geprüft werden!

2. Veräußerung von Marken

Bei der Veräußerung von Marken ist für steuerliche Zwecke interessant, ob die Marke im Rahmen eines Asset Deals oder eines Share Deals übertragen wird und wer wirtschaftlicher Eigentümer der Marke ist.

Ein **Asset Deal (direkte Vermögensübertragung)** liegt grundsätzlich dann vor, wenn einzelne Vermögensgegenstände oder ein Betrieb als Portfolio von Vermögenswerten und Verbindlichkeiten veräußert werden. Auch der Erwerb von Anteilen an einer Personengesellschaft (insbesondere Kommanditgesellschaft, Offene Gesellschaft) kommt steuerlich einem Asset Deal gleich. Ein **Share Deal (indirekte Vermögensübertragung)** hingegen liegt vor, wenn nicht der Vermögensgegenstand oder der Betrieb selbst, son-

---

27 Vgl EU-Zins-Lizenz-Richtlinie, Richtlinie 2003/49/EG.
28 Vgl OECD Transfer Pricing Guidelines for Multinational Enterprises and Tax Administrations, 1995, upgedated 2008.

dern die Anteile an einer Kapitalgesellschaft, die den Vermögensgegenstand hält oder den Betrieb führt, übertragen werden.

Grundsätzlich gilt, dass Käufer in der Regel – meist aus steuerlichen Gründen – einen Asset Deal bevorzugen, während Verkäufer in vielen Fällen einen Share Deal anstreben. Der Käufer bevorzugt den Asset Deal in der Regel dann, wenn der gezahlte Kaufpreis höher ist als der Buchwert der erworbenen (grundsätzlich abnutzbaren) Assets (das Markenrecht ist nach derzeitiger Rechtslage über fünfzehn Jahre hin steuerlich abschreibbar). Der Käufer kann in der Folge grundsätzlich den gezahlten Kaufpreis für die Marke über die Abschreibung steuerlich geltend machen und mit den erwirtschafteten steuerpflichtigen Erträgen, wie beispielsweise aus der Nutzung des Markenrechtes, verrechnen, sodass seine Steuerbelastung reduziert wird. Der Kaufpreis des Käufers wird somit auch steuerlich „genutzt".

Beim Share Deal ist dies nicht ohne weiteres der Fall: Erworben werden Anteile an einer Kapitalgesellschaft, die grundsätzlich nicht laufend abgeschrieben werden können (unter bestimmten Voraussetzungen kommt allerdings eine außerplanmäßige Abschreibung in Frage). Der von der erworbenen Kapitalgesellschaft geführte Betrieb mitsamt den ihm zugehörigen Wirtschaftsgütern hingegen wird zu den „historischen" Buchwerten weitergeführt. Ein höherer vom Käufer entrichteter Kaufpreis schlägt sich somit im (indirekt) erworbenen Betriebsvermögen nicht nieder, sodass ein Teil des Kaufpreises als Abschreibungspotenzial verloren geht. Ausnahmsweise kann bei einem Share Deal eine Annäherung an den Asset Deal erreicht werden, wenn die Voraussetzungen für die Gruppenbesteuerung erfüllt werden. Hierfür ist insbesondere erforderlich, dass der Käufer eine österreichische Kapitalgesellschaft ist und mehr als 50% des Nennkapitals der Gesellschaft erworben werden, sodass eine steuerliche „Gruppe" gebildet werden kann. Erwerbe von verbundenen Unternehmen sind von der Firmenwertabschreibung ausgeschlossen. Wesentlich ist außerdem, dass die erworbene Gesellschaft über einen Betrieb verfügt, also nicht bloß „passiv" im Sinne einer Vermögensverwaltung die Marke nutzt. Unter diesen Voraussetzungen kann als Firmenwert die Differenz zwischen den steuerlichen Anschaffungskosten (Kaufpreis zuzüglich direkt im Zusammenhang stehender Nebenkosten) und dem handelsrechtlichen Eigenkapital, maximal allerdings 50% der steuerlichen Anschaffungskosten, angesetzt und über 15 Jahre verteilt als Abschreibung angesetzt werden. Hieraus ist bereits ersichtlich, dass die Geltendmachung der Firmenwertabschreibung dem Grunde und der Höhe nach stark eingeschränkt ist.

Die steuerlichen Folgen eines Markenverkaufs aus Verkäufersicht werden in der Folge kurz dargestellt.

a) Asset Deal

Abbildung 28: Ausgewählte Fallvarianten zum Asset Deal

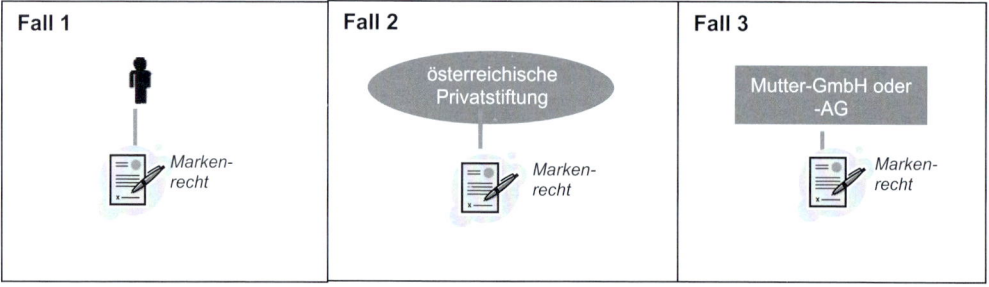

Fall 1 – natürliche Person

Sofern sich die Marke direkt im Eigentum einer natürlichen, in Österreich ansässigen Person befindet, stellt sich die Frage, ob die Marke betrieblich (beispielsweise im Rahmen eines Einzelunternehmens) oder als privates Wirtschaftsgut (beispielsweise durch Erwerb von Todes wegen) gehalten wird.

> **1.)** Markenveräußerung aus einem Betrieb: Zum Betriebsvermögen zählt eine Marke grundsätzlich dann, wenn die Marke im Rahmen des Betriebs genutzt wird (also beispielsweise Produkte des Unternehmens unter dieser Marke vertrieben wurden). Wird das Markenrecht in der Folge veräußert, ergibt sich das steuerliche Veräußerungsergebnis in der Regel folgendermaßen:
>
> > *Verkaufspreis*
> > *– steuerliche Anschaffungskosten*
> > *<u>+ Abschreibungen (planmäßige und außerplanmäßige)</u>*
> > ***Veräußerungsgewinn oder -verlust***

Ein Veräußerungsgewinn aus dem Verkauf der Marke unterliegt grundsätzlich der Einkommensteuer zum progressiven Einkommensteuertarif (bis zum Spitzensteuersatz von 50%).

Begünstigungen für den Veräußerungsgewinn bestehen für den Fall, dass die Übertragung der Marke im Rahmen einer Geschäftsveräußerung (Veräußerung eines Betriebs oder Teilbetriebs) erfolgt, zu dessen Betriebsvermögen die Marke gehört und somit mitveräußert wird. Ein Betrieb im steuerlichen Sinn kann unter Umständen auch dann vorliegen, wenn die Markenrechte das einzige Betriebsvermögen darstellen und eine gewerbliche Nutzung (beispielsweise durch Lizenzierung und planmäßiges Markenmanagement) erfolgt. Die Frage, ob aus steuerlichen Gründen eine Betriebsveräußerung vorliegt, muss immer im Einzelfall geprüft werden. Sofern eine steuerbegünstigte entgeltliche Betriebsveräußerung (nicht Schenkung) gegeben ist, können alternativ die folgenden Steuerbegünstigungen bei Erfüllung der jeweiligen Voraussetzungen in Anspruch genommen werden:

- **Freibetrag von € 7.300:** Dieser Betrag wird steuerfrei belassen, der darüber hinausgehende Veräußerungsgewinn ist zum normalen Einkommensteuertarif steuerpflichtig.
- **Verteilung des Veräußerungsgewinns auf drei Jahre:** Durch die Verteilung auf drei Jahre kann es zu einer Minderung der Progressionserhöhung kommen (Progressionseffekt). Außerdem wird die Steuer auf den Veräußerungsgewinn dadurch später fällig (Stundungseffekt). Voraussetzung ist aber, dass der Betrieb bereits seit sieben Jahren besteht.
- **Versteuerung zum halben Durchschnittssteuersatz:** Diese Progressionsminderung kann in Anspruch genommen werden, wenn der Betrieb veräußert wird, weil der Betriebsinhaber entweder gestorben bzw erwerbsunfähig ist oder wenn er das 60. Lebensjahr vollendet hat und seine Erwerbstätigkeit einstellt.
- **100% Verlustvortragsverrechnung:** Sofern ein Veräußerungsgewinn aus einem Betriebsverkauf erzielt wird, kann dieser Gewinn – anders als der laufende Gewinn, bei dem eine 75% Verlustverrechnungsgrenze zu beachten ist – zur Gänze mit bestehenden Verlustvorträgen verrechnet werden.

> Vorsicht: Die Steuerbegünstigungen sind nur dann anwendbar, wenn keine Veräußerung gegen Rentenzahlungen erfolgt!

Ein Veräußerungsverlust kann grundsätzlich mit anderen positiven Einkünften verrechnet oder uneingeschränkt vorgetragen werden (Einschränkungen der Vortragsfähigkeit sind bei Einnahmen-Ausgaben-Rechnern zu beachten).

2.) **Markenveräußerung aus dem Privatbereich:** Das Halten einer Marke im Privatvermögen kommt praktisch selten vor, weil eine Marke in der Regel mit einem Betrieb verbunden ist und insofern Betriebsvermögen darstellt. Im Privatbereich kann eine Marke grundsätzlich nur dann gehalten werden, sich die Nutzung des Markenrechts auf die bloße Vermögensverwaltung beschränkt (also beispielsweise eine bloße Lizenzierung der Marke erfolgt). Die Abgrenzung zwischen betrieblicher und privater Nutzung einer Marke bereitet in der Praxis häufig Schwierigkeiten. Bei selbst entwickelten Marken ist die bloße Vermögensverwaltung erfahrungsgemäß grundsätzlich schwer argumentierbar, weil neben der Entwicklung der Markenidee noch weitere planmäßige Schritte (bspw. Registrierung der Marke) für die „Schaffung" der Marke erforderlich sind, die für die Gewerblichkeit der Tätigkeit sprechen und somit in der Regel einen Betrieb begründen. Sofern allerdings ein Markenrecht beispielsweise von Todes wegen oder durch Schenkung erworben wurde oder aus einem Betriebsvermögen entnommen wurde und fortan nur passiv durch Lizenzvergabe genutzt wird, kann eine private Vermögensverwaltung vorliegen. In diesem Fall kann das Markenrecht nach Ablauf eines Jahres steuerfrei verkauft werden. Ein dabei entstehender Veräußerungsverlust kann nur mit sonstigen Veräußerungsgewinnen des Jahres verrechnet werden, nicht aber mit sonstigen Einkünften und ist darüber hinaus nicht vortragsfähig.

Fall 2 - Privatstiftung

Sofern eine österreichische **Privatstiftung** im Rahmen der privatstiftungsrechtlichen Möglichkeiten über Markenrechte vermögensverwaltend verfügt, kann eine Veräußerung der Marke nach Ablauf eines Jahres unter Umständen ebenfalls steuerfrei erfolgen.

Fall 3 – GmbH oder AG

Sofern die Marke von einer österreichischen **GmbH** oder **AG** verkauft wird, unterliegt der Veräußerungsgewinn unabhängig von der Art der Nutzung des Markenrechts sowie einer Haltedauer grundsätzlich der Körperschaftsteuer von 25%. Wird dieser Veräußerungsgewinn an eine natürliche Person als Gesellschafter der GmbH oder AG ausgeschüttet, unterliegt die Ausschüttung der Kapitalertragsteuer von 25%. Somit ist der Veräußerungsgewinn in den Händen der natürlichen Person effektiv mit 43,75% besteuert.

Die Übertragung des Markenrechts unterliegt grundsätzlich der Umsatzsteuer, sofern der Veräußerer die Marke unternehmerisch genutzt hat (beispielsweise vorherige Lizenzierung der Marke oder Verwendung im eigenen Betrieb). Bei Inlandstransaktionen kommt der normale Umsatzsteuersatz von 20% zur Anwendung. Bei Transaktionen mit einem ausländischen Unternehmer ist die Umsatzsteuerpflicht entsprechend der EU-Mehrwertsteuerrichtlinie grundsätzlich im Empfängerstaat zu prüfen!

> Vorsicht auch hinsichtlich der Gebührenbelastung beim Asset Deal: Die Übertragung von Markenrechten unterliegt grundsätzlich der Zessionsgebühr von 0,8% des Kaufpreises.

b) Share Deal

Ausgangsbasis der weiteren Überlegungen bzgl des Share Deals ist, dass die Marke von einer

- österreichischen Kapitalgesellschaft (GmbH oder AG) oder
- ausländischen Kapitalgesellschaft (beispielsweise deutschen GmbH oder AG)

– in der Folge kurz *„Marken-KapGes"* – gehalten wird.

Der Gesellschafter dieser Marken-KapGes ist im ersten Fall eine natürliche Person, im zweiten Fall eine österreichische Kapitalgesellschaft (also GmbH oder AG) und im dritten Fall eine österreichische Privatstiftung. Diese Fälle sind in der folgenden Grafik dargestellt. Gegenstand der Übertragung sind jeweils die Anteile an der Marken-KapGes oder Marken-AG (siehe orange Markierung in der Grafik). Auf diese Fälle wird in der Folge im Detail eingegangen.

Kaufpreis, der die Buchwerte der Assets abzüglich der Verbindlichkeiten übersteigt, kann dieser übersteigende Kaufpreisteil allerdings grundsätzlich steuerlich nicht genutzt werden. Eine Möglichkeit, diesen übersteigenden Kaufpreisteil als Firmenwert steuerlich auf fünfzehn Jahre verteilt abzuschreiben, besteht nur für den Fall, dass das zu *veräußernde Markenrecht zu einem von der Kapitalgesellschaft geführten Betrieb gehört und der Erwerber eine österreichische Kapitalgesellschaft ist. In diesem Fall können sich – bei Erfüllung der weiteren Voraussetzungen – interessante Gestaltung*en im Rahmen der österreichischen Gruppenbesteuerung ergeben.

Hinsichtlich der Umsatzsteuer ist der Verkauf von Gesellschaftsanteilen – sofern dieser nicht ohnehin als Privatverkauf gar nicht unter die Umsatzsteuer fällt – nach **österreichischem Umsatzsteuerrecht** grundsätzlich unecht steuerbefreit – dh, der Kaufpreis unterliegt nicht der Umsatzsteuer. Allerdings darf der Verkäufer aus den Aufwendungen im Zusammenhang mit dem Verkauf (insbesondere Beratungskosten) keinen Vorsteuerabzug geltend machen.

3. Sale-and-lease-back Transaktionen

Bei Sale-and-lease-back Transaktionen werden Wirtschaftsgüter zum aktuellen Verkehrswert an eine Leasing-Gesellschaft verkauft und in der Folge wieder zurückgemietet oder geleast. Gerade für immaterielle Wirtschaftsgüter wie Marken, Patente oder Urheberrechte eignet sich diese Form der Finanzierung in besonderem Maße: Durch den Verkauf wird bisher gebundenes Kapital freigesetzt. Da selbst geschaffene Marken sich aufgrund des Aktivierungsverbots nicht in der Bilanz niederschlagen, aber dennoch weit mehr wert sein können als die ursprünglichen Entwicklungskosten, kann es zum Aufbau hoher „stiller Reserven" kommen. In diesem Fall kann ein bilanzoptimiertes „Off Balance" Leasing besonders interessant sein, bei dem sich die Finanzierung nicht in der Bilanz auswirkt und somit keine negativen Auswirkungen auf das Rating oder die Bonität des Unternehmens vorliegen. Außerdem werden durch den Verkauf die bestehenden stillen Reserven „aufgedeckt" und mit dem Veräußerungsgewinn das Eigenkapital des Unternehmens gestärkt.

In steuerlicher Hinsicht ist der Veräußerungsgewinn im Zuge des Verkaufs der Marke mit Ertragsteuern belastet (siehe Ausführungen oben unter Punkt 1.), die als Transaktionskosten den eigenkapitalstärkenden Effekt mindern. Daher sind Sale-and-lease-back Transaktionen insbesondere dann effizient, wenn beim veräußernden Unternehmen Verluste oder Verlustvorträge vorliegen, mit denen der sich ergebende Veräußerungsgewinn ausgeglichen und somit die Ertragsteuerbelastung verringert werden kann. Falls Verlustvorträge vorliegen ist allerdings zu berücksichtigen, dass diese nur bis zu maximal 75% des Gewinns aus dem Verkauf der Marke verrechnet

Fall 3 – GmbH oder AG

Sofern die Marke von einer österreichischen **GmbH** oder **AG** verkauft wird, unterliegt der Veräußerungsgewinn unabhängig von der Art der Nutzung des Markenrechts sowie einer Haltedauer grundsätzlich der Körperschaftsteuer von 25%. Wird dieser Veräußerungsgewinn an eine natürliche Person als Gesellschafter der GmbH oder AG ausgeschüttet, unterliegt die Ausschüttung der Kapitalertragsteuer von 25%. Somit ist der Veräußerungsgewinn in den Händen der natürlichen Person effektiv mit 43,75% besteuert.

Die Übertragung des Markenrechts unterliegt grundsätzlich der Umsatzsteuer, sofern der Veräußerer die Marke unternehmerisch genutzt hat (beispielsweise vorherige Lizenzierung der Marke oder Verwendung im eigenen Betrieb). Bei Inlandstransaktionen kommt der normale Umsatzsteuersatz von 20% zur Anwendung. Bei Transaktionen mit einem ausländischen Unternehmer ist die Umsatzsteuerpflicht entsprechend der EU-Mehrwertsteuerrichtlinie grundsätzlich im Empfängerstaat zu prüfen!

> Vorsicht auch hinsichtlich der Gebührenbelastung beim Asset Deal: Die Übertragung von Markenrechten unterliegt grundsätzlich der Zessionsgebühr von 0,8% des Kaufpreises.

b) Share Deal

Ausgangsbasis der weiteren Überlegungen bzgl des Share Deals ist, dass die Marke von einer

- österreichischen Kapitalgesellschaft (GmbH oder AG) oder
- ausländischen Kapitalgesellschaft (beispielsweise deutschen GmbH oder AG)

– in der Folge kurz *„Marken-KapGes"* – gehalten wird.

Der Gesellschafter dieser Marken-KapGes ist im ersten Fall eine natürliche Person, im zweiten Fall eine österreichische Kapitalgesellschaft (also GmbH oder AG) und im dritten Fall eine österreichische Privatstiftung. Diese Fälle sind in der folgenden Grafik dargestellt. Gegenstand der Übertragung sind jeweils die Anteile an der Marken-KapGes oder Marken-AG (siehe orange Markierung in der Grafik). Auf diese Fälle wird in der Folge im Detail eingegangen.

Abbildung 29: Ausgewählte Fallvarianten zum Share Deal

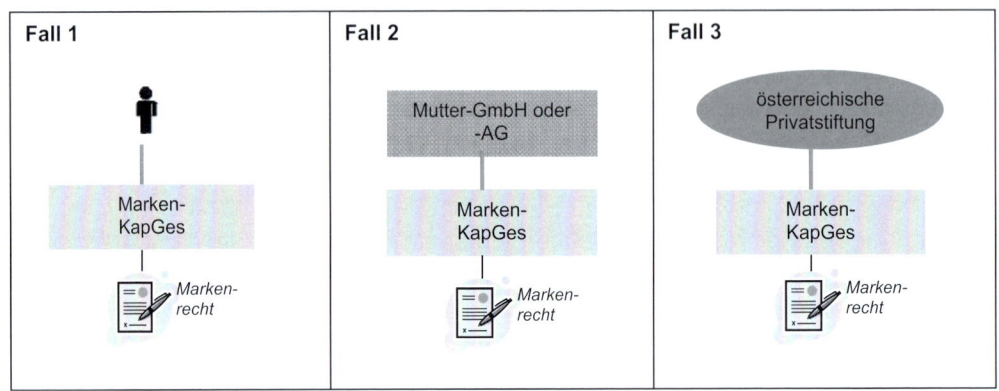

Fall 1 – natürliche Person als Veräußerer

Die folgenden Ausführungen gelten in der Regel für den Fall einer österreichischen Marken-KapGes, aber auch für den Fall einer ausländischen Marken-KapGes, sofern Österreich mit dem jeweiligen ausländischen Staat ein Doppelbesteuerungsabkommen[29] mit Befreiungsmethode[30] abgeschlossen hat (solche Doppelbesteuerungsabkommen bestehen mit vielen EU-Staaten). Eine etwaige ausländische Besteuerung der Veräußerung ist immer im jeweiligen Einzelfall zu prüfen.

Relevant für die steuerliche Beurteilung ist, ob die Anteile an der Marken-KapGes im Betriebsvermögen oder im Privatvermögen gehalten werden und wie hoch die Beteiligung ist.

Für Letzteres gilt – bei einer **Beteiligung von weniger als 1%** kann ein privat gehaltener Anteil nach Ablauf einer Haltedauer von einem Jahr (Spekulationsfrist) steuerfrei veräußert werden.

---

29 *Doppelbesteuerungsabkommen sind bilaterale zwischenstaatliche Abkommen, die Regeln enthalten, wie die Besteuerungsrechte zwischen den beiden Staaten bei grenzüberschreitenden Transaktionen aufzuteilen sind. Österreich hat derzeit über 60 Doppelbesteuerungsabkommen abgeschlossen.*

30 *Die Befreiungsmethode ist eine mögliche Methode, wie eine Doppelbesteuerung bei grenzüberschreitenden Transaktionen vermieden werden kann. Hierbei wird das grundsätzliche Besteuerungsrecht für einen bestimmten Geschäftsvorgang einem Staat zugesprochen, während der andere Staat auf eine Besteuerung verzichtet und den Vorgang von den Steuern befreit.*

In **allen anderen Fällen** (somit bei betrieblicher Beteiligung oder bei Beteiligung von mehr als 1%) unterliegt ein Veräußerungsgewinn vor Ablauf eines Jahres der Einkommensteuer zur vollen Progression und nach Ablauf eines Jahres der Einkommensteuer zum halben Durchschnittssteuersatz.

Fall 2 – Kapitalgesellschaft als Veräußerer

Die Veräußerung des Anteils an einer **österreichischen Marken-KapGes** durch eine Kapitalgesellschaft ist jedenfalls körperschaftsteuerpflichtig mit 25% (unabhängig von Beteiligungshöhe und -dauer).

Die Veräußerung des Anteils an einer **ausländischen Marken-KapGes** durch eine Kapitalgesellschaft kann unter Umständen steuerfrei erfolgen, wenn eine Beteiligung von mindestens 10% zumindest ein Jahr lang gehalten worden ist und die ausländische Marken-KapGes das Markenrecht nicht bloß vermögensverwaltend, sondern beispielsweise selbst im Rahmen ihres operativen Geschäfts nutzt.

Fall 3 – Privatstiftung als Veräußerer

Privatstiftungen können **Beteiligungen von weniger als 1%** grundsätzlich nach Ablauf der Spekulationsfrist von einem Jahr steuerfrei veräußern.

Veräußerungen von **Beteiligungen von mehr als 1%** unterliegen bei der Privatstiftung grundsätzlich der sogenannten Zwischensteuer von 12,5%. Soweit im Jahr der Veräußerung kapitalertragsteuerpflichtige Zuwendungen an die Begünstigten der Privatstiftung erfolgen, entfällt diese Zwischensteuer.

Sofern keine Zuwendungen an die Begünstigten erfolgen, kann die Körperschaftsteuer auf den Veräußerungsgewinn aufgeschoben werden (Steuerstundung), sofern die Privatstiftung innerhalb eines Jahres eine qualifizierte Ersatzanschaffung (Neuanschaffung einer Beteiligung von mindestens 10%) tätigt. Nicht begünstigt sind Ersatzanschaffungen von bestehenden Anteilen von einer Körperschaft, an der die Privatstiftung, der Stifter oder ein Begünstigter allein oder gemeinsam unmittelbar oder mittelbar zu mindestens 20% beteiligt sind. Der Steuerstundungseffekt ist grundsätzlich umso höher, je länger die als Ersatz angeschaffte Beteiligung in der Privatstiftung verbleibt.

Für alle drei Fälle kann zusammengefasst Folgendes festgehalten werden: Soweit Markenrechte bereits von einer Kapitalgesellschaft gehalten werden, ist es aus Verkäufersicht in der Regel sinnvoller, die Markenrechte durch Übertragung der Anteile an dieser Kapitalgesellschaft zu verkaufen. Zahlt der Erwerber für diese Anteile einen

Kaufpreis, der die Buchwerte der Assets abzüglich der Verbindlichkeiten übersteigt, kann dieser übersteigende Kaufpreisteil allerdings grundsätzlich steuerlich nicht genutzt werden. Eine Möglichkeit, diesen übersteigenden Kaufpreisteil als Firmenwert steuerlich auf fünfzehn Jahre verteilt abzuschreiben, besteht nur für den Fall, dass das zu *veräußernde Markenrecht zu einem von der Kapitalgesellschaft geführten Betrieb gehört und der Erwerber eine österreichische Kapitalgesellschaft ist. In diesem Fall können sich – bei Erfüllung der weiteren Voraussetzungen – interessante Gestaltung*en im Rahmen der österreichischen Gruppenbesteuerung ergeben.

Hinsichtlich der Umsatzsteuer ist der Verkauf von Gesellschaftsanteilen – sofern dieser nicht ohnehin als Privatverkauf gar nicht unter die Umsatzsteuer fällt – nach **österreichischem Umsatzsteuerrecht** grundsätzlich unecht steuerbefreit – dh, der Kaufpreis unterliegt nicht der Umsatzsteuer. Allerdings darf der Verkäufer aus den Aufwendungen im Zusammenhang mit dem Verkauf (insbesondere Beratungskosten) keinen Vorsteuerabzug geltend machen.

3. Sale-and-lease-back Transaktionen

Bei Sale-and-lease-back Transaktionen werden Wirtschaftsgüter zum aktuellen Verkehrswert an eine Leasing-Gesellschaft verkauft und in der Folge wieder zurückgemietet oder geleast. Gerade für immaterielle Wirtschaftsgüter wie Marken, Patente oder Urheberrechte eignet sich diese Form der Finanzierung in besonderem Maße: Durch den Verkauf wird bisher gebundenes Kapital freigesetzt. Da selbst geschaffene Marken sich aufgrund des Aktivierungsverbots nicht in der Bilanz niederschlagen, aber dennoch weit mehr wert sein können als die ursprünglichen Entwicklungskosten, kann es zum Aufbau hoher „stiller Reserven" kommen. In diesem Fall kann ein bilanzoptimiertes „Off Balance" Leasing besonders interessant sein, bei dem sich die Finanzierung nicht in der Bilanz auswirkt und somit keine negativen Auswirkungen auf das Rating oder die Bonität des Unternehmens vorliegen. Außerdem werden durch den Verkauf die bestehenden stillen Reserven „aufgedeckt" und mit dem Veräußerungsgewinn das Eigenkapital des Unternehmens gestärkt.

In steuerlicher Hinsicht ist der Veräußerungsgewinn im Zuge des Verkaufs der Marke mit Ertragsteuern belastet (siehe Ausführungen oben unter Punkt 1.), die als Transaktionskosten den eigenkapitalstärkenden Effekt mindern. Daher sind Sale-and-lease-back Transaktionen insbesondere dann effizient, wenn beim veräußernden Unternehmen Verluste oder Verlustvorträge vorliegen, mit denen der sich ergebende Veräußerungsgewinn ausgeglichen und somit die Ertragsteuerbelastung verringert werden kann. Falls Verlustvorträge vorliegen ist allerdings zu berücksichtigen, dass diese nur bis zu maximal 75% des Gewinns aus dem Verkauf der Marke verrechnet werden dürfen. Eine 100%ige Verlustverrechnung kommt nur dann in Frage, wenn der Veräußerungsgewinn auf eine Betriebsveräußerung im Ganzen (inklusive der Marke) zurückzuführen ist.

Die in der Folge vom Unternehmen zu leistenden Leasingraten für die Marke sind grundsätzlich steuerliche Betriebsausgaben, die den Gewinn und somit die Ertragsteuerbelastung reduzieren.

Ein Sale-and-lease-back Geschäft wird in der Regel mit einer Leasinggesellschaft abgeschlossen. Ebenso möglich ist eine solche Transaktion aber auch innerhalb des Konzerns oder einer Unternehmensgruppe, um beispielsweise bestehende Verlustvorträge zu nutzen und so steueroptimiert stille Reserven freizusetzen. Ein zusätzlicher Steuervorteil kann dabei erreicht werden, wenn die leasinggebende Konzerngesellschaft im Ausland ansässig ist und dort ein niedrigerer Körperschaftsteuersatz oder eine sonstige Steuerbegünstigung für das Leasing genutzt werden kann.

Gerade bei solchen konzerninternen Geschäften kommt es aus steuerlicher Sicht auf die Bewertung der Marke und deren Akzeptanz durch die Finanzbehörden an (sogenannte „Verrechnungspreisproblematik"). Das Geschäft muss unter fremdüblichen Bedingungen abgeschlossen werden, unter anderem, um sicher zu stellen, dass das Sale-and-lease-back Geschäft nicht im Rahmen einer Betriebsprüfung als bloße Darlehensgewährung umqualifiziert wird, was neben ertragsteuerlichen Folgen auch negative umsatzsteuerliche Folgen mit sich ziehen kann.

4. Unternehmensinterne Übertragung von Marken ins Ausland

Sofern im Ausland Steuerbegünstigungen für Marken (zum Beispiel begünstigte Abschreibung oder Investitionsbegünstigungen) bestehen, kann es sinnvoll sein, eine Marke ins Ausland zu überführen. Damit können unter Umständen Gewinnpotenziale, aber auch Verluste ins Ausland (Verlustexport) oder nach Österreich (Verlustimport) transferiert werden oder bestehende Verlustvorträge zur Aufdeckung stiller Reserven „genutzt" werden. Bei einer solchen Gestaltung dürfen die steuerlichen Folgen des Übertragungsvorgangs von Österreich ins Ausland nicht übersehen werden:

Die grenzüberschreitende Übertragung von Wirtschaftsgütern innerhalb des Unternehmens (beispielsweise innerhalb eines Betriebes oder in eine ausländische Betriebsstätte) führt aus österreichischer Sicht generell zu einer fiktiven steuerlichen

Veräußerung der Wirtschaftsgüter zum fremdüblichen[31] Preis. Da durch diese Regelung grenzüberschreitende Aktivitäten von Unternehmen behindert werden und die Regelung daher jedenfalls mit Gemeinschaftsrechtswidrigkeit belastet war, kann auf Antrag des Steuerpflichtigen und unter gewissen Voraussetzungen seit 2004 die Besteuerung des unternehmensinternen Übertragungsvorgangs innerhalb der EU sowie nach Norwegen (als EWR-Staat mit umfassender Amtshilfe) bis zum tatsächlichen Verkauf des Wirtschaftsguts aufgeschoben werden. Im Hinblick auf die unternehmensinterne Übertragung von Marken ins Ausland sind in diesem Zusammenhang ein paar Spezifika gesondert hervorzuheben

a) Entgeltlich erworbene Marken

Für entgeltlich erworbene Marken, die unternehmensintern (beispielsweise an eine Betriebsstätte) innerhalb der EU oder nach Norwegen übertragen werden, können im Allgemeinen einer sofortigen fiktiven Veräußerungsgewinnbesteuerung entzogen werden. Neben dem Antrag des Steuerpflichtigen ist hierfür üblicherweise die Feststellung des fremdüblichen Markenwertes zum Zeitpunkt der Überführung der Marke ins Ausland erforderlich. Dieser Wert wird „eingefroren" und im Fall einer späteren Veräußerung der Marke als Bemessungsgrundlage für die Besteuerung herangezogen.

Bei Überführungen in eine Betriebsstätte in einen Drittstaat (exklusive Norwegen), wie zB Island oder Liechtenstein, erfolgt generell sofort zum Zeitpunkt der Überführung eine fiktive Veräußerungsgewinnbesteuerung.

b) Selbst erstellte Marken

Die Überführung selbst erstellter Marken ins Ausland ist im Gesetz gesondert geregelt, um Doppelverwertungen von Aufwendungen auszuschließen: Da selbst erstellte Marken nicht aktiviert werden dürfen, sind die mit ihrer Entwicklung angefallenen Kosten laufend als Betriebsausgaben geltend gemacht worden. Sobald die selbst erstellte Marke nach der Überführung im Ausland aktiviert wird, kommt es in Österreich zu einer sofortigen Besteuerung der in Österreich abgesetzten Betriebsausgaben im Zusammenhang mit der Markenentwicklung. Sofern diese Betriebsausgaben nicht nachgewiesen werden, kommt es zu einer pauschalen Versteuerung von 65% des fremdüblichen Preises der Marke. Die Besteuerung etwaiger bestehender „stiller Reserven" (Differenz zwischen den Kosten der Markenentwicklung und dem Verkehrswert der Marke) oder der restlichen 35% bei Pauschalbesteuerung kann auf Antrag aufgeschoben werden.

---

31 Fremdüblich ist der Preis, der auch mit einem unabhängigen Dritten vereinbart worden wäre.

Beispiel:

Ein österreichisches Unternehmen – nennen wir es „Black Bull" – überträgt seine Marke auf eine Betriebsstätte in Tschechien. Auf der Grundlage eines unabhängigen Bewertungsgutachtens ergibt sich ein Verkehrswert von € 50 Millionen. Mit diesem Wert wird die Marke auch im Ausland aktiviert. Sind die in Österreich steuerlich verwerteten Entwicklungskosten für die Marke nicht mehr nachvollziehbar, sind € 32,5 Millionen (65% von € 50 Millionen) sofort zu versteuern.

Sofern die Aktivierung in Tschechien nur mit € 30 Millionen vorzunehmen ist, sind auch nur diese € 30 Millionen sofort zu versteuern, da nur in diesem Rahmen eine Doppelberücksichtigung von Aufwendungen erfolgt.

Kann das österreichische Unternehmen glaubwürdig nachweisen, dass die Entwicklungskosten der Marke nur € 20 Millionen betragen haben, sind lediglich diese € 20 Millionen sofort zu versteuern.

Die jeweilige Differenz zum Fremdvergleichswert (€ 17,5/20/30 Millionen) ist auf Antrag erst bei tatsächlichem Verkauf steuerlich erfassbar.

Wie aus dem Beispiel ersichtlich ist, ist Grundlage der steuerlichen Folgen die Frage der Bewertung der Marke bzw. der Feststellung der Höhe der Entwicklungskosten im Zusammenhang mit der Marke. Um Probleme bei einer zukünftigen Betriebsprüfung zu vermeiden, ist es empfehlenswert, bereits im Zeitpunkt der Übertragung bzw. möglichst zeitnah zur Übertragung Überlegungen hinsichtlich des Markenwertes anzustellen und die Bewertung ausreichend zu dokumentieren.

IV. Kapitel:
NUTZUNG DER MARKE

1. Abschnitt: Nutzung der Marke – wirtschaftlicher Teil
(Robert Trasser)

*Lizenz zum Gelddrucken –
die neuen Vermarktungsformen – Lizenzierung & Merchandising
in der Praxis*

> *„Die Lizenzpartner, in den Hochzeiten waren es mal 18,
> produzierten die Produkte und versahen sie mit dem Joop-Etikett.
> Wolfgang Joop tat, was er am besten kann:
> Sich selber spielen und so die Marke bekannt machen –
> eine Arbeitsteilung, von der alle profitierten,
> am meisten das Wunderkind Joop."*[32]

Unternehmen stehen heute vor zahlreichen neuen Herausforderungen. Die schnell voranschreitende Globalisierung und der sich permanent verstärkende Wettbewerb – neben den dadurch schwierigeren Vermarktungsvoraussetzungen sowie den sich daraus und aus den Folgen der aktuellen Finanzkrise ergebenden knapperen Budgets – verschärfen die Anforderungen an eine nachhaltige, wirksame und attraktive Entwicklung der Unternehmen. Neue Lösungen sind gefragt.

Marken sind seit jeher dem Druck ausgesetzt, in den angestammten Produktfeldern stark wachsen zu müssen. In aller Regel ist dort aber Wachstum zu einem akzeptablen Preis kaum möglich. Erfolgversprechende Möglichkeiten liegen sehr oft nur in neuen und fremden Produktfeldern, wobei dabei wiederum das Problem der unternehmensstrategischen Konzentration auf Kernkompetenzen zu beachten ist. Gemäß der Theorie

---

[32] Bergmann, (2005) 85.

der Kernkompetenzen soll ein Unternehmen selbst ganz grundsätzlich nur die Aktivitäten durchführen, in denen es wettbewerbsüberlegen ist.

Eine mögliche Lösung hierfür findet sich in der Erwägung der eigenen Wertschöpfungstiefe, eine andere im Einsatz neuer Vermarktungsformen wie Merchandising, Lizenzierung, Franchising und vieler anderer.

In Zukunft werden neben den klassischen Marketinginstrumenten hauptsächlich diese zahlreichen neuen Vermarktungsformen einerseits den Wettbewerb weiter forcieren, andererseits als zusätzliche Finanzierungsmodelle auftreten. Verantwortliche in Unternehmen müssen sich bewusst werden, mit welcher Form sie am erfolgreichsten ein leistungsstarkes und wettbewerbsfähiges Unternehmen fördern und als eigenständige und starke Marken positionieren wollen.

I. Begriffe und Systematik

Der Begriff Merchandising stammt aus dem angelsächsischen Sprachraum und steht für geeignete Maßnahmen, die den Verkauf von Produkten fördern sollen – sinngemäß bedeutet „to merchandise" so viel wie „für eine Ware Werbung machen". Wörtlich übersetzt bedeutet Merchandising „Warenhandel treiben" und „Handelsgüter verkaufen". Barkholtz umschreibt den Begriff als *„(…) Gesamtheit der absatzpolitischen und verkaufsfördernden Maßnahmen des Herstellers einer Ware, z. B. Produktgestaltung, Werbung, Kundendienst"*[33].

Die Autoren *Bürger* und *Berlemann* definieren in ihrem Buch „Merchandising, die hohe Schule des Handelns im Handel"[34] den Begriff Merchandising mittels Abgrenzung zum Begriff Marketing. Dabei führen sie aus, dass die Industrie bis in die 1970er Jahre Marketing zur generellen Warenverteilung nützte und damit von der Produktion über den Handel bis hin zum Konsumenten alle Absatzstufen abdeckte. Diese Situation endete mit dem Umschwung der Wirtschaftssituation in den siebziger Jahren, als der Handel immer mehr an Bedeutung gewann und begann, eigene Marketingaktivitäten zu setzen. Die Industrie fungiert seitdem in vielen Bereichen nur mehr als Produzent, den Absatz bestimmte der Handel und nannte sein „Marketing" in Folge: „Merchandising".

Böll betrachtet im „Handbuch Licensing" den Begriff Merchandising aus drei verschiedenen Blickwinkeln: Zum einen aus der **juristischen Perspektive**, bei der der Inhaber der Markenrechte weder Hersteller noch Handelsunternehmer ist, zum anderen

---

[33] http://barkholtz.com/lexikon.htm, (Stand: 05.08.2009).

[34] Joachim H. Bürger / Friedrich R. Berlemann: Merchandising. Die Hohe Schule des Handels im Handel, Verlag Moderne Industrie, 1989.

aus der **Marketingperspektive**, bei der das Merchandising die unternehmerische und insbesondere werbliche Verwertung berühmter Stories, Figuren, Namen und Motiven ist und des Weiteren aus der Handelsperspektive, bei der das Merchandising die Gesamtheit aller Maßnahmen der Absatzförderung darstellt, die der Hersteller beim Einzel- und Großhandel ergreift, um einen maximalen Umsatz zu erreichen. Dazu gehören aber beispielsweise auch Werbemittel und Streuartikel (Kugelschreiber, Feuerzeuge etc), die ohne Gewinnerzielung verschenkt bzw zum Selbstkostenpreis in Umlauf gebracht werden, mit dem Ziel eine Marke bekannt zu machen. Auch alle Maßnahmen zur optimalen Warenplatzierung und Warenpräsentation bezeichnet *Böll* als Merchandising aus Handelsperspektive. [35]

Genau genommen muss der Begriff Merchandising mehrfach abgegrenzt werden. Die wichtigste Unterscheidung liegt in der Trennung der zwei Merchandising-„Stränge" – Eigenvermarktung durch den Rechtehalter (= Produktmanagement) einerseits und Vermarktung mit Zustimmung des Rechtehalters durch Dritte (= Lizenzierung) andererseits. Im Produktmanagement tritt der Rechtehalter als klassisches Produktions- und/oder Beschaffungsunternehmen auf, dem bei Produktion, Preisgestaltung, Kommunikation, Vertrieb und Kundenpolitik das komplette Instrumentarium des strategischen und operativen Marketing-Mix zur Verfügung steht. Dabei ist die Abgrenzung des Begriffs „Merchandising" vom Begriff „Verkaufsförderung" überaus schwierig, da beide sehr häufig synonym und im Verhältnis der Über- bzw Unterordnung zueinander gebraucht werden. Zusammenfassend ist die Tätigkeit Merchandising in diesem Fall als eine Teilfunktion der Verkaufsförderung zu bezeichnen.

Bei der Lizenzierung erwirbt der Lizenznehmer die Rechte der Produktion und des Vertriebs von der, mit dem Lizenzthema ausgezeichneten, Ware vom Rechtehalter. Dabei steht ihm ebenfalls der komplette operative Marketing-Mix zur Verfügung, auf das strategische Marketing des Lizenzthemas jedoch kann er nur wenig Einfluss nehmen.

Der Begriff Merchandising ist demnach also nicht klar abzugrenzen, handelt es sich dabei doch um eine weiterentwickelte Form des Marketings, die speziell auf den Bereich „Handel" ausgelegt ist. Im Detail kann hier wiederum, wie bereits oben, von einer Teilfunktion der Verkaufsförderung gesprochen werden. Durch die Variante der Merchandising-Lizenzierung oder der Eigenvermarktung bietet der Bereich Merchandising eine wesentliche Vermarktungschance für interessierte Unternehmen.

---

35 Vgl Böll, (2001) 24 f.

II. Die Formen des Merchandisings

Aus den soeben erwähnten Erläuterungen wird ersichtlich, dass die systematisierende Literatur zum Merchandising bisher keine eindeutige Definition gefunden hat. Zieht man aber Erfahrungen aus Praxis zu Hilfe, können allerdings zwei große Modelle unterschieden werden.

Im ersten Fall verwendet ein Unternehmen eigene (Lizenz-)Themen – in der Regel Marken – auch für andere Produkte, als sie ursprünglich gedacht und entwickelt worden waren. Als ein Beispiel hierfür wäre das Unternehmen *Coca*-Cola Corporation, mit ihrer Marke „Coca-Cola", zu nennen. *Coca-Cola* stand und steht eigentlich für ein Erfrischungsgetränk; zusätzlich dazu begann das Unternehmen aber auch Promotion-Artikel wie Polo-Shirts, Handtücher, Feuerzeuge, Gläser usw unter gleichem Namen zu entwickeln, zu produzieren und in Vertrieb zu bringen – diese Form des Merchandisings wird in der Folge als „Eigenvermarktung" bezeichnet.

Im zweiten Fall erteilt ein Unternehmen einem anderen Unternehmen die Erlaubnis, das (Lizenz-)Thema für definierte Produkte zu verwenden. Diese Form des Merchandisings wird in der Folge als „Lizenzierung" bezeichnet.

Mit den Optionen Eigenvermarktung und Lizenzierung stehen somit zwei grundlegende Formen von Geschäftsmodellen zur Verfügung. Je nach dem vorliegenden Lizenzthema und seinem zu erwartenden Lebenszyklus kann das jeweils passende Lizenzmodell ausgewählt werden.

A. Die Eigenvermarktung

Bei der Eigenvermarktung verbleiben alle Merchandising-Aktivitäten in der Hand des Rechteinhabers des Merchandising-/Lizenz-Themas. Dies beinhaltet die Konzeption der Produkte, deren Einkauf, Logistik und Verkauf einschließlich der Bewerbung sowie alle begleitenden betriebswirtschaftlichen und organisatorischen Aufgaben. Das wirtschaftliche Risiko liegt in diesem Falle voll beim Rechteinhaber.

Die Eigenvermarktung wird vorzugsweise bei Themen eingesetzt, die eine kleinere Zielgruppe ansprechen und/oder die zeitlich und räumlich in einem eher begrenzten Rahmen verlaufen. Beispiele, bei denen die Eigenvermarktung gerne gewählt wird, wären die Vermarktung eines Zweitliga-Fußballclubs oder eines einmaligen Festivals mit 50.000–70.000 Besuchern. Die Eigenvermarktung bleibt insbesondere in der Aufbauphase die einzige Alternative, solange eine mangelnde Nachfrage nach Lizenzierung seitens potenzieller Lizenznehmer gegeben ist.

B. Lizenzierung

Der Begriff Lizenzierung wird häufig synonym für mehrere der bereits genannten Vermarktungsformen verwendet und eingesetzt. Auch in der Literatur findet der Begriff eine breite Verwendung und ist daher schwer abzugrenzen. Das Wort „Lizenz" stammt vom lat. licere (= erlauben) ab; grundsätzlich ist darunter die Erlaubnis, Dinge zu tun, zu verstehen, die ohne sie verboten wären. Aufgrund dieser sehr allgemeinen Übersetzung, muss hier eine klare Unterteilung vorgenommen werden: Neben den häufig bekannten (software-) technischen Lizenzen und den bereits erwähnten Franchising-Lizenzen sind vor allem die Begriffe Marken-Lizenzen und Merchandising zu erwähnen. *Gablers* Wirtschaftslexikon definiert Licensing als eine Art Nutzungs-recht, also die Befugnis, das (patentierte) Recht eines anderen (partiell oder insgesamt) gewerblich zu benutzen, vor allem im Urheber-, Patent- und Gebrauchsmusterrecht. *Böll* definiert: *„Licensing ist somit die kommerzielle und damit die gewinnorientierte Nutzung einer Popularität auf Basis einer Lizenz, mit dem Ziel, Produkte, Firmen und/oder Marken emotional zu positionieren und dadurch den Absatz zu erhöhen."*[36]

Es gibt viele Erscheinungsformen, in denen Merchandising-Lizenzen auftreten. Unterschieden wird nach Anzahl und Breite der Lizenzprodukte sowie nach der Ähnlichkeit mit den Ausgangsprodukten. Ausschlaggebend hierfür sind Kompetenzbereich und Tragfähigkeit einer Marke.

Marken-Lizenzierung wiederum wird gerne zur Veredelung von in der Regel unbekannten Produkten oder No-Name-Produkten mit bekannten Namen eingesetzt. Man versteht darunter, die Abtretung eines Markenrechts an einen oder mehrere Lizenznehmer. Dieses sogenannte Brand Licensing bringt sowohl Lizenzgebern als auch Lizenznehmern Vorteile: Die Lizenznehmer erreichen zum einen mit einer geliehenen Marken neue Zielgruppen und gewinnen zum anderen neue Vertriebswege; des Weiteren können sie vom Good Will sowie dem positiven Image einer stark aufgeladenen Marke profitieren. Lizenzgeber ihrerseits bauen das Leistungsspektrum ihrer Marken aus und verdienen an den Lizenzgebühren.

Konsumenten werden täglich mit Brand Licensing konfrontiert, ohne es wahrzunehmen. Vermarktet werden Markennamen- und -zeichen, die über einen hohen Bekanntheitsgrad und ein positives Image verfügen. Bekannte Beispiele hierfür sind: *Marlboro, Calvin Klein, Boss* etc.[37] Dies funktioniert nach *Fischer* aber nur dann erfolgreich, wenn sich das Markenimage in dem Lizenzprodukt und in der Werbung wiederfindet.

---

36 Siehe: Böll, (1999) 5.
37 Vgl Böll, (1999) 36 ff.

Der Erfolg, wie ihn beispielsweise oben erwähnte Marken verbuchen konnten, spricht für die Lizenzierung von Marken. Durch einige Lizenzmarken werden sogar Umsätze erreicht, die teilweise höher sind als die Eigenumsätze, insbesondere dort, wo das bisherige Markenangebot schwach, austauschbar und unübersichtlich ist (zB Elektrogeräte, Möbel, Gartenbereich), werden sich die zukünftigen Märkte für Lizenzmarken öffnen.

C. Gemischte Formen

Vielfach bietet sich bzgl des Merchandisings ein zweigleisiges Vorgehen an. Neben der Eigenvermarktung durch den Rechtehalter für die klassischen Vertriebskanäle kann zusätzlich ein Lizenznehmer die Interessen des Rechtehalters in Bezug auf das Bereithalten und Vertreiben einer Palette von Merchandising-/Lizenz-Kernprodukten vertreten.

Auf Veranstaltungen wie gesponserten Sportevents oder Messen kann von Lizenzgebern so elegant eine ganze Range von Lizenzprodukten zentral angeboten werden. Um das Sortiment attraktiver zu gestalten, nehmen Lizenzgeber oft auch Produkte auf, die normalerweise von ihren Lizenznehmern selbst über den stationären Handel angeboten werden. Solche Kooperation von Lizenzgebern und Lizenznehmern werden sehr oft auch zum Aufbau eines zentrales Kataloggeschäfts (Mail Order) geschlossen, um einen bereits vorhandenen umfangreichen Adressenpool zu nutzen und/oder zu ergänzen. Zusätzlich kann im Kataloggeschäft, wie im Impulsgeschäft auf Veranstaltungen, eine hohe persönliche Kundenbindung erzielt werden.

III. Der Lizenzmarkt – umsatzstarke Lizenzthemen und Branchen

Zur wirtschaftlichen Bedeutung des Lizenzmarktes sei vorausgeschickt, dass es generell sehr schwierig ist, an gesichertes Zahlenmaterial zu kommen. Eine Studie aus dem Jahr 2003 bestätigt die zunehmende Aktualität von Rechteverkäufen im Sinne von Merchandising und Lizenzierung. Auf dem deutschsprachigen Markt wurde im Jahr 2001 ein Umsatz mit lizenzierten Produkten von rund € 24,4 Mrd. erzielt (Abgabepreis an den Handel exklusive Mehrwertsteuer). Wie *Sir Michael A. Lou*, Vorstandsvorsitzender der *V.I.P. Entertainment & Merchandising AG* ermittelt hat, haben alleine Lizenzgeber wie *Boss, Joop, Bogner, Jil Sander* oder *Ravensburger TV* mit Lizenzprodukten einen Umsatz in Höhe von € 1,6 Mrd. erzielt. Marken (inkl Designer-Labels) zählen mit einem Umsatzvolumen von rund € 8,5 Mrd. zu den besonders erfolgreichen Lizenzthemen. *Hartmann/Sattler/*

Völckner haben herausgefunden, dass allein an *Hugo Boss* im Jahr 2001 Lizenzgebühren in der Höhe von € 51,3 Mio. abgeführt wurden.

Im September 2005 veröffentlichte die deutsche Niederlassung der *International Licensing Industry Merchandisers' Association* (kurz LIMA) eine Studie zum Lizenzmarkt Deutschland, in der sich neben Branchendaten auch interessante Hinweise auf Entwicklungsnischen fanden. Die nachfolgenden Erkenntnisse sind einem Bericht der Zeitschrift LICENSING entnommen und können im Internet[38]) nachgelesen werden.

Diese Untersuchung wurde von der Nürnberger *Intelect Marktforschung GmbH*, Geschäftsbereich Eurotoys, im Auftrag der LIMA durchgeführt. Es war nicht der erste Anlauf der LIMA Germany, endlich mit gesichertem Datenmaterial aufwarten zu können, die sich auf die Gegebenheiten im Zentrum Europas stützen und nicht auf die der USA – im Vergleich zu Amerika gilt Deutschland nämlich noch als ‚Lizenz-Entwicklungsland'.

Aber auch im Vergleich zu den direkten europäischen Nachbarn hat Deutschland einiges aufzuholen, wie die Ergebnisse der Studie zeigen. Intelect schätzt aufgrund seiner Marktuntersuchungen das derzeitige Marktvolumen für Lizenzprodukte in UK um ca. 60% und in Frankreich um ca. 30% größer als in Deutschland. Allerdings blickt, laut Studie, die Mehrzahl der befragten deutschen Unternehmen optimistisch in die Zukunft und erwartet steigende Einnahmen; hierfür wurden mehr als 80 Lizenzagenturen und Lizenzgeber kontaktiert. Außerdem beschloss man, sich – aufgrund der Komplexität des Lizenzgeschäfts – zur quantitativen Ermittlung einer Umsatzgröße auf den Bereich „Characters" (Entertainment/TV/Movie) zu stützen. Für andere umsatzbezogene Auswertungen wurde auf den Lizenzmarkt insgesamt rückgeschlossen.

Allein im Bereich dieser Character-Lizenzen konnte laut Studie von Lizenzgebern und -agenturen im Jahr 2004 in Deutschland ein Gesamtumsatz von € 91 Mio. (ohne Mehrwertsteuer) erzielt werden. Intelect schätzt, dass dieses Umsatzvolumen ca. 40% der in Deutschland erzielten Lizenzeinnahmen insgesamt ausmacht. Die Meinungsforscher haben in weiterer Folge eine Hochrechnung bzgl des erzielten Handelsumsatzes mit Character-Lizenzen zu Endverbraucherpreisen erstellt und sind zu dem Ergebnis gekommen, dass Waren und Dienstleistungen im Wert von ca. € 1,2 Mrd. (inkl Mwst) umgesetzt wurden. Bei der Verteilung dieser Umsätze liegen die Produktkategorien Apparel (20%), Toys/Games (19%) und Publishing (12%) an erster Stelle.

80% der befragten Unternehmen gaben an, im Jahr 2004 ein besseres Ergebnis als im Jahr 2003 erzielt zu haben. Die steigenden Umsätze legen den Schluss nahe, dass sich der deutsche Markt der Akzeptanz von und dem Umgang mit Lizenzprodukten weiter

---

38 http://www.licensing-online.com/index.php?id=1168

öffnet. Allerdings konstatiert die Studie gleichzeitig, dass die Umsätze nur durch „wenige Big Player im Markt" erzielt werden, die mit Blockbuster-Themen eine dominante Stellung einnehmen.

Interessante Erkenntnisse haben die Marktforscher ebenfalls aus einer im Zuge der Studie vorgenommenen Zielgruppenanalyse bzgl der einzelnen Properties gewinnen können. So ist, laut Analyse, eine Konzentration auf eine männliche Käuferschaft ab ca. zehn Jahren zu erkennen. Im Bereich „Kleinkind und Vorschule" wird dagegen ein großes Umsatzpotenzial noch nicht ausgeschöpft. Generell scheinen in Deutschland Mädchen im Teenageralter den deutschen Properties allerdings aufgeschlossener gegenüberzustehen als Jungen. Die Analyse zeigt des Weiteren, dass die umsatzstärksten Lizenzthemen weiterhin aus den USA kommen, gefolgt von Japan, UK und Deutschland.

Bezüglich der Vertriebskanäle weist die zitierte Studie auf Chancen für den gesamten Lizenzmarkt und den Handel hin: Kauf- und Warenhäuser stehen zurzeit an oberster Stelle im Vertrieb, Discounter sind schon im Mittelfeld zu finden, für den breiten Bereich Internet- und Versandhandel, aber auch Modehäuser oder Convenience-Stores, scheinen die Möglichkeiten längst nicht ausgeschöpft.

Die Fragestellungen von Intelect zielen insgesamt auf eine Untersuchung des möglichen Entwicklungspotenzials des deutschen Lizenzmarkts hin. Ergebnisse dieser Untersuchungen sind Verbesserungsvorschläge für die Distribution und die Präsentation am Point of Sales (P.O.S.): Genannt werden zum Beispiel die Warengruppenübergreifende Präsentation von Lizenzthemen im Handel oder die stärkere Unterstützung durch Marketingaktivitäten des Handels. Auch eine Reflektion der Stellung des deutschen Lizenzmarkts im internationalen Vergleich wird thematisiert, die für eine zielgerichtete Entwicklung hierzulande von Bedeutung ist.

Die angeführten Zahlen und Fakten beweisen deutlich das weltweit vorhandene Potenzial von Rechteverkäufen. Besonders anschaulich werden die Wirkungsfähigkeit und das finanzielle Ausmaß von Rechteverkäufen besonders bei der Lizenzierung von Fußball- oder Skiweltmeisterschaften. Anlässlich der Fußballweltmeisterschaft 2006 in Deutschland peilte die FIFA weltweit € 2 Mrd. Handelsumsatz mit Produkten, wie beispielsweise dem Maskottchen „Goleo", an. Allein der Münchner Lizenzvermarkter *EM.TV* hatte dafür mehr als 20 Lizenznehmer akquiriert. Die Fußball-WM zählte nach *Bottler* zum Top-Event und ließ 2006 das Lizenzgeschäft regelrecht aufblühen.

Neben der Sportvermarktung bedient sich zunehmend die gesamte Filmbranche dieser neuen Vermarktungsform. Beispielsweise ist *„Harry-Potter"* eines der aktuell bedeutendsten Lizenzthemen, durch die Künstler wie die britische Autorin *J. K. Rowling* ihre Urheberrechte vermarktet. *Rowling* verkaufte 1996 die Rechte zur Buchveröffentlichung an den englischen Verlag *Bloomsbury*. Nach dem sensationellen Erfolg wurden bei der Versteigerung der US-Rechte für den ersten Band in New York alle Rekorde gebrochen und $ 105.000 bezahlt. Dabei behielt *Rowling* aber die Option auf die Rechte zur Verfilmung zurück und konnte dafür in der Folge $ 700.000 von den *Warner-Studios* erlösen. 1998 kauften die *Warner-Studios* die Merchandising-Rechte für das gesamte (Lizenz-)Thema Harry Potter, ein Jahr später die Filmrechte an Band 1 und 2. Neben *Warner Brothers* nützen auch viele andere Unternehmen das lukrative Geschäft mit der „Potter-Lizenz". *Lego Media International*, ein Tochterunternehmen der *Lego Company*, setzte ebenfalls mittels Lizenzvertrag auf die Nutzung der Beliebtheit des Produktes „Harry Potter" und schrieb nach einem Verlust im Jahr 2000 von € 134 Mio. im Jahr 2001 wieder schwarze Zahlen.

Dennoch hat auch die Lizenzierungsbranche aufgrund einiger Vermarktungsfehler in den vergangen Jahren sowie Rezession und „Geiz ist geil"-Mentalität gelitten: Manche Produkte wurden aufgrund der Verteuerung durch die Lizenzgebühr nicht gekauft. Außerdem wurde die Zugkraft von einigen guten Namen überschätzt. Daraus kann man ableiten, dass in allererster Linie Produkt und Lizenz zusammenpassen müssen und sich darüber hinaus ergänzen sollten. Die Strategie einer überschaubaren Zahl von 20 bis 25 Lizenznehmern pro (Lizenz-)Thema, die wiederum Qualitätsprodukte herstellen und sowohl über gute Distributionskanäle verfügen als auch ihr Marketing aufeinander abstimmen, hat sich in der Vergangenheit häufig bewährt und somit als weiterer Baustein für den Erfolg eines Lizenzkonzeptes erwiesen.

IV. Voraussetzungen für erfolgreiche Lizenzierung

Lizenzgeber kapitalisieren den Bekanntheitsgrad von Lizenzthemen in Form von geistigen und visuellen Konzepten, indem sie das Recht zur Nutzung eines geschützten Auftritts (Lizenzthema) verkaufen und dadurch Produkte nach diesen Konzepten gestalten und in Vertrieb bringen lassen. Es sollte daher vorab gesichert sein, dass die Grundvoraussetzungen für ein erfolgreiches Lizenzthema gegeben sind.

A. Geschützter Auftritt

Als erste Voraussetzung für eine erfolgreiche Lizenzierung gilt, dass ein Lizenznehmer sich darauf verlassen kann, dass der Auftritt, den er lizenziert, nur von ihm bzw nur von dazu autorisierten Lizenznehmern verwendet werden kann und darf. Lizenzen müssen deshalb durch Urheberrechte, Leistungsschutzrechte, Geschmacksmusterrechte, Markenrechte, Wettbewerbsrechte und/oder Persönlichkeitsrechte geschützt sein und stellen somit immaterielle Vermögenswerte dar. Inhaber dieser Rechte ist der Lizenzgeber, der diese

Werte wiederum durch die Lizenzvergabe, welche auf einem Lizenzvertrag beruht, materialisiert und kapitalisiert.39

B. Bekanntheitsgrad, Image und Mehrwert des Lizenzthemas

Als unverzichtbare Voraussetzung für den Bekanntheitsgrad, das Image und den Mehrwert des Lizenzthemas gilt, dass dieses Thema eine Attraktivität im Markt haben muss. Es sollte also innerhalb einer definierten Zielgruppe sowohl auf große Bekanntheit und Akzeptanz als auch auf Begehrlichkeit sowie Reichweite stoßen. Darüber hinaus sollte die Produktidee für die Lizenz dem Konsumenten einen klaren Mehrwert liefern. Ansonsten ist eine Lizenzierung schon allein aus Kostengründen nicht sinnvoll. Mögliche Quellen der „Kraft" eines Lizenzthemas könnten beispielsweise die Herkunft der Marke, bekannte Verwender, der emotionale Appeal oder die Glaubwürdigkeit der Marke oder des Lizenzthemas in der Zielgruppe sein.

C. Zielgruppe

Für den Erfolg einer Lizenzierung bedarf es, neben den schon genannten Voraussetzungen, einer klar definierten Kernzielgruppe. Richtet sich das Angebot undifferenziert an alle Kunden, ist es unmöglich auch alle diese potenziellen Kunden zufriedenzustellen: „Alles für jeden" ist der schlechteste Ansatz und erweist sich für eine Zielgruppen-Positionierung mit den umfassenden Leistungsbündeln als nicht zielführend.

Deswegen ist es sinnvoll, eine Aufteilung des Marktes in möglichst homogene Untergruppen von Abnehmern – eine sogenannte Marktsegmentierung – vorzunehmen. Dabei kann jede dieser Gruppen als Zielgruppe bzw Zielmarkt angesehen werden, sodass es in weiterer Folge lohnend sein kann, eine Marktbearbeitung mit einem jeweils spezifischen Marketing-Mix umzusetzen.

Ein Lizenznehmer steht aus diesem Grund vor der Entscheidung, entweder zu versuchen, das Angebot an bestimmte Zielgruppen bestmöglich anzupassen, oder die dem Angebot am ehesten entsprechende Zielgruppe als Kunden zu gewinnen. Ersteres erfordert produkt- oder preispolitische Maßnahmen, Letzteres va eine zielgruppenorientierte Kommunikationspolitik (Werbung).

---

39 Vgl Böll, (1999) 14.

D. Umsetzung des Lizenzthemas auf Produkten

Der Lizenzgeber sollte bereits im Vorfeld Umsetzungsmöglichkeiten, dh Mustergestaltungen, für den markenkonformen Einsatz des Lizenzthemas erstellen. Daran lässt sich erkennen, ob das Thema umsetzbar ist, und erspart dem Lizenznehmer gegebenenfalls teure Vorinvestitionen in ein jeweiliges Grafikdesign. Dabei muss stets darauf geachtet werden, dass die Umsetzung des Themas auch zielgruppenkonform und mit hoher Glaubwürdigkeit bei gleichzeitiger höchstmöglicher ästhetischer Anmutung erfolgt.

E. Das Lizenzprofil

In der Folge wird ein Lizenzprofil erstellt, das die Grundlage für die Vermarktung des Lizenzthemas bildet. Es ist in alle weiteren Werbe- und Kundenunterlagen, die die Lizenz erläutern, wiederzufinden. Das Lizenzprofil umfasst die Kernpunkte des Lizenzthemas – nämlich Herkunft, Zielgruppe, Bekanntheit, Image, Umsetzungsmöglichkeiten, Glaubwürdigkeit und ästhetische Wirkung. (Besonders durch die Definition der Zielgruppe kann außerdem schon hier eine erste Vorselektion möglicher Lizenzpartner erfolgen.)

Abbildung 30: Beispiel eines Lizenzprofils

Quelle: *Concept – TV & Merchandising GmbH* (2009).[40]

---

40 Siehe: http://www.ctm.de/ctm/data/media/_shared/media/FactSheets/Det.%20Conan_Versand.pdf, (Stand: 05.08.2009).

F. Die Marktanalyse

Nach der Definition des Profils muss der Markt der potenziellen Lizenznehmer analysiert und strukturiert werden. Gezielt gesucht wird nach Bereichen, die eine auffällige Alleinstellung der jeweiligen Lizenzprodukte ermöglichen, denn hier bieten sich wesentlich größere Umsatz- und Gewinnchancen als in Segmenten, die durch ähnliche Produkte bereits gesättigt sind.

Eine Alleinstellung kann auch gewährleistet werden aufgrund der besonderen Vertriebswege, die einem Partnerunternehmen zur Verfügung stehen.

G. Die Bereinigung des Marktes

Es ist unbedingt erforderlich, den Markt kontinuierlich einer genauen Untersuchung nach Produkten zu unterziehen, die bisher ohne Genehmigung des Rechtehalters oder in einer rechtlichen Grauzone in Verbindung mit dem Lizenz-Lizenzthema angeboten werden. Die Anbieter (Markenpiraten) solch unrechtmäßiger Produkte (Fälschungen/ Imitationen) müssen konsequent abgemahnt und die Produkte aus dem Handel entfernt werden.

Dies setzt selbstverständlich eine detaillierte Formulierung der Rechte für die Verwendung des Lizenz-Lizenzthemas voraus. Es ist unbedingte Pflicht des Lizenzgebers, eine mögliche Konkurrenz für seine zukünftigen Lizenznehmer durch nicht autorisierte Produkte („Markenpiraterie") bereits im Vorhinein abzuwenden bzw zu unterbinden.

V. Zielsetzungen von Lizenzierung

A. Die finanziellen Ziele

Das grundlegende Ziel von Lizenzierung ist es, durch die kommerzielle Verwertung von Urheberrechten ein zusätzliches Einkommen zu erzielen. Je nach wirtschaftlichem Wert des Urheberrechts und je nach der potenziellen Laufzeit seiner Verwertung kann der Zeitpunkt des wirtschaftlichen „Break Even" stark variieren. Da es sich bei vielen Marken um ein sehr langfristig angelegtes Lizenzthema handelt, kann der Businessplan für das Merchandising – anders als beispielsweise bei einer einmaligen Großveranstaltung – konventionell bis sicher angelegt werden. Es sollte jedoch möglich sein, bereits mittelfristig eine Refinanzierung der für die Merchandising-Aktivitäten erbrachten Aufwendungen aufzustellen. Unter Berücksichtigung der hohen Markenwerte und bei intensiver Pflege und Weiterentwicklung dürfte sich der Bereich „Merchandising und Lizenzierung" mittel- bis langfristig zu einem rentablen „Profit-Center" entwickeln.

B. Erschließung neuer Vertriebswege und Kunden

Soll eine überregionale, landes- oder gar weltweite Zielgruppe angesprochen werden und sind die Vertriebswege nicht zwangsläufig gebündelt, dann kann es durchaus sinnvoll sein, Lizenzen für Produktion und Vertrieb zu vergeben. Die Lizenznehmer erwerben das Recht, das Erscheinungsbild des Lizenzthemas auf ihren Produkten umzusetzen und diese wiederum auf ihren bewährten Vertriebswegen zu veräußern oder zu Werbezwecken einzusetzen. Damit kann eine Penetration des klassischen und stationären Handels viel leichter erzielt werden, da die Kontakte und Listungen der Lizenznehmer im Handel weitgehend schon bestehen.

C. Die Wirkung auf den Markenwert

Neben den direkten finanziellen Motiven der Lizenzierung ist auch die weitere Bewerbung des Lizenz-Themas durch geeignete, attraktive Handelsprodukte ein wichtiges Ziel von Lizenzierung und Merchandising-Aktivitäten. Die Realisierung dieses Zieles setzt allerdings die strategisch ausgerichtete Konzeption der Produkte sowie eine professionelle Gestaltung und Qualitätssicherung voraus. Durch die Präsenz im Handel am Point of Sale steigt die Bekanntheit der Marke; das wiederum führt indirekt zu einem gesteigerten Wert der Marke. Auch die bereits oben angesprochene Fusionierung und Internationalisierung des Lizenzgeschäftes nimmt im Hinblick auf die Markenbewertung eine immer wichtigere Rolle ein. Eine Marke lässt sich am besten bewerten, wenn diese mit anderen immateriellen Werten, wie zB Firmenname und -logo, Markenregistrierungen, Copyrights, Verpackungs- und Etikettendesign, Marketing- und Promotion-Strategie, Werbe- und PR-Konzepte etc einhergeht.

Der zB kundenorientierte Markenwert ergibt sich daraus, dass sich der Verbraucher in hohem Maß der Marke bewusst und mit ihr vertraut ist sowie dass sich in seinem Gedächtnis starke, positive und einmalige Markenassoziationen verankert haben. Wenn die Marke sehr populär ist, spielen nach *Keller* die Stärke, Vorteilhaftigkeit und Einzigartigkeit der Markenassoziationen eine entscheidende Rolle bei der Bestimmung unterschiedlicher Reaktionen, die zum Aufbau des Markenwerts führen. In manchen Fällen reicht die Markenbekanntheit an sich aus, um zu einer positiven Verbraucherreaktion zu führen.

Finanzwirtschaftlich ausgedrückt ist der Markenwert laut *Kaas* der Barwert aller zukünftigen Einzahlungsüberschüsse, die der Eigentümer aus der Marke erwirtschaften kann. Seit 2005 verpflichtet die Europäische Union Unternehmen dazu, den Wert einer Marke, die sie erworben haben, in der Bilanz gesondert auszuweisen. Dieser Wert einer Marke wurde bisher sehr oft aus der Differenz von Kaufpreis und Ergebnis ermittelt – leider werden jedoch mit dieser Methode viele Faktoren, die aus Sicht des Autors bei der Bewertung der Marke einen großen Einfluss haben, nicht berücksichtigt.

Laut *David A. Aaker* wird Marken mit hohem Markenwert eine höhere Markentreue entgegengebracht als solchen mit geringem Markenwert. Aufgrund dieser Markentreue sind einerseits sowohl konstante Umsätze erreichbar als sich auch andererseits die Abhängigkeit von kurzfristigen Sonderaktionen reduziert. Letztlich ist es zudem billiger, Kunden zu halten als Neukunden zu gewinnen. Der Markenwert wirkt sich des Weiteren auch positiv auf die Beurteilung einzelner Markeneigenschaften aus und verstärkt die Wettbewerbssituation, denn daraus resultierende Wettbewerbsbarrieren sind für Konkurrenten nur durch kostspielige Angriffe überwindbar. Ferner weisen Marken mit hohem Markenwert laut *Aaker* einerseits ein wesentlich größeres Potenzial für mögliche Markenerweiterungen auf als schwache Marken, andererseits bringen sie einen wesentlich höheren Zusatzertrag durch die Vergabe von Lizenzen. Überdies wird somit auch die Präsenz der Marke in Branchen erhöht, in denen der Markeninhaber mit seinen Produkten selbst nicht agiert – eine solche Nutzung der Marke sorgt zudem dafür, sich gegenüber Markenpiraten und Trittbrettfahrern besser absichern zu können.

VI. Lizenzgegenstände

Was kann eigentlich alles lizenziert werden? Eine formale Unterscheidung der Gegenstände, die einer Lizenzierung zugeführt werden können, ist sowohl aus Sicht des gewerblichen Schutzrechtes (Welches Schutzrecht kommt als Rechtsgrundlage zur Anwendung?) als auch den vielfach daraus jeweils resultierenden Möglichkeiten zur Vermarktung notwendig.

Nachdem es in der Literatur bislang keine allgemein gültige Einteilung der Lizenz-Gegenstände veröffentlich wurde, schlagen wir an dieser Stelle eine aus der Erfahrung in der Praxis möglichst nachvollziehbare Einteilung der möglichen Lizenz-Gegenstände vor:

- Reale Personen (Personality Licensing), Untergruppen: Personen, Personennamen
- Fiktive Figuren (Character Licensing), Untergruppen: Character-Namen, Character-Erscheinungsbild, Sonderform: Designer Licensing

- Marken (Brand Licensing), Untergruppen: Marken, Logos & Signets, Etiketten und andere bildliche Zeichen
- Namen (Name Licensing), Namen, Titel und andere wörtliche Zeichen
- Filme, TV (Movie & TV Licensing), Film- & Sendungstitel, Ausstattungselemente, Designs, Dekorationen
- Musik (Music Licensing), Musiktitel, Tour Licensing, Fanshop Licensing
- Sport (Sport Licensing), Sport Personalities, Vereine, Maskottchen, Logos, Embleme und Symbole
- Events (Event Licensing), Jährliche / wiederholende Veranstaltungen, einmalige Veranstaltungen
- Kunst (Art Licensing), Werklizenzierung, Museumshop Licensing

A. Reale Personen

Die Vermarktung realer Personen wird auch als „Personality Licensing" bezeichnet. Dabei geht es um die Vergabe von Nutzungsrechten an Namen und/oder Abbildungen von Stars aus Film, TV, Musik, Politik, Sport usw (Madonna (H&M), George Clooney (Nespresso), Paris Hilton („Rich"-Prosecco), Franz Beckenbauer (o2, e-plus, usw) Boris Becker (Nutella, AOL, Varta oder Verona Feldbusch (11880, Iglo und Schauma). Persönlichkeitsrechte und Bildrechte bilden die Schutzrechtebasis für den Einsatz von Personen oder Personennamen in Wort und/oder Bild, um Produkte mit einer bestimmten gewünschten Qualitätsanmutung in Verbindung zu bringen. Ziel ist es also, das Image dieser Personen auf das Produkt zu übertragen. Dazu muss die vermarktete Person oder ihr Name einen hohen Bekanntheitsgrad, der die Aufmerksamkeit der Konsumenten weckt, haben und ein großes Identifikationspotenzial in der angestrebten Zielgruppe (zB *Spice Girls, Tokio Hotel, Heidi Klum*) aufweisen. Vorrangig werden der Name und das äußere Erscheinungsbild, teilweise auch die Stimme, die Gestik oder eine gesamte künstlerische Darbietung eines Prominenten eingesetzt.

Sonderform: Designer Licensing

Als eine Sonderform des „Personality Licensing" gilt das „Designer Licensing". Designer (zB *Wolfgang Joop, Carl Lagerfeld, Ralph Lauren, Tom Ford*) verkaufen ihre populären Namen als Lizenzen für Produkte, für die die Marke eigentlich keine Produktkompetenz aufweist. So steht Wolfgang Joop, Carl Lagerfeld, Ralph Lauren und Tom Ford für Mode-Design, ihre Namen finden sich aber vielfach auch auf Brillen, Parfüms und Einrichtungsgegenständen wieder. Damit weist es auch viele Parallelen zum „Marken-/Brand Licensing" (siehe weiter unten) auf. Ziel ist dabei, dass Konsumenten auf eine vergrößerte Zahl von Produkten aus den Händen des Lieblingsdesigners zugreifen können (zB Wolfgang Joop Möbel, Ralph

Lauren Brillen, GUCCI Auto), sich mit den Designer-Marken umfassend identifizieren und sich somit ein bestimmter Lebensstil, den die Marken symbolisieren, auf die Käufer überträgt.

B. Fiktive Figuren

Neben realen Personen werden beim Character Licensing auch Name und/oder äußeres Erscheinungsbild von Comic-, Film- sowie literarischen Figuren (*Superman, Asterix, Flintstones, Barbapapas, Tabaluga, James Bond, Harry Potter* usw) in großem Umfang genutzt. Für viele Kinder übernimmt der Fernseher am Sonntagmorgen die Funktion eines Babysitters. Industrie und der Handel stellen sich deswegen auf die immer jünger werdenden Konsumenten mit kinder- und fernsehgerechten Produkten ein. Hierfür eignen sich Zeichentrickfilme bzw Comiccharaktere am besten. Die Klassiker wie *Biene Maja, Mickey Mouse, Flintstones* etc sind bereits seit Jahren etabliert und erfreuen sich auch heute noch meist großer Beliebtheit und Bekanntheit (zB Pippi Langstrumpf-Kindersocken, Dagobert Duck in der Werbung für Nixdorf-Registrierkassen, usw). Durch die fortlaufend gewachsene Präsenz dieser Klassiker sprechen sie altersbezogen außerdem nicht nur die ganz jungen Konsumenten an, sondern eine diesbezüglich sehr breite Zielgruppe – schließlich wird es von Erwachsenen/Eltern gern gesehen, wenn die Kinder mit Dingen umgehen, mit denen sie als Eltern selbst aufgewachsen sind. Durch die derart starke Einprägung sind diese Klassiker bei Konsumenten vielfach auch unabhängig von aktueller werblicher Unterstützung in Massenmedien bekannt und beliebt, damit ohne zusätzliche finanzielle Investition zur Bewerbung nutzbar und aus diesem Grund für lange Engagements höchst geeignet und anderen Lizenzthemen vorzuziehen.

C. Namen, Titel und andere wörtliche Zeichen

Neben der Verwendung der Namen von realen und fiktiven Figuren werden auch die Namen von Unternehmen (*zB ORF*), Vereinen (*zB Sportvereinen wie FC Bayern München, Österreichischer Skiverband,* usw) und Organisationen (*zB Internationales Olympisches Komitee IOC,* usw) sowie die wörtlichen Bezeichnungen von Waren und Dienstleistungen lizenziert.

Vielfach werden auch Titel von Kinofilmen (*zB Star Wars, Indiana Jones*) und Fernsehsendungen (*Sex and the City, Millionenshow, DSDS – Deutschland sucht den Superstar, Big Brother, ORF Kiddy Contest, Confetti TV* usw), populäre Fernsehfiguren (*zB der Schäferhund von Kommissar Rex*), Fernsehsymbole (zB Senderlogos, Logos von TV Shows, usw) von TV Sendern und Film-produktionsfirmen außerhalb der direkten Kino-/

TV-Auswertung durch Merchandising und Lizenzierung umfassend vermarktet. Die Rechtenutzer bezahlen den Fernsehanstalten bzw den Produktionsfirmen dafür eine adäquate monetäre Vergütung.

D. Marken, Signets, Etiketten und andere bildliche Zeichen

Marken (hier definiert als bildliche Zeichen von Unternehmen, Körperschaften, Organisationen, Waren usw bzw eine Kombination aus wörtlichen und bildlichen Zeichen – wenn zB ein wörtliches Zeichen in eine grafische Darstellung einbezogen ist) sind weitere beliebte Lizenzgegenstände.

Mit einer Markenlizenzierung möchten Lizenzgeber ihren Partnern (Lizenz-nehmern) die Möglichkeit geben, von einer bereits gut eingeführten, bekannten und beliebten Marke sowie von der langjährigen Erfahrung des Lizenzgebers im jeweiligen Geschäftsbereich des Lizenzgebers zu profitieren. Dazu gehören auch die Auswertung von Marktforschungsergebnissen, gemeinsame Forschung und Vertriebsmöglichkeiten. Regelmäßige gemeinsame Geschäftsüberprüfungen beschleunigen die Weitergabe von neuen Erkenntnissen und bieten Gelegenheit zu Marktprognosen, um ein kontinuierliches Geschäftswachstum zu ermöglichen.

Erfolgreiche Beispiele für diese Form der Lizenzierung sind: BOSS-Brillen, Marlboro Adventure Tours, Jil Sander Kosmetik, Porsche Lederwaren, Coca Cola-Merchandising usw.). Es kann sich jedoch auch schon auf berühmte Logos beziehen, die mittlerweile zur Marke wurden (z.B. Smiley).

E. Music Licensing

Diese Form der Lizenzierung meint die Nutzung (meist sehr bekannter) Musikstücke zu Werbezwecken („Hello Goodbye" der Beatles im e-plus TV-Werbespot) oder auf Compliations/Samplern, die unter einer aus einem anderen „Bereich" kommenden (Marken-)Bezeichnung verkauft werden (zB Harley Davidson Hits, Pepsi Cola Dance Hits, Formel Eins Hitparade). Seit der Einführung spezieller Musikkanäle wie *MTV* oder *VIVA* erfahren Bekanntheit und Starqualität der Musikkünstler durch die permanente mediale Präsenz eine positive Steigerung. Damit sind die Grundvoraussetzungen für die Vermarktung („Music Licensing") der Musik-Stars (siehe oben „Personality Licensing"), ihrer Musikwerke (siehe unten „Art Licensing") und/oder Live-Mitschnitten von Konzert-Events (siehe „TV-Licensing") geschaffen. Strategien für den Vertrieb dieser Lizenzartikel sind das „Tour Licensing", „Fanshop Licensing" und „Licensing im Einzelhandel").

F. Sport & Event Licensing

Das Sportgeschäft und damit das Geschäft mit den begleitenden Lizenzprodukten (zB *Manchester United, FC Bayern München*) – das „Sport Licensing" – erreichen durch die damit für viele Menschen verbundene emotionale Aufladung der Produkte unvorstellbare Menschenmassen. Großevents & Veranstaltungen im Sport wie die Olympischen Spiele (zB Coca Cola), Formel 1 Rennen, Weltmeisterschaften, Europameisterschaften, das Tennisturnier Wimbledon (zB Rolex) oder das Hahnenkammrennen in Kitzbühel (zB AUDI, RedBull) sind vielfach Anlässe für Merchandising- und Licensingaktivitäten. Gelungene Beispiele für Lizenz-Produkte im Sportbereich sind Davis Cup-Tennisschläger, NFL American Football-Freizeitjacken, Admirals Cup-Uhren, DEKRA-Preisausschreiben zum Formel 1 Grand Prix, usw.

Differenziert wird nach Sport Personalities (Personen bzw Personengruppen) und Maskottchen sowie Logos, Emblemen und Symbolen. Diese können selbstverständlich auch außerhalb des sportlichen Bereichs umgesetzt werden („Event Licensing"), wofür das Münchner Oktoberfest oder die Expo 2000 in Hannover, 500 Jahre Columbus, 800 Jahre Hamburger Hafen, Schleswig-Holstein Festival, Die 3 Tenöre, usw namhafte Beispiele sind.

G. Kinofilm- & TV Licensing

In den letzten Jahren lässt sich im Kinofilm-, TV und Heim-DVD-Markt ein zunehmender Trend zur massenwirksamen Vermarktung von Kinofilmproduktionen beobachten. Insbesondere für große und daher meist in der Produktion sehr teure Hollywood-Produktionen werden häufig eigene Werbekampagnen (zB James Bond, Star Wars, Indiana Jones, Mission Impossible, Projekt Walküre, usw) platziert, um den Ticketverkauf anzukurbeln. Dies lässt sich einerseits durch den verstärkten Wettbewerb um die Aufmerksamkeit der Zuschauer begründen, andererseits durch die in den letzten Jahren gestiegenen Kosten für Filmproduktionen, Schauspieler und Promotion, die wieder eingespielt werden müssen, erklären. Mit dieser Bekanntheit von Filmtiteln und -inhalten ist aber auch eine wesentliche Voraussetzung für die Lizenzierung geschaffen.

Dabei werden Ausstattungselemente, Dekorationen (Filmkulissen) sowie sonstige Erscheinungsbilder und Designs (Kostüme, Möbel) in großem Umfang vermarktet. Diese Art von Lizenzierung findet häufige Anwendung (ebenfalls) bei Filmen sowie Fernsehsendungen und -serien (zB Millionenshow, Sex and the City - Manolo Blahnik). Allerdings sind hier die Grenzen zum Marketinginstrument des Product Placement (die im Austausch gegen Geld/Vorteile vorgenommene Integration des Namens, des Produktes, der Verpackung, der Dienstleistung oder des Unternehmenslogos eines Markenartikels oder eines Unternehmens in Massenmedien, ohne dass der Rezipient dies als störend empfinden soll) fließend.

Die Vielzahl an Nutzungsmöglichkeiten (Image-Platzierung, Publicity Wirkung etc) erklären, warum für diese Art von Engagement ein immer größer werdender Prozentsatz des Licensing-Budgets ausgegeben wird.

H. Art Licensing

Unter „Art Licensing" versteht man die Lizenzierung von „Werken" der bildenden Kunst (Gemälden, Zeichnungen, Fotografien und Filmbildern) bereits verstorbener Künstlern (zB *Pablo Picasso, Andy Warhol, Keith Haring*) und/oder von noch lebenden Kunstschaffenden (zB *Christo und Jeanne-Claude, James Rizzi*) sowie auch von bekannten Fotografen (zB *Alberto Korda*, der das weltbekannte Foto von Che Guevara schoss). Weiters gehört das Museumshop-Licensing (zB Museum of Modern Art in New York) zu dieser Form der Lizenzierung.

VII. Produktbereiche

Ging es in den bisherigen Ausführung um die Frage, was grundsätzlich alles lizenziert werden kann, so beschäftigen wir uns im folgenden damit, wofür , also in welchen Produktbereichen, diese Lizenzgegenstände eingesetzt werden, um den Produkten durch den Imagetransfer des Lizenzthemas einen ästhetischen und emotionalen Mehrwert zu verschaffen. Übliche Produktbereiche sind beispielsweise Accessories, Apparel, Audio/Video, Consumer Electronics, Food & Beverage, Home & Living, Personal Care, Promotions, Publishing, Sports, Stationery, Toys & Games und Textiles.

Abbildung 31: Geschätzter Lizenzumsatz nach Produktkategorien

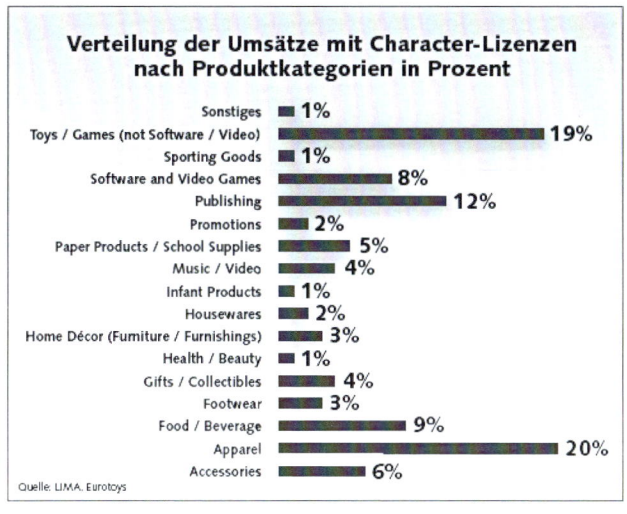

Quelle: *International Licensing Industry Merchandisers' Association (LIMA), Studie Eurotoys (2005)*[41]

A. Apparel, Textiles & Accessories

Einen besonders hohen Stellenwert in der Lizenzierung nimmt der Textilbereich ein. Im Hinblick auf die schnell voranschreitende Globalisierung von Märkten und die Entwicklung internationaler Konsumententrends dient besonders dieser Bereich dazu, sich von der Konkurrenz klar abzugrenzen und zu differenzieren. Man unterscheidet drei Möglichkeiten der Marktbearbeitung:

In der Massenmarktstrategie erwerben No-Name-Hersteller Lizenzen, mit denen sie ihre (No-Name-)Produkte auszeichnen und sich somit auf dem Textilmarkthervorheben können. Die Umsetzung des Lizenz-Themas wird allerdings nur selten nach Qualitäts- und Designkriterien durchgeführt. Im Gegensatz dazu beschreitet die Textilfachhandelsstrategie den konträren Weg, und zwar weg von der Masse hin zum Qualitätsprodukt. Hier bekommt die Entwicklung in Richtung qualitativ hochwertiger Produkte den Vorzug. Zusätzlich trägt ein einheitlicher Auftritt dieser Produkte im Einzelhandel wesentlich zum Erfolg bei. Soll das Lizenzthema langfristig im Markt positioniert werden, so liegt die perfekte Umsetzung des Lizenz-Themas sowohl im Interesse des Lizenzgebers als auch des Textilherstellers. Die Exklusivstrategie schließlich ist eine noch relativ junge Form der Marktbearbeitung. Hier werden Fachgeschäfte

---

41 http://www.licensing-online.com/index.php?id=1168, (Stand: 14.06.2009).

der jeweiligen Produkte/Marke im Luxussegment etabliert, die ausschließlich die gleichnamigen Textilien zu Premium-Preisen verkaufen.

B. Toys & Games

Der Begriff „Toy Licensing" umfasst alle von der Spielwarenindustrie in Verbindung mit Lizenz-Themen geschaffene Figuren, Spiele und Produktkategorien. Man findet kaum eine Spielzeugform, die noch nicht mit Lizenzen versehen worden ist. Der Spielzeugmarkt wird von Lizenzartikeln dominiert – vom Plüschtier bis zum Puzzle, vom Spielzeugauto bis hin zum Actionhelden in Plastik. Besonders Zeichentrick-Charaktere spielen hier eine große Rolle. Zwei Ausprägungen dieser Form der Spielwaren-Lizenzierung sind „Toy Brand Licensing" (Marken werden lizenziert zB *Star Wars by Lego*) und „Toy Character Licensing" (reale Personen oder fiktive Figuren werden lizenziert zB *Britney Spears-Barbie Edition by Matell*).

Beim Umfang der Lizenzrechte wird dabei in Einzel-Lizenz, Programm-Lizenz und Master-Toy-Lizenz differenziert. Bei der Einzel-Lizenzstrategie, der ältesten Strategie im Spielwarenbereich, wird für jedes Produkt ein Lizenznehmer ausgewählt (Produkt 1 von Lizenznehmer X, Produkt 2 von Lizenznehmer Y, Produkt 3 von Lizenznehmer Z usw). Die einzelnen Lizenznehmer arbeiten daher autonom, wodurch die Realisierung von Synergien in Promotion und Vertrieb erschwert wird. Anders bei der Programm-Lizenz-Strategie, die durch die Vergabe einer kompletten Produkt-Lizenz an einen einzigen europaweit tätigen Hersteller wesentlich leichter ist. Unter einer Master-Toy-Lizenz versteht man letztlich lizenziertes Markenspielzeug zu einem Kino-/TV-Film oder einem sonstigen Lizenzthema, welches als Sortiment angeboten wird. Die Firma, die diese Lizenz erworben hat, verfügt über die entsprechende Marktmacht, Vertriebsstärke sowie das notwendige Promotion-Budget.

C. Publishing & Stationery

Im Verlagswesen beobachten wir derzeit unter dem Titel „Publishing" eine neue Form des An- und Verkaufs von Inhalten. Bislang nahmen Verlage häufig Autoren mit dem Auftrag zur Abfassung eines Werkes unter Vertrag und/oder kauften fertige Manuskripte zur Veröffentlichung an. Der zunehmende Kosten- und Konkurrenzdruck einerseits und die Aufhebung der Buchpreisbindung durch die EU andererseits zwingen die Verlage zu neuen Wegen der Vermarktung, die inzwischen nur mehr sehr wenig mit der traditionellen Buch-vermarktung zu tun haben. Aus Verlegersicht sind zwei Buchver-marktungsstrategien zu unterscheiden:

Tritt der Verlag als Lizenzgeber auf, versteht man darunter die herkömmliche Variante der Licensing-Umsetzung: Ein Lizenzthema wird von Verlegern aufgegriffen und verlegt, bei Erfolg des Buches kann die Printversion zB verfilmt werden. Die Rechte kann der Verlag dabei für sich behalten oder an Produktionsfirmen abtreten. Soll der Verlag jedoch selbst als Lizenznehmer auftreten, muss das Lizenzthema oder eine Person aus Film, Fernsehen, Sport, Design oder Kunst eine Bekanntheit in einer Zielgruppe aufweisen können, um sich besonders gut für eine Umsetzung in Form eines Buches zu eignen (zB Dieter Bohlen usw). Dabei werden vom Verlag jedoch üblicherweise lediglich die Verwertungsrechte des Lizenzthemas gekauft, die Urheberrechte verbleiben bei den Urhebern bzw Lizenzgebern.

Der Begriff Stationery wird oft umfassend für die Firmen-Geschäftsausstattung (Briefpapier, Visitenkarten usw) verwendet. In Zusammenhang mit Licensing gilt „Stationery" als die generelle Bezeichnung für Papier- und Bürowaren (Briefumschläge, Blöcke, Schreibgeräte, Radiergummis, Mappen, Clipboards, Glückwunschkarten, Büro- und Heftklammern usw). Dabei werden Lizenzthemen auf Unterlagen/Materialien, insbesondere für den Schulanfang, umgesetzt (zB Winnie Pooh Schultaschen, Ice Age Schreibmappen, Disney Schreibsets, usw).

D. Food & Beverage

Dieser Bereich gewinnt immer mehr an Bedeutung bzgl der Lizenzumsetzung, die in diesem Bereich aber auf Grund des Umganges mit „verderblicher Ware" (Lebensmittel) besonders anspruchsvoll ist. Pionierarbeit hat diesbezüglich das Unternehmen Nestlé in Zusammenhang mit der Umsetzung von Walt Disney-Themen geleistet. Bereits 1990 wird ein Kooperationsvertrag zwischen Nestlé und dem Walt Disney Konzern unterzeichnet, wodurch Nestlé exklusiv berechtigt war, Walt Disney Figuren auf ihren Packungen und in ihren Werbungen abzubilden. Es folgten sehr erfolgreiche Produkt- und Verpackungsgestaltungen mit Figuren aus dem Disney-Universum (zB Mickey Mouse als Schokoladen-Dessert „Mickey Mousse", Dschungelbuch, 101 Dalmatiner, Pocahontas, etc): Mittlerweile nützen immer mehr Unternehmen das Erfolgspotenzial von Lizenzthemen im Bereich Food & Promotion zB McDonald´s mit Shrek, Tirol Milch und Biene Maia Joghurt, usw.

E. Audio, Video & Multimedia

Den Ausgangspunkt dieses Kernbereiches der Lizenzvermarktung bildet die enorme kommunikative Wirkung, welche mit Audio, Video & Multimedia sowohl in quantitativer als auch in qualitativer Hinsicht erzielt werden kann. Dieser Bereich umfasst insbesondere die Auswertung von Lizenzrechten im Bereich EDV (Computerspiele, Software, usw), Videoproduktionen (Musikvideos, usw) oder genereller Multimediaanwendungen (HandyKlingeltöne, MMS, usw). Ähnlich wie beim bereits angesprochenem „Music Licensing" können Inhalte lizenziert werden oder von den Inhalten dieser Produktionen abgeleitete Produkte (T-Shirts, Bücher, Handlungsanleitungen, usw) als Lizenzprodukte entstehen. Zudem eignet sich dieser Bereich für Cross-Promotionen-Aktionen (zB Prospektbeilage, um auf themenbegleitende Lizenzprodukte hinzuweisen).

F. Home & Living

In diesen Bereich fallen sämtliche Produkte aus der Welt des Wohnens (zB Produkte wie Bettwäsche, Teppiche, Porzellan, Glaswaren, Beleuchtung, Möbel etc). Dieser Lizenzbereich hat wiederum sehr große Ähnlichkeiten mit dem Designer Licensing (siehe weiter oben). Dieselben Strategien wie im Bereich Textiles & Accessories finden hier Anwendung.

VIII. Ergänzende Maßnahmen – das Maskottchen

Der weitaus größte Teil des internationalen Merchandising-Marktes wird durch das sogenannte Character Licensing abgedeckt. Darunter versteht man die Lizenzvermarktung von Figuren, die zumeist aus Zeichentrickfilmen, Comic-Heften oder Animationsfilmen stammen. Mithilfe einer sympathischen Identifikationsfigur werden Impulskäufern, jüngeren Zielgruppen und insbesondere Familien mit Kindern Waren und Dienstleistungen nähergebracht. Im direkten Vergleich, beispielsweise auf Sportveranstaltungen, hat sich gezeigt, dass die Kunden bei einem Angebot von gleichartigen Artikeln (zB T-Shirts) zu 65 bis 75% zur Ware mit dem Maskottchen der Veranstaltung greifen und nur zu 25 bis 35% zu der mit einem Veranstaltungslogo ausgestatteten Ware. Für Rechtehalter (Unternehmen, Vereine, Organisationen, usw) und deren Marken stellt sich daher die Frage, ob durch die Schaffung eines offiziellen Maskottchens und dessen Vermarktung gemeinsam mit der Marke weitere Zielgruppen erfolgreich angesprochen werden könnten. Natürlich müssen dabei Maskottchen und bereits manifestierte Markenwerte übereinstimmen. Ebenfalls sollte die Öffentlichkeit aufgrund des hohen Emotionswertes einer solchen Figur frühzeitig in die Gestaltung und Entscheidung des Maskottchen-Namens involviert werden. Bewährt hat sich dabei eine öffentliche Ausschreibung an die gesamte Bevölkerung – eventuell in Kooperation mit einem lokalen Massenmedium - mit nachfolgender Namensfindung über einen öffentlichen Wettbewerb. Die Kosten der Entwicklung können und sollten aber in jedem Fall weit hinter den Entwicklungskosten der gesamten Marke zurückbleiben. Bei der Entwicklung des Maskottchens ist allerdings unbedingt von vornherein darauf zu achten, dass die Figur sowohl dreidimensional (zB als Puppe, Stofftier, usw) umgesetzt werden kann als auch auf Produkten (zB T-Shirts, Schultaschen, usw) eingesetzt werden kann. Dazu muss unbedingt ein entsprechender Style-Guide für die Umsetzung bereitgestellt werden.

Längerfristig gesehen und bei entsprechendem Erfolg könnte die Lizenzierung des Maskottchens auch noch um zusätzliche Elemente erweitert werden, und zwar neben weiteren Key Visuals auch um die Bereiche „Musik Licensing" und „Personality Licensing".

IX. Lizenzeinsatz und Lizenzgebühren

Im Gegensatz zu den Lizenzgegenständen, die sich dadurch definieren, was formal lizenziert werden kann, geht es beim Lizenzeinsatz um die inhaltliche Dimension der Lizenzvermarktung, nämlich um die Art und Weise, in der das Lizenzthema verwendet werden darf. Die Nutzung von Lizenz-Themen (zB Marken, Charaktere aus Film, TV oder Literatur, Comicfiguren, Fotos von Prominenten etc) ist ganz generell nach den herrschenden Rechtsgrundlagen (Markenrecht, Copyright, Kunsturhebergesetz etc) genehmigungspflichtig und somit nur im Rahmen einer vorher abgeschlossenen Nutzungsvereinbarung (Lizenz) erlaubt. Nicht autorisierte Nutzungen können neben zivilrechtlichen Maßnahmen (Unterlassungsanspruch, Auskunftspflicht, Vernichtung, nachträgliche Lizenzgebühr und ggf Schadenersatz) auch strafrechtliche Konsequenzen haben.

Diese Nutzungsvereinbarung umfasst in der Regel auch die Zahlung einer Lizenzgebühr, deren Höhe sich nach der Attraktivität/Aktualität des Lizenzrechtes sowie Art und Umfang der geplanten Nutzung richtet. Hierbei kommt erneut die Unterscheidung nach Produkt- und Promotion-Lizenzen zum Tragen – bei Produkt-Lizenzen sind Produktart, Preispositionierung, Vertriebsweg usw ausschlaggebend bei der Berechnung der Gebühr, bei Promotion-Lizenzen sind es die eingesetzten Medien sowie Art und Umfang des eingeräumten Lizenzrechtes (nur Erscheinungsbild oder auch zusätzlich eine Kaufempfehlung, usw.). Dabei wird ganz generell zwischen der Verwendung des Lizenz-Themas auf Produkten (Produkt-Lizenz) und der Verwendung des Lizenz-Themas für Werbezwecke (Promotion-Lizenz).

Beim Promotion-Lizenzvertrag erwirbt der Lizenznehmer unentgeltlich oder gegen Zahlung einer Gebühr das Recht, das Erscheinungsbild des Lizenzthemas in seine werblichen Maßnahmen und Werbemittel (zB Gestaltung eines Folders) zu integrieren und diese Werbemittel auf seinen Vertriebswegen zu vertreiben. Die Nutzung des Lizenz-Themas unterliegt dabei der ausdrücklichen Zustimmung des Rechteinhabers und dessen definierten Vergaberichtlinien. Zu beachten ist aber unbedingt, dass die Preisindikationen idR nicht das Recht beinhalten, eine wertende Aussage oder andersgeartete Gutheißung des beworbenen Produkts durch den/die Abgebildeten vorzunehmen. Promotion-Lizenzen beschränken sich auf die Verwendung des Lizenzthemas für werbliche Kommunikationsmaßnahmen, die Verwendung eines Lizenzthemas auf Verpackungen – wenn auch nur zu Werbezwecken – fällt dagegen bereits in den Bereich der Produkt-Lizenz.

Von einem Produkt-Lizenzvertrag spricht man, wenn der Lizenznehmer gegen Zahlung einer Gebühr das Recht erwirbt, das Erscheinungsbild des LizenzThemas (ohne Einschränkung, im Gegensatz zur Promotion-Lizenz) auf seinen Produkten umzusetzen und auf seinen Vertriebswegen zu vertreiben (Risiko beim Lizenznehmer). Die Nutzung unterliegt auch in diesem Fall der ausdrücklichen Zustimmung des Rechteinhabers und dessen definierten Vergaberichtlinien. Durch die Vergabe einer Produkt-Lizenz kann eine Penetration des klassischen und stationären Handels viel leichter erzielt werden, da die Kontakte und Listungen der Lizenznehmer im Handel weitgehend schon bestehen. Die Erteilung einer Produkt-Lizenz umfasst generell auch die Rechte einer Promotion-Lizenz.

A. Promotion-Lizenzen

Für die meisten Lizenzengagements spielen Massenmedien ganz generell eine bedeutende Rolle. Da sich die Medien grundsätzlich mit Themen aus unserer gesellschaftlichen Umwelt befassen, bekommt Lizenzierung auch eine Medienrelevanz – besonders aufgrund der Kreierung von Kommunikationsthemen durch Lizenzen. Dadurch stehen die Chancen gut, mit den Lizenzprodukten in den Medien platziert zu werden und eine umfangreiche Zielgruppe zu erreichen.

Die Lizenzgebühren orientieren sich an der Art und Verbreitung der Werbung. Gemäß Böll kann eine mediale Präsenz eines Werbeauftritts dabei generell, aber auch insbesondere für die Lizenzierung, in vier Hauptgruppen – TV, Kino, Radio und Printmedien – unterteilt werden. Weiters richten sich die Lizenzgebühren nach dem Schalt-Etat (= Budget für die Schaltung der geplanten Werbeaktion in den Massenmedien), der für die Publizierung der lizenzierten Werbung eingesetzt wird. Die regulären Lizenzgebühren erlauben üblicherweise die Nutzung des Lizenzthemas (Präsenter), beinhalten jedoch nicht automatisch auch eine „Empfehlung" (Testimonial) des beworbenen Produktes („product endorsment"). Hierfür wird zumeist von den Rechteinhabern eine zusätzliche Gebühr erhoben, sofern die Rechteinhaber mit einer solchen „Gutheißung" überhaupt einverstanden sind.

Zur genauen Berechnung der Höhe der Lizenzgebühren für Promotion-Lizenzen wird wie bereits oben erwähnt in der Regel das Schalt-Volumen/Schalt-Etat, also die zu erwartenden Kosten der Platzierung der geplanten Kampagne, in der das Lizenzthema verwendet werden soll, herangezogen. Dieses Schalt-Volumen wird mit einem bestimmten Prozentsatz multipliziert und so die jeweilige Lizenzgebühr errechnet. Die Prozentsätze sind nach Höhe des Schalt-Volumens gestaffelt, dh, je höher das Volumen, desto geringer der Prozentsatz. Diese Maßnahme dient zum einen dazu, den Lizenznehmer zu einer verstärkten Nutzung des Lizenzthemas zu motivieren. Zum anderen wird dadurch eine erhöhte Verbreitung des Lizenzthemas erreicht, die vor allen Dingen im Interesse des Rechthalters liegt, weil er somit das Interesse an diesem Lizenzthema auch bei potenziellen weiteren Produkt-Lizenznehmern wecken kann. Als Kalkulationsgrundlage zur Berechnung der Höhe der Lizenzgebühren kann die nachfolgende, von der Hamburger Lizenzagentur *VIP Promotions* herausgebrachte Gebührenliste dienen, die mittlerweile zum Industrie-Leitfaden wurde.

Abbildung 32: Aufstellung Lizenzgebühren – Promotion-Lizenzen

	Schalt-Etat	Lizenzgebühr	
		von	bis
bis	€ 250.000	12%	20%
bis	€ 500.000	10%	14%
bis	€ 2.500.000	8%	11%
über	€ 2.500.000	7%	9%

Quelle: VIP Promotions, Sir Michael A. Lou: Mit der Lizenz zum Erfolg ,[42]

Die Lizenzgebühren sind bei Promotion-Lizenzen idR im Voraus, dh unmittelbar nach Vertragsunterzeichnung und vor jeglicher Nutzung, zu bezahlen.

Bei relativ geringfügigen Nutzungen (kleiner Werbe-Etat) kann es vorkommen, dass die Mindest-Lizenzgebühr, die von den meisten Lizenzgebern für die Einräumung der Nutzungsrechte verlangt wird, höher ist, als die vorher bereits genannten Prozentsätze. Zudem gibt es für die verschiedenen Arten des Einsatzes von Lizenzrechten in Werbung und Promotion unterschiedliche Sätze von Lizenzgebühren. Diese gängigen Gebühren werden zumeist in den einschlägigen Fachpublikationen, wie zB dem Etat-Kalkulator, Werbeberater, (Lexikon der Werbung etc), veröffentlicht.

Gerne führen Promotion-Lizenznehmer, besonders in umsatzschwachen Zeiten, zur Aktivierung des Geschäftes bzw zur Verbesserung der eigenen Wettbewerbs-

---

[42] Sir Michael A. Lou, Mit der Lizenz zum Erfolg, Handbuch Lizenzmanagement + Markentransfer, 2007.

*Abbildung 34: Royalty Rates für Marken-Lizenzen 1998 2005,
Bandbreite und Schwerpunkt in % vom Nettoumsatz*

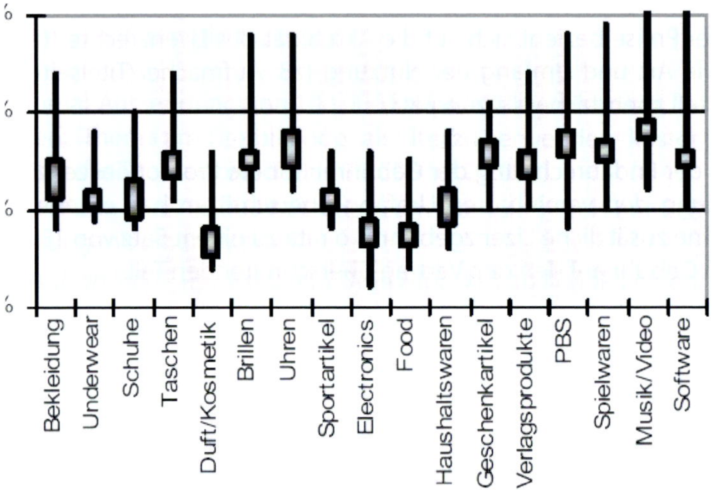

Quelle: blueDOM Datenbank (2009) in „O&R Corporate Finance Bulletin
(http://www.orcf.de/downloads/Bulletin0502.pdf)

Obige Abbildung zeigt aktuelle Royalty Rates für Marken-Lizenzen in Europa. Dabei handelt es sich um Lizenzsätze für Markenerweiterungen hinsichtlich neuer Produktbereiche. Generell ist zu sagen, dass seit dem Boomjahr 2000 derzeit eher ein Überangebot an Lizenzmarken zu verzeichnen ist und die Lizenzgebühren aufgrund dessen gesunken sind. Die niedrigen Lizenzsätze bei Duft/Kosmetik zum einen sind mit den hohen Marketinginvestitionen des Lizenznehmers erklärbar, bei Food zum anderen mit den geringen Margen aufgrund der hohen Wettbewerbsintensität und der Listung-Gebühren im Einzelhandel und bei Consumer Electronics des Weiteren mit den niedrigen Margen aufgrund der Innovationsgeschwindigkeiten.

Die tatsächlich ausverhandelte Höhe der Lizenzgebühren sind immer das Ergebnis vieler unterschiedlicher Determinanten: die Stärke der Marke sowie ihre Preisprämie, die aktuellen wie zukünftig geplanten Marketing-Ausgaben (Spendings) des Markeninhabers und des Lizenznehmers, die Branchenrendite in der Lizenzkategorie, die Machtposition der beiden Verhandlungsparteien sowie Angebot und Nachfrage für Lizenzen im betroffenen Marktsegment generell. Daneben spielen die Attraktivität des vom Lizenzinteressenten vorgelegten Businessplans (Umsatzerwartung, Positionierung) sowie die Verhandlungsführung eine ganz entscheidende Rolle. Außerdem ist zu berücksichtigen, welche weiteren Rechte wie Kundenlisten, Know-how, Rezepturen, Patente, Designs etc zusammen mit der Marke vergeben werden.

Zur genauen Berechnung der Höhe der Lizenzgebühren für Promotion-Lizenzen wird wie bereits oben erwähnt in der Regel das Schalt-Volumen/Schalt-Etat, also die zu erwartenden Kosten der Platzierung der geplanten Kampagne, in der das Lizenzthema verwendet werden soll, herangezogen. Dieses Schalt-Volumen wird mit einem bestimmten Prozentsatz multipliziert und so die jeweilige Lizenzgebühr errechnet. Die Prozentsätze sind nach Höhe des Schalt-Volumens gestaffelt, dh, je höher das Volumen, desto geringer der Prozentsatz. Diese Maßnahme dient zum einen dazu, den Lizenznehmer zu einer verstärkten Nutzung des Lizenzthemas zu motivieren. Zum anderen wird dadurch eine erhöhte Verbreitung des Lizenzthemas erreicht, die vor allen Dingen im Interesse des Rechthalters liegt, weil er somit das Interesse an diesem Lizenzthema auch bei potenziellen weiteren Produkt-Lizenznehmern wecken kann. Als Kalkulationsgrundlage zur Berechnung der Höhe der Lizenzgebühren kann die nachfolgende, von der Hamburger Lizenzagentur *VIP Promotions* herausgebrachte Gebührenliste dienen, die mittlerweile zum Industrie-Leitfaden wurde.

Abbildung 32: Aufstellung Lizenzgebühren – Promotion-Lizenzen

	Schalt-Etat	Lizenzgebühr	
		von	bis
bis	€ 250.000	12%	20%
bis	€ 500.000	10%	14%
bis	€ 2.500.000	8%	11%
über	€ 2.500.000	7%	9%

Quelle: VIP Promotions, Sir Michael A. Lou: Mit der Lizenz zum Erfolg,[42]

Die Lizenzgebühren sind bei Promotion-Lizenzen idR im Voraus, dh unmittelbar nach Vertragsunterzeichnung und vor jeglicher Nutzung, zu bezahlen.

Bei relativ geringfügigen Nutzungen (kleiner Werbe-Etat) kann es vorkommen, dass die Mindest-Lizenzgebühr, die von den meisten Lizenzgebern für die Einräumung der Nutzungsrechte verlangt wird, höher ist, als die vorher bereits genannten Prozentsätze. Zudem gibt es für die verschiedenen Arten des Einsatzes von Lizenzrechten in Werbung und Promotion unterschiedliche Sätze von Lizenzgebühren. Diese gängigen Gebühren werden zumeist in den einschlägigen Fachpublikationen, wie zB dem Etat-Kalkulator, Werbeberater, (Lexikon der Werbung etc), veröffentlicht.

Gerne führen Promotion-Lizenznehmer, besonders in umsatzschwachen Zeiten, zur Aktivierung des Geschäftes bzw zur Verbesserung der eigenen Wettbewerbs-

---

[42] Sir Michael A. Lou, Mit der Lizenz zum Erfolg, Handbuch Lizenzmanagement + Markentransfer, 2007.

Stellung, Sonderaktionen im Handel (Promotion-/P.O.S-Aktionen) durch. Die Höhe der Lizenzgebühren wird dabei auch an der Art und Anzahl des Werbematerials sowie dem Zeitraum des Einsatzes bemessen. Beispielhaft hier mögliche Szenarien einer Gebührenberechnung (Promotion-Lizenz):

- Eine Einmal-Aussendung von 100.000 DIN-A4-Salesfoldern mit dem Recht das Lizenz-Thema am Titelbild oder als Titel zu verwenden (kostet je nach Aktualität des Themas zwischen € 10.000 bis 20.000).
- Die Verteilung von 700.000 NFL-Caps zum Dumping-Preis bei *McDonald* in Verbindung mit einem Menü,
- *Disney's „Lion King"* als Beileger in Doppelpacks von *Kodak*-Filmen,
- *Garfield*-Abziehbilder eingeschweißt in Verpackungen von *Hanuta*-Waffeln, usw

Bei Einsatz des Lizenzthemas für Kunden-Preisausschreiben werden beispielsweise für die Verteilung von einer Million Teilnahmekarten in 2.000 Händler-Displays über sechs Wochen inkl Poster oder Deckenhänger zwischen € 25.000 und € 100.000 berechnet. Für Großplakat-Werbung müssen zwischen € 2,50 und € 10,00 pro Plakat und Dekade veranschlagt werden. Für Zugabeartikel (Premiums) verrechnen Lizenzgeber gerne zwischen 10 und 20% der Beschaffungskosten der Artikel zzgl 5 bis 8% des Schalt-Etats, mit dem die Kampagne ggf beworben wird. Möchten Sie das Lizenzthema für Prospekte oder Broschüren (zB auf dem Titel) verwenden, kommt als Richtwert nachfolgende Tabelle zur Anwendung:

Abbildung 33: Aufstellung Lizenzgebühren – Promotion auf Printwerbemitteln

	Auflage	Lizenzgebühr		Berechnungsbasis
	Stück	von	bis	
bis	25.000	€ 4.000,00	€ 15.000,00	pauschal
bis	100.000	€ 90,00	€ 125,00	je Tsd
bis	250.000	€ 75,00	€ 100,00	je Tsd
bis	500.000	€ 60,00	€ 80,00	je Tsd
bis	1.000.000	€ 50,00	€ 65,00	je Tsd
über	1.000.000	€ 40,00	€ 60,00	je Tsd
über	5.000.000			Verhandlung

Quelle: VIP Promotions, Sir Michael A. Lou: Mit der Lizenz zum Erfolg, [43]

---

43 Sir Michael A. Lou Mit der Lizenz zum Erfolg, Handbuch Lizenzmanagement + Markentransfer, 2007

Für viele populäre Schutzrechte (insbesondere bei Prominenten) wird bei Promotion-Lizenzen eine Mindest-Lizenzgebühr erhoben, die gerade bei geringem Nutzungsumfang prozentual zT erheblich höher sein kann als die zuvor genannten Richtlinien. Die Spannweite der Preise bezieht sich auf die Aktualität des Lizenzrechtes (Prominenz des Stars etc) sowie Art und Umfang der Nutzung (zB: Aufmacher/Titelseite, Hintergrund oder im Innenteil, mehrfache Nutzung etc).

Sollte sich bei der Endabrechnung der Gebühren für die Promotionlizenz herausstellen, dass die Nutzung den vereinbarten Umfang überschritten hat, erheben die meisten Lizenzgeber eine zusätzliche Lizenzgebühr pro rata zu einem Satz von 130 bis 150% der kontraktierten Gebühr auf den den Vertrag überschreitenden Teil.

B. Produkt-Lizenzen

Produkt-Lizenzen sind aufgrund der kommerziellen Nutzung, dh der Tatsache, dass direkte Gewinne durch die Verwendung des Lizenzthemas auf Produkten erzielt werden, ausschließlich kostenpflichtig. Wichtig ist in diesem Zusammenhang zu erwähnen, dass mit dem Abschluss von Produkt-Lizenzen die Verwendung des Lizenzthemas für Promotion-Aktionen für diese Produkte, also die die Nutzung von Namen/Marken und/oder Abbildungen auf Produkt und/oder Verpackung, die andernfalls Promotion-Lizenzgebührenpflichtig sind, ebenfalls inbegriffen und somit zulässig ist – eine zweite Lizenzgebühr wird also nicht extra erhoben. Aus diesem Grund ist es teilweise sinnvoll zu überlegen, mit welcher Variante von Lizenzen der Lizenznehmer sozusagen günstiger fährt. Oftmals räumen Lizenzgeber bestehenden Promotion-Lizenznehmern mit hohen Umsätzen als Bonus zusätzlich die kostenlose Erlaubnis (Lizenz) zur Produktion von Give-Away-Artikeln mit dem Lizenzthema ein.

Die Höhe des jeweiligen Lizenzbetrages und der Garantiesumme (ähnlich der „Grundgebühr" bei Promotion-Lizenzen für Prominente – vergleiche dazu weiter unten) für Produkt-Lizenzen sind individuell durch Verhandlungen festzulegen; zur Berechnung der Höhe dieser Lizenzgebühren wird in der Regel der Netto-Abgabepreis an den Handel (HAP) der Produkte, für die das Lizenzthema verwendet werden soll, herangezogen. Dieses Umsatzvolumen wird mit einem bestimmten Prozentsatz multipliziert und auf diese Weise die Lizenzgebühr ermittelt. Die Prozentsätze sind üblicherweise nach der jeweiligen Umsatzhöhe gestaffelt, dh, je höher der zu erwartende Umsatz, desto geringer der Prozentsatz. Dies hat den Zweck, den Lizenznehmer zu einer vermehrten Produktion und einem erhöhten Absatz von Produkten mit dem Lizenzthema zu motivieren. Als grobe Orientierung für die Gebühren kann nachfolgende Aufstellung dienen:

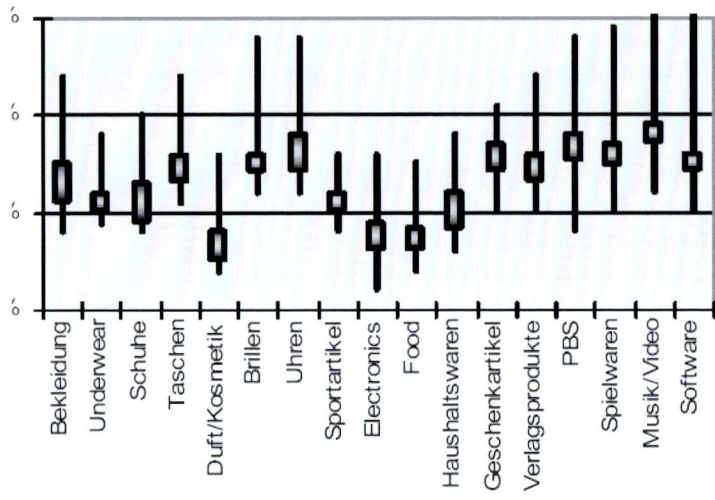

Abbildung 34: Royalty Rates für Marken-Lizenzen 1998 2005, Bandbreite und Schwerpunkt in % vom Nettoumsatz

Quelle: blueDOM Datenbank (2009) in „O&R Corporate Finance Bulletin
(http://www.orcf.de/downloads/Bulletin0502.pdf)

Obige Abbildung zeigt aktuelle Royalty Rates für Marken-Lizenzen in Europa. Dabei handelt es sich um Lizenzsätze für Markenerweiterungen hinsichtlich neuer Produktbereiche. Generell ist zu sagen, dass seit dem Boomjahr 2000 derzeit eher ein Überangebot an Lizenzmarken zu verzeichnen ist und die Lizenzgebühren aufgrund dessen gesunken sind. Die niedrigen Lizenzsätze bei Duft/Kosmetik zum einen sind mit den hohen Marketinginvestitionen des Lizenznehmers erklärbar, bei Food zum anderen mit den geringen Margen aufgrund der hohen Wettbewerbsintensität und der Listung-Gebühren im Einzelhandel und bei Consumer Electronics des Weiteren mit den niedrigen Margen aufgrund der Innovationsgeschwindigkeiten.

Die tatsächlich ausverhandelte Höhe der Lizenzgebühren sind immer das Ergebnis vieler unterschiedlicher Determinanten: die Stärke der Marke sowie ihre Preisprämie, die aktuellen wie zukünftig geplanten Marketing-Ausgaben (Spendings) des Markeninhabers und des Lizenznehmers, die Branchenrendite in der Lizenzkategorie, die Machtposition der beiden Verhandlungsparteien sowie Angebot und Nachfrage für Lizenzen im betroffenen Marktsegment generell. Daneben spielen die Attraktivität des vom Lizenzinteressenten vorgelegten Businessplans (Umsatzwartung, Positionierung) sowie die Verhandlungsführung eine ganz entscheidende Rolle. Außerdem ist zu berücksichtigen, welche weiteren Rechte wie Kundenlisten, Know-how, Rezepturen, Patente, Designs etc zusammen mit der Marke vergeben werden.

Im Einzelhandelsbereich (Retail) wird bei größeren Volumina bisweilen auch die Lizenzgebühr nach dem Einkaufspreis der Handelsware („Buying Volume") berechnet. Das entspricht in etwa der Berechnung wie beim Handelsabgabepreis. Auf einen Sonderfall stößt man allerdings im Bereich „Audio/Video/Publishing": Hier gilt zumeist eine Preisbindung des Endkundenpreises. Da den Händlern oftmals Rabatte auf die Endkundenpreise gewährt werden, orientiert sich die Lizenzgebühr am Endkundenpreis. Beispiele für dabei übliche Gebührensätze in folgender Abbildung:

Abbildung 35: Berechnungsbasis für ausgewählte Warengruppen

Warengruppe	Lizenzgebühr		Berechnungsbasis
	von	bis	
Retail	10%	12%	Endverkaufspreis
Publishing	6%	10%	Endverkaufspreis
Audio/Video	8%	10%	Endverkaufspreis
Textiles/Accessoires	9%	12%	Handelsabgabepreis
Toys/Games	8%	12%	Handelsabgabepreis
Food	3%	8%	Handelsabgabepreis
Sonstiges	10%	12%	Handelsabgabepreis

Quelle: Lizenzsätze der MTM / Tirol Werbung GmbH für die Lizenzierung der Marke „Tirol", Innsbruck 2006

Häufig werden bei Produktlizenzen „Stück-Lizenzen" (Fixbeträge pro verkauftes Stück) vereinbart. Bei einem Tonträger (Shape-CD) mit einer unverbindlichen Preisempfehlung von € 10,00 netto beliefe sich die Lizenzgebühr beispielsweise auf € 0,75 netto pro Stück. Staffelungen sind hierbei ebenfalls üblich.

Abbildung 36: Lizenzsätze/Stück-Lizenzen für ausgewählte Auflagen

verkaufte Exemplare	Lizenzgebühr	alternativ Stück-Lizenz
bis 100.000	7%	€ 0,50
bis 150.000	8%	€ 0,65
bis 200.000	9%	€ 0,75
über 200.000	10%	€ 0,85

Quelle: Lizenzsätze der MTM / Tirol Werbung GmbH für die Lizenzierung der Marke „Tirol", Innsbruck 2006

Auf Basis der so errechneten Lizenzgebühren, heben Lizenzgeber (insbesondere von starken Marken bzw Lizenz-Themen) bereits im Vorfeld (meist bei Vertragsunterzeichnung) eine „Garantiesumme" ein. Diese Garantiesumme resultiert aus der Erwartung des Lizenzgebers, dass der Lizenznehmer aus der Überlassung der Nutzungsrechte am Lizenz-Thema in der ersten Vertragslaufzeit jedenfalls eine Mindestlizenzgebühr erwirtschaftet. Die Höhe der Garantiesumme richtet sich einerseits nach den zu erwartenden Lizenzgebühren in der Vertragslaufzeit, nach der Art des Produktes, dessen Preisgefüge, der Vertragslaufzeit, der Umsatzerwartung und dem Lizenzgebiet (Deutschland, Österreich, Schweiz oder noch weitere) sowie dem Verhandlungsgeschick der jeweiligen Vertragsparteien.

Die vertraglich vereinbarte Garantiesumme ist im Normalfall bei Vertragsabschluss meist zur Gänze oder manchmal in Raten vor Vertragsablauf fällig. In Ausnahmefällen, insbesondere bei mehrjähriger Vertragslaufzeit und/oder einer Garantiesumme von über € 250.000, kann eine gestaffelte Zahlung von üblicherweise maximal der Hälfte der Garantiesumme über den Vertragszeitraum hinweg vereinbart werden. Die Zahlungsmodalitäten werden im Lizenzvertrag detailliert festgehalten. Zusätzlich zum Lizenzvertrag erhält der Lizenznehmer jeweils rechtzeitig vor Fälligkeit der Garantiesumme bzw des Teilbetrages der Garantiesumme eine entsprechende Rechnung. Meistens sind Lizenzgeber vertraglich berechtigt, den Lizenzvertrag fristlos zu kündigen, wenn die entsprechenden Zahlungen nicht fristgerecht eingehen. Die laufenden Lizenzgebühren werden vom Lizenzgeber pro Kalendervierteljahr in Rechnung gestellt. Zur Erhebung der für die Rechnungslegung relevanten Verkaufszahlen im jeweiligen Quartal erhalten die Lizenznehmer vom Lizenzgeber bei Quartalsende einen Abrechnungsbogen. In dieses Formular werden alle im Abrechnungszeitraum verkauften Produkte sowie deren Preise und die daraus resultierenden Lizenzgebühren eingetragen und das Formular innerhalb der vorgegebenen Frist an den Lizenzgeber zurückgeschickt. Der Lizenznehmer erhält daraufhin eine Rechnung über die fälligen Lizenzgebühren des jeweiligen Vierteljahres unter Anrechnung der bereits vorab geleisteten Garantiezahlungen.

Rechtzeitig vor Vertragsende – sechs Monate – sollte der Lizenznehmer an den Neuabschluss bzw die Beendigung des Lizenzvertrages mit dem Lizenzgeber denken. Sollte der Lizenznehmer sich zu keinem Neuabschluss entschließen, so steht ihm eine Abverkaufsfrist von drei Monaten nach Vertragsende zu. Innerhalb dieses Zeitraumes kann er die auf Lager befindlichen Restwaren abverkaufen, jedoch keine neuen Produkte herstellen oder herstellen lassen. Die Verpflichtung zur Abführung der Lizenzgebühren besteht in diesem Zeitraum weiterhin. Nach Ende der Abverkaufsfrist dürfen keine weiteren Lizenzprodukte mehr in den Handel gelangen. Lizenzgeber sind meistens vertraglich berechtigt, nach Ende der Abverkaufsfrist einen Nachweis über den Verbleib der Restware bzw über deren Vernichtung zu verlangen.

X. Lizenzierungssysteme

In der Praxis begegnen uns üblicherweise zwei Systeme der Lizenzierung. Entweder die Lizenzierung wird vom Rechtehalter selbst übernommen oder dieser lagert die Agenden der Lizenzierung an eine Lizenzagentur aus.

Ersteres empfiehlt sich, wenn der Rechtehalter bereits Erfahrungen im Lizenzgeschäft sammeln konnte. In dieser Variante (Direktlizensierung) vertritt der Lizenzgeber seine Interessen am Lizenzthema selbst. Er kümmert sich um die Kommunikation und die Vertragsabwicklung. Produktgenehmigung und Qualitätssicherung findet direkt zwischen Lizenzgeber und Lizenznehmer statt. Beim Lizenzgeber muss allerdings für dieses Vorgehen einerseits das entsprechende Know-how bezüglich der Abwicklung von Lizenzgeschäften vorhanden sein und andererseits auch die Bereitschaft, die erforderliche Manpower und Infrastruktur zur Verfügung zu stellen.

Oft fehlen Lizenzgebern die entsprechende personelle Ausstattung und/oder die Marktkenntnis über die Konditionen und Prozeduren der Lizenzierung. Deshalb wird in diesen Fällen eine Lizenzagentur zwischen Lizenzgeber und Lizenznehmer eingeschaltet. Diese ist sodann für Kundengewinnung und Kundenpflege von Lizenznehmern zuständig und vertritt die Interessen und Rechte der Lizenzgeber.

In manchen Fällen besteht auch eine engere Verflechtung zwischen Lizenzgeber und Agentur, zB in Form von Beteiligungen. Die Beziehung zwischen Lizenzgebern und Lizenzagentur im Innenverhältnis wird durch einen Agenturvertrag geregelt. Je nach Größe betreuen Agenturen mehrere Lizenzthemen zur gleichen Zeit, um potentiellen Lizenznehmern eine Auswahl möglichst passender Themen anbieten zu können.

Gleichzeitig ist durch diese Diversifikation eine höhere wirtschaftliche Sicherheit für die Agentur selbst gegeben.

Häufig müssen diese Agenturen – ähnlich wie ein Lizenznehmer – eine Mindestgarantiesumme gegenüber dem Lizenzgeber erbringen, um ein bestimmtes Lizenzthema exklusiv für ein bestimmtes Gebiet vertreten zu können. Diese Garantieleistung wird auf Grundlage des bisherigen Lizenzierungserfolges des Lizenzthemas sowie der prognostizierten Entwicklung festgelegt.

Abbildung 37: Vernetzung von Kommunikations-Modulen und -Mechanismen

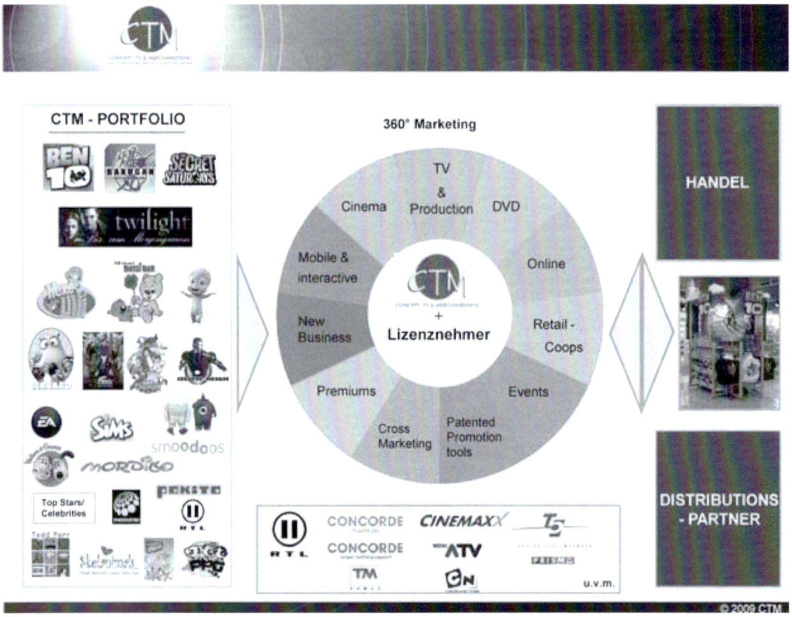

Quelle: *Concept – TV & Merchandising GmbH* (2009) [44]

---

[44] Siehe: http://www.ctm.de/ctm/data/media/_shared/media/FactSheets/Det.%20Conan_Versand.pdf, (Stand: 05.08.2009).

XI. Die Lizenznehmergewinnung

Die Wege zum ersten Kundenkontakt, und damit zur Gewinnung von Lizenznehmern, sind vielfältig. Alle klassischen Mittel der Neukundengewinnung im B2B-Bereich können hier eingesetzt werden. Besonders effektiv für eine diesbezügliche Akquise sind zB im Lizenzbereich die zahlreichen branchenspezifischen Fachmessen. Häufig nehmen aber auch potenzielle Kunden in Eigeninitiative Kontakt mit dem jeweiligen Lizenzgeber auf. Selbst wenn dem potenziellen Kunden das Lizenzthema bekannt ist, sind aber weiterführende Informationen, die den Wert des Lizenzthemas unterstreichen, ein hilfreiches Verkaufswerkzeug, überdies benötigen einige Kunden umfangreiche Informationen und Kernaussagen hinsichtlich des Lizenzthemas.

Für die Lizenzvergabe sei an dieser Stelle der prototypische Ablauf einer Lizenzierung aus Sicht eines Lizenzgebers im Folgenden beschrieben.

Nach dem ersten Kundenkontakt wird dem Interessenten ein Businessplan-Formular ausgehändigt. Dies dient als Grundlage für ein maßgeschneidertes Lizenzangebot und umfasst neben den allgemeinen Unternehmensdaten die Beschreibung der geplanten Produkte, den Abgabepreis an den Handel, die Vertriebsnetze, Distributionswege, die geplante Absatzmenge und Maßnahmen für Marketing und Verkaufsförderung.

Auf Basis des vom potenziellen Lizenznehmer ausgefüllten Businessplans wird ein Angebot in Kurzform, auch Eckwertvereinbarung oder Deal-Memo bezeichnet, erstellt. Dieses vom möglichen Lizenznehmer gegengezeichnete Angebot gilt als verbindlicher Vorvertrag, auf dessen Grundlage der individuelle Lizenzvertrag erarbeitet wird. Sofern der Kunde nicht persönlich bekannt ist und über einen sehr guten Leumund verfügt oder bei Vertragsabschlüssen mit höheren Beträgen, wird zur Absicherung eine Bankauskunft oder eine Bonitätsauskunft eines oder mehrerer Kreditschutzverbandes/-verbände über den potenziellen Lizenznehmer eingeholt. Die Sicherheit für den Lizenzgeber kann des Weiteren durch Anpassung der Konditionen optimiert werden.

Bei Abschluss des Vertrages wird die vereinbarte Garantiesumme nach Rechnungslegung fällig. Die laufenden Lizenzgebühren werden vom Lizenz-geber quartalsmäßig nach Mitteilung der lizenzpflichtigen Quartalsumsätze durch den Lizenznehmer in Rechnung gestellt.

Der Lizenzgeber erlaubt sich, das Lizenzprodukt einer genauen Qualitätskontrolle (Produktdesign, Produktmuster etc) zu unterziehen und erteilt oder verweigert aufgrund dessen die Produktgenehmigung (Freigabe, Layout etc). Wird diese verweigert, so wird der Lizenznehmer (im seinem eigenen Interesse – die Garantiesumme wurde ja schon geleistet) aufgefordert, das Lizenzprodukt in den beanstanden Punkten nachzubessern und nochmals zur Genehmigung vorzulegen.

Rechtzeitig vor Vertragsende wird über einen Neuabschluss bzw über die Beendigung des Vertrages verhandelt. Falls kein Neuabschluss erfolgt, wird eine Abverkaufsfrist der im Lager befindlichen Restwaren vereinbart. Auch in dieser Phase besteht weiterhin die Verpflichtung zur Abgabe der Lizenzgebühren.[45]

XII. Ziele, Rechte und Pflichten von Lizenznehmern

Lizenznehmer erwerben gegen Zahlung einer Gebühr das Recht, ein Lizenzthema für die Gestaltung von Produkten oder für Marketing- und Werbemaßnahmen zu verwenden. Für die Lizenznehmer ist damit der Erwerb der Lizenz eine Marketingmaßnahme, um den Absatz ihrer Produkte durch Schaffung eines Alleinstellungsmerkmales, einer Unique Selling Proposition (USP) zu steigern.

Durch den Lizenzvertrag werden dem Lizenznehmer Nutzungsrechte eingeräumt – damit erwirbt er die Berechtigung, diese Rechte am definierten Lizenzgegenstand für einen bestimmten Zeitraum zu verwerten und die Bekanntheit, Beliebtheit und Aktualität des Lizenzthemas für seine Zwecke zu nützen. Diese sind allerdings in der Regel inhaltlich, zeitlich und räumlich beschränkt.

Grundsätzlich strebt der Lizenznehmer das Ziel an, vom Image und Bekanntheitsgrad der Lizenz zu profitieren und möglichst hohe Gewinne zu erwirtschaften. Um dies zu erreichen, möchte er möglichst geringe Lizenzgebühren bezahlen, die Garantiesumme niedrig halten und darüber hinaus Zahlungstermine mit möglichst später Fälligkeiten vereinbaren. Neben der Einräumung von unternehmerischer Freiheit hofft der Lizenznehmer auf das exklusive Recht an der Lizenz, um eine Alleinstellung am Markt erreichen zu können.

Zu den Rechten des Lizenznehmers gehört neben der Verwendung des Lizenzthemas auf bestimmten definierten Produkten die Bewerbung dieser Produkte unter Nennung des Lizenzthemas. Generell tritt der Lizenznehmer als „offizieller Partner" auf und nützt als solcher den eigenverantwortlichen Vertrieb der Produkte auf vertraglich festgelegten Vertriebswegen. Im Falle einer Promotion-Lizenz besteht das Recht hinsichtlich der Verwendung des Lizenzthemas im Rahmen definierter Marketingkommunikationsmaßnahmen.

---

45 Ausführlicher werden diese Punkte bereits weiter oben beschrieben.

Das Einholen von Genehmigungen für alle Produkte und ihre jeweilige Gestaltung sowie die Zurverfügungstellung von unentgeltlichen Musterexemplaren gehört ebenfalls zu den Pflichten des Lizenznehmers sowie auch die Offenlegung des Herstellungsortes und die Zusicherung, dass die Produkte nicht gegen im Vertragsgebiet geltende Gesetze verstoßen. Weitere Pflichten sind die Abrechnung und Bezahlung der Lizenzgebühren bzw Garantieleistungen und das unverzügliche Einstellen des Vertriebes bei Vertragsende bzw nach Ende der vertraglich festgelegten Abverkaufsfrist.[46]

XIII. Ziele, Rechte und Pflichten von Lizenzgebern

Der Lizenzgeber verfolgt mit der Vergabe von Lizenzen langfristige Ziele und zwar dahingehend, möglichst lange von seinen Rechten zu profitieren. Neben dem finanziellen Aspekt (hohe Lizenzgebühren und hohe Garantiesummen) nimmt vor allem die Imageverbesserung eine bedeutende Rolle ein. Durch die Lizenzierung soll der Bekanntheitsgrad des Produkts gesteigert und das Image erhalten oder sogar, wie bereits erwähnt, verbessert werden. Um möglichst große Profite vom Lizenzthema zu erzielen, vergeben manche Lizenznehmer Mehrfach-Lizenzen. In diesem Fall werden die Rechte nicht exklusiv vergeben.

Der Lizenzgeber hat das Recht, strenge Anforderungen an das Profil sowie das Lizenzprodukt des Lizenznehmers zu stellen. Bestimmte Vorgaben, die anhand eines Businessplans überprüft werden, sowie klar definierte Richtlinien sind überdies keine Seltenheit.

Darüber hinaus steht es dem Lizenzgeber zu (falls vertraglich vereinbart), Einsicht in die Aufzeichnungen des Lizenznehmers zu fordern und die Lizenzgebühr quartalsmäßig einzuheben. Ebenfalls zu den Rechten des Lizenzgebers zählt die regelmäßige Kontrolle sowohl der Produktqualität als auch des Umgangs mit dem Lizenzgegenstand im Hinblick auf den Schutz und das Image der Marke. Außerdem ist der Lizenzgeber berechtigt, die frühzeitige Beendigung des Vertrages bei Beanstandung der vorgeschriebenen Qualität und Nichteinhaltung der im Vertrag festgelegten Bedingungen vorzunehmen.

Zu den Pflichten des Lizenzgebers zählen neben der Einhaltung der vereinbarten Eckpunkte die Unterstützung des Lizenznehmers hinsichtlich Feinheiten und Besonderheiten des Lizenzthemas unter dem Gesichtspunkt, die Marke durch eine erfolgreiche Zusammenarbeit zu stärken, bestmöglich zu positionieren und dadurch die Attraktivität der Marke einerseits für den Lizenznehmer und andererseits den

---

46 Ausführlicher werden diese Punkte bereits weiter oben beschrieben.

Markt dauerhaft gewährleisten zu können. Die Hauptpflicht des Lizenzgebers ist es aber, die Schutzrechte aktuell zu halten und zu verstärken (Klassenregistrierungen, Markenregistrierungen in neuen Ländern etc) sowie Markenverletzungen zu verfolgen und gegebenenfalls im Rechtsweg durchzusetzen.

XIV. Rechtliche Grundlagen

Analog zu den vielfältigen Erscheinungsformen der Lizenzierung besteht auch ein sehr umfangreicher Katalog an Rechtsgrundlagen diesbezüglich – urheber-rechtliche Nutzungsrechte, Nutzungsrechte aus dem Markenrecht, Gestattungen aus dem Bereich der Persönlichkeitsrechte sowie die Verpflichtung zur Geltendmachung wettbewerbsrechtlicher Schutzpositionen sind hierbei als Grundlagen der Lizenzierung zu erwähnen. Abhängig vom Lizenzgegenstand wird eine der genannten Rechtsgrundlagen für eine Lizenzeinräumung, sprich für den Lizenzvertrag, herangezogen. Der wirtschaftliche und finanzielle Wert dieser Rechte liegt darin, dass eine unbefugte Verwendung des Lizenzgegenstandes durch Dritte verhindert werden kann und dass der Rechteinhaber somit die Möglichkeit hat, eine Auswertung nur durch ihn selbst bzw durch autorisierte Nutzer (Lizenznehmer) zu gewährleisten. Zu berücksichtigen sind bei der Vergabe des Nutzungsrechtes jeweils die Interessen beider Vertragsteile. Anzuraten ist darüber hinaus, als Rechteinhaber an urheber- und persönlichkeitsrechtlich geschützten Lizenzgegenständen diese frühzeitig und umfassend für sämtliche Waren und Dienstleistungen, für die eine Lizenzauswertung in Betracht kommt, als Marke schützen zu lassen.

A. Der Lizenzvertrag

Vor dem Gespräch mit potenziellen Lizenznehmern sollte man sich mit den wesentlichen Eckpfeilern des Lizenzvertrages vertraut machen. Nach *Binder und Böll* sollten folgende Punkte unabdingbar im Vertrag angeführt werden bzw festgelegt sein:

- **Art und Umfang der Lizenz:** Verwendung der Marke für definierte Produkte, Dienstleistungen und Regionen; Exklusivität der Lizenzvergabe; Erlaubnis zur Vergabe von Unter-Lizenzen.
- **Markenbenutzung:** Verwendungsform der Marke (Layout, Größe, Farbe); Definition zusätzlicher Ausstattungsmerkmale; Markierung auf dem Lizenzprodukt; Lizenzvermerk.

- **Qualitätskontrollen:** Formulierung der Qualitätsstandards; Form und Häufigkeit der Kontrollen; Berechtigung des Lizenzgebers zu einer Vor-Ort-Besichtigung.
- **Freigaben:** Regelungen und Zustimmungserfordernisse neuer Produkte.
- **Lizenzgebühren:** Höhe; Bemessungsgrundlage; Zahlungs- und Abrechnungsmodalitäten, Nachweisführung und Kontrollmöglichkeit, Umsatz- und Ertragssteuern; Währung und Kursrisiko.
- **Haftung**: Gewährleistung; Haftung und Herstellung; Produkthaftung.
- **Markenschutz:** Zuständigkeit für den Markenschutz; Kostenübernahme.
- **Vertragsdauer und Vertragsbeendigung:** Laufzeit; Verlängerungsmodalitäten; Kündigungsfristen; Gründe für Kündigungen.
- **Modalitäten nach Beendigung:** vorhandene Lagerbestände; Abverkauf; Rückgabe der Unterlagen und Rechte.
- **Nachfolgeregelungen:** Verpflichtungen im Falle einer Veräußerung.
- **Organisatorisches:** Verantwortliche; Review-Meeting; Zuständigkeiten.
- **Werk- bzw Lizenzthema:** Regelung der konkreten Rechte.
- **Lizenzgebiet:** räumliche Territorien, in denen das Produkt vertrieben werden darf.
- **Garantiesumme:** Vorauszahlung auf die zu erzielenden Lizenzumsätze, nicht rückzahlbar; Sicherheit für den Lizenzgeber; Mindestumsatz – Zielvorgabe für den Lizenznehmer.
- **Fälligkeit der Garantiesumme:** meistens in voller Höhe bei Vertragsunterschrift.
- **Vermarktungsdatum:** Zeitpunkt der Produktvorstellung im Handel; ab diesem Zeitpunkt ist der Lizenznehmer zur Lizenzabrechnung verpflichtet.
- **Abrechnungszeitraum:** Zeitraum, in welchem der Lizenznehmer dem Lizenzgeber eine Übersicht über seine Produktverkäufe zukommen lassen muss; meist vierteljährlich.
- **Datum der erstmaligen Abrechnung:** in der Regel in direktem Anschluss an das Vermarktungsdatum.
- **Urheberrechtsvermerk:** der Copyright-Vermerk (Symbol „©", behelfsweise auch „(C)", meist gefolgt vom Rechteinhaber und einer Jahresangabe) oder auch Urheberrechtshinweis (stammt ursprünglich aus dem angloamerikanischen Recht) – mit ihm soll der Nutzer eines urheberrechtlichen Werks auf das Bestehen von Urheberrechten hingewiesen werden.

B. Empfehlung für Lizenzgeber

Zu Beginn des Vermarktungszyklus sollte auf möglichst kurze Vertragszyklen (ein Jahr) geachtet werden, um ggf durch Vertragsänderungen oder den Austausch von Lizenznehmern schneller reagieren zu können. Längerfristig betrachtet sind mehrjährige Lizenzverträge (drei Jahre) wegen des geringeren Verwaltungsaufwands allerdings vorzuziehen.

Lizenznehmer sollten in der Regel nicht berechtigt sein, Unterlizenzen zu vergeben, da durch die zentrale Vergabe der Lizenzen der Markt und insbesondere das Abrechnungsprozedere transparenter gehalten werden. Eine Exklusivität für ein Produkt oder eine Produktgruppe sollte ebenfalls nur in Ausnahmefällen zugesichert werden.

Das Vereinbaren einer Mindest-Lizenzgebühr im Vertragszeitraum (Garantiesumme), die zumeist schon bei Vertragsabschluss fällig wird, ist anzustreben. Mit diesem Betrag können zum einen die Vorkosten des Lizenzgebers abgedeckt werden, zum anderen ist bei Lizenznehmern, die eine hohe Garantie entrichtet haben, normalerweise eine deutlich höhere Motivation hinsichtlich des Vertriebs zu verzeichnen.

Im geeigneten Fall sollte noch die Möglichkeit überdacht werden, inwieweit allenfalls bisherigen, bewährten Verwendern der Marke für die zukünftige Verwendung im Rahmen eines Lizenzvertrages Sonderkonditionen eingeräumt werden können.

XV. Ausblick

Aufgrund der derzeitigen finanziellen Situation sowie des immer härter werdenden Wettbewerbsdrucks spielen ergänzende Finanzierungsmodelle eine bedeutende Rolle im Kampf um die gewünschte Zielgruppe sowie um eine erfolgreiche Positionierung am Markt. Entwicklungen und Trends zeigen in diesem Zusammenhang deutlich das Potenzial neuer Vermarktungsformen auf – allen voran ist der Begriff Merchandising mit Schwerpunkt Lizenzierung zu nennen. Gerade kleine und mittlere Unternehmen haben die Möglichkeit durch professionelles Merchandising ihren Markenwert zu stärken und sich dadurch zu profilieren. Die konsequente und strenge Führung der Marke sowie der gezielte Einsatz einer Lizenzierungsstrategie können sich des Weiteren positiv auf das gesamte Unternehmen auswirken.

Wie bereits zu Beginn festgestellt, weisen viele Marken ein erhebliches Potenzial für ein erfolgreiches Merchandising und/oder Lizenzierung auf. Die Reaktionen der Wirtschaft und auch der Öffentlichkeit auf das neue Angebot können vorab aber nur schwer abgeschätzt werden. Ausschlaggebend für den Erfolg eines neuen Angebots/einer neuen Marke sind aber grundsätzlich die Qualität und das marktgerechte Angebot der Produkte ebenso wie die Leistungsfähigkeit und Seriosität der Partner.

Die Resultate der Vermarktung nach dem Ablauf des ersten Jahres werden zeigen, inwieweit neben einem sicheren zusätzlichen Werbewert für die Marke auch ein wirtschaftlicher Erfolg erzielt werden konnte. Wichtig ist es jedoch in jedem Fall, beim Aufbau des Merchandisings der Marke einen klaren Blick für die Realitäten zu behalten sowie schnell und unbürokratisch auf auftretende Probleme zu reagieren. Unter diesen Voraussetzungen wird der klassische Ansatz, nach zwei bis drei Jahren die Gewinnzone zu erreichen, sicherlich zu realisieren sein.

Verwendete Literatur

- Joachim H. Bürger / Friedrich R. Berlemann: Merchandising. Die Hohe Schule des Handels im Handel, Verlag Moderne Industrie, 1989
- Böll, Karin (1999): Merchandising und Licensing, Grundlagen, Beispiele, Management, München 1999
- Michael A. Lou Mit der Lizenz zum Erfolg - Handbuch Lizenzmanagement + Markentransfer (Letztmalig im September 2007 aktualisierte Fassung des Beitrages aus dem „Handbuch der Kommunikationspraxis"), Verlag moderne Industrie

Anhänge zum wirtschaftlichen Teil des IV. Kapitels

Anhang A: Ablaufplan Neukundengewinnung

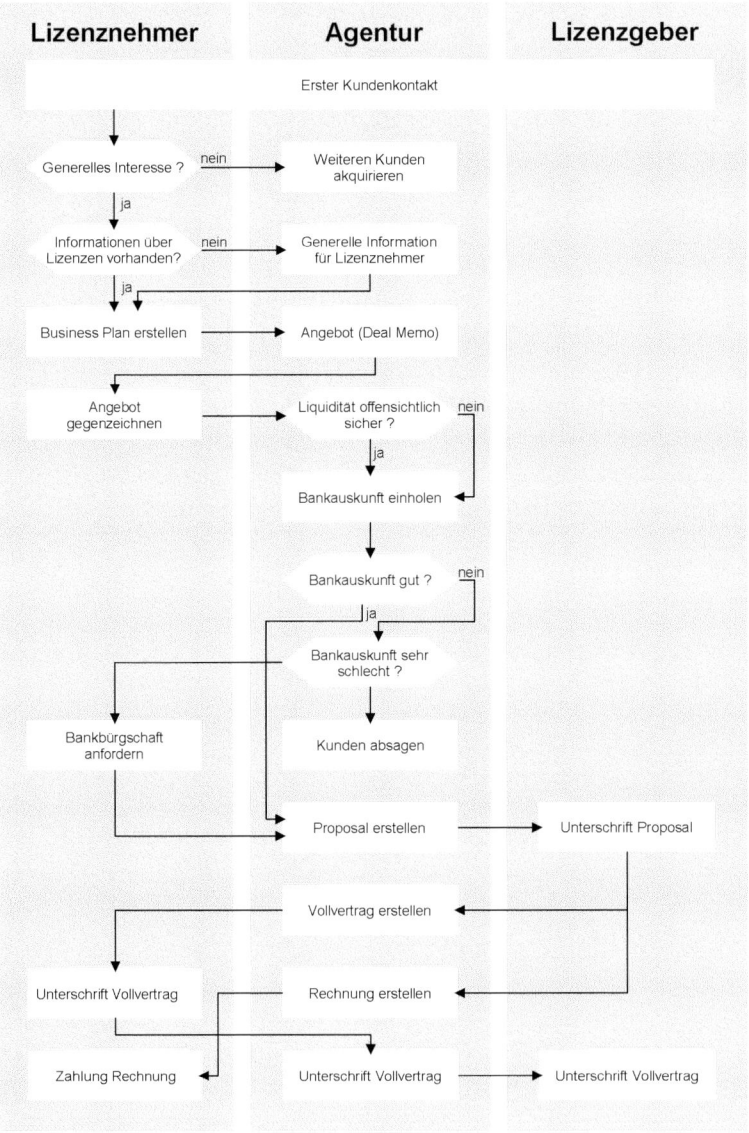

Anhang B: Formular Businessplan

Businessplan

Lizenznehmer	Firma	
	Adresse	
	Plz/Ort	
	Land	
	Ansprechpartner	
	Telefon	
	Fax	
	E-Mail	
Lizenzthema		
Lizenzprodukte	1.	
	2.	
	3.	
	4.	
	5.	
Herstellung der Produkte	☐ innerhalb des Vertragsgebiets	
	☐	
Vertragsgebiet	☐ Österreich, Schweiz, Deutschland	
	☐ international	
gewünschte Vertragslaufzeit	von	
	bis	
Vermarktungsbeginn		
Distributionswege		
Handelsorganisationen Listungen bei		
geplante Absatzmenge pro Jahr	1.	
	2.	
	3.	
	4.	
	5.	
	6.	
geplanter Abgabepreis an den Handel	1.	
	2.	
	3.	
	4.	
	5.	
	6.	
begleitende VKF-Maßnahmen		
Ort, Datum		
Unterschrift		

Anhang C: Formular Angebot

Vorbehaltlich der endgültigen Zustimmung des Lizenzgebers bestätigen wir Ihnen hiermit folgende Konditionen und bitten um Ihre Prüfung und Gegenzeichnung:

Lizenzthema _____

Lizenzprodukt _____

Lizenznehmer
- Firma _____
- Straße _____
- Plz/Ort _____
- Land _____
- Ansprechpartner _____
- Telefon _____
- Fax _____
- e-mail _____

Vertragsgebiet _____

Vertragslaufzeit _____

Vermarktungsdatum _____

Garantiesumme _____
zahlbar bei Vertragsunterschrift

Lizenzgebühr _____

besondere Vereinbarungen   Der Lizenznehmer verpflichtet sich, dem Lizenzgeber Lizenzprodukte kostenlos zum Vertrieb vor Ort sowie als Promotion-Artikel zur Verfügung zu stellen. Darüber hinaus liefert der Lizenznehmer weitere Produkte als Kommissionsware mit vollem Rückgaberecht zu nachstehend festgelegten Einkaufspreisen:

Die oben genannten Preise verstehen sich
zzgl gesetzlicher Mehrwertsteuer sowie frei Haus.

_____   _____
Lizenzgeber   Lizenznehmer

Anhang D: Formular Proposal

Standard-License-Proposal-Format

An: Lizenzgeber
Von: Agentur
Datum:

Wir bitten um Genehmigung des folgenden Lizenzvertrages:

Lizenz: _____

Verlängerung/neuer Vertrag: _____

Lizenzprodukt: _____

Lizenznehmer
- Firma _____
- Straße _____
- Plz/Ort _____
- Land _____
- Ansprechpartner _____
- Telefon _____
- Fax _____
- e-mail _____

Vertragsgebiet: _____

Laufzeit: _____

Vermarktungsdatum: _____

Garantiezahlung: _____

Lizenzgebühr: _____

besondere Vereinbarungen: Der Lizenznehmer verpflichtet sich, dem Lizenzgeber Lizenzprodukte kostenlos zum Vertrieb vor Ort sowie als Promotion-Artikel zur Verfügung zu stellen. Darüber hinaus liefert der Lizenznehmer weitere Produkte als Kommissionsware mit vollem Rückgaberecht zu nachstehend festgelegten Einkaufspreisen:

Die oben genannten Preise verstehen sich zzgl gesetzlicher Mehrwertsteuer sowie frei Haus.

Agentur: _____

genehmigt durch Lizenzgeber: _____

2. Abschnitt:
Nutzung der Marke – rechtlicher Teil
(Franz-Martin Orou)

I. Vertrieb und Lizenzierung

Das Markenrecht gewährt seinem Inhaber das ausschließliche Recht, Waren oder Dienstleistungen mit der Marke zu kennzeichnen und im geschäftlichen Verkehr zu benutzen. Der Markeninhaber hat also ein mit staatlichen Sanktionsmöglichkeiten ausgestattetes Monopol auf die Nutzung der Marke.

Die Nutzung der Marke kann nun durch verschiedene Formen des Vertriebes erfolgen:

1.) Eigenvertrieb: Im eigenen Namen wird die Markenware in den Verkehr gesetzt bzw die mit der Marke gekennzeichnete Dienstleistung erbracht.

2.) Vertrieb mittels Handelsvertreter: Der Handelsvertreter handelt im Namen und auf Rechnung des Markenunternehmens; die Markenware bzw die Markendienstleistung wird im Namen des Markenunternehmens in Verkehr gesetzt bzw erbracht.

3.) Vertrieb mittels Vertragshändler: Der Vertragshändler erwirbt im eigenen Namen und auf eigene Rechnung die Markenware vom Markenunternehmen und setzt diese Markenware im eigenen Namen und auf eigene Rechnung in den Verkehr.

4.) Vertrieb mittels Lizenzvertrag:

    a) Vertrieb mittels einfachem Marken-Lizenzvertrag: Die Markenware wird von einem Lizenznehmer produziert, der die Markenware zwar in Lizenz, aber im eigenen Namen und auf eigene Rechnung in den Verkehr setzt; dasselbe gilt für eine Dienstleistung: Die Dienstleistung wird von einem Lizenznehmer unter der lizenzierten Marke im eigenen Namen und auf eigene Rechnung angeboten.

b) Franchise-Vertrag: Dieser Vertrag ist eine Sonderform des Marken-Lizenzvertrages: lizenziert werden Marke und Know-how.

c) Merchandising-Vertrag: Dieser Vertrag ist auch eine Sonderform eines Marken-Lizenz-vertrages; die Waren werden in Lizenz produziert und vertrieben; hierbei handelt es sich um Waren, die nicht das Kernbusiness des Unternehmens repräsentieren (zB Merchandising-Produkte zu einem Kinofilm oder eines Fußballvereins).

Nachfolgend wird auf grundsätzliche Fragen der oben beschriebenen Vertriebsmöglichkeiten der Markenware eingegangen:

A. Wann ist ein Marken-Lizenzvertrag überhaupt notwendig?
B. Wichtiges zum Handelsvertretervertrag.
C. Wichtiges zu Lizenzverträgen.

A. Wann ist ein Marken-Lizenzvertrag überhaupt notwendig?

Ob ein Marken-Lizenzvertrag notwendig ist, richtet sich danach, wer die Markenware in den Verkehr setzt. Für Dienstleistungen gilt dies analog, dh, es muss immer hinterfragt werden, wer die Dienstleistung am Markt anbietet – der Markeninhaber oder ein anderes Unternehmen?

Wann immer ein anderes Unternehmen als der Markeninhaber Markenware in den Verkehr setzt bzw eine Markendienstleistung am Markt anbietet, ist ein Lizenzvertrag notwendig.

Wenn das Markenunternehmen die Markenware selbst in den Verkehr setzt, so ist kein Marken-Lizenzvertrag notwendig. Wird die Produktion der Markenware ausgelagert, so schließt das Markenunternehmen mit dem Produktionsunternehmen einen Vertrag, in dem vor allem die Qualitätssicherung und die Geheimhaltung im Mittelpunkt stehen; ein solcher Produktionsvertrag tangiert die Markenrechte des Markenunternehmens allerdings nicht.

Sollte das Produktionsunternehmen von der Markenware unerlaubterweise mehr produzieren, um diese Zusatzproduktion selbst oder über den Schwarzmarkt in den Verkehr zu setzen, so ist dies Produktpiraterie. Wie sich das Markenunternehmen dagegen am besten schützt, wird im V. Kapitel - „Markenverteidigung" - näher erläutert.

B. Wichtiges zum Handelsvertretervertrag

Die Regelungen zum Handelsvertreterrecht sind EU-weit harmonisiert. Dies bedeutet, dass die Rechtsordnungen der 27 EU-Mitgliedstaaten zum Handelsvertreterrecht – basierend auf der EU-Handelsvertreter-Richtlinie[47] – weitgehend übereinstimmen. Auf die Kernpunkte dieser EU-Richtlinie zum Handelsvertreterrecht sei nachfolgend hingewiesen:

- Kündigungsfristen:
  EU-weit ist vorgesehen, dass gewisse Mindest-Kündigungsfristen einzuhalten sind. Die Kündigungsfrist beträgt EU-weit für das erste Vertragsjahr einen Monat, für das angefangene zweite Vertragsjahr zwei Monate, für das angefangene dritte und die folgenden Vertragsjahre drei Monate. Kürzere Fristen dürfen die Parteien nicht vereinbaren. Die EU-Mitgliedstaaten sind aber berechtigt, die Kündigungsfrist für das vierte Vertragsjahr auf vier Monate, für das fünfte Vertragsjahr auf fünf Monate und für das sechste und die folgenden Vertragsjahre auf sechs Monate fest-zusetzen. Zudem können sie bestimmen, dass die Parteien kürzere Fristen nicht vereinbaren dürfen. Österreich hat diese Regelung voll ausgeschöpft und vorgesehen, dass ab dem sechsten begonnenen Vertragsjahr die Kündigungsfrist sechs Monate beträgt.

- Ausgleichsanspruch:
  Bei Unternehmern wird dieser Aspekt oft gefürchtet, bei Handelsvertretern weckt er hingegen meist überzogene Erwartungen – die Wahrheit liegt wie so oft in der Mitte. Der Ausgleichsanspruch ist als zwingende Bestimmung geregelt. Kern der Regelung ist, dass der Unternehmer dem Handelsvertreter dafür, dass der Handelsvertreter dem Unternehmer einen Markt und neue Kunden aufgebaut hat, einen Ausgleich zahlt, nachdem der Vertrag mit dem Handelsvertreter endet. Wie viel der Handelsvertreter erhält, hängt ganz davon ab, wie groß der Nutzen ist, den das Unternehmen nach Beendigung des Handelsvertretervertrages aus dem aufgebauten Markt und aus den neu hinzugewonnenen Kunden in Zukunft ziehen kann. Hierzu liegen auch allgemeine Richtsätze vor. Der höchst einforderbare Ausgleichsanspruch des Handelsvertreters beträgt die durchschnittliche Jahresprovision der letzten fünf Jahre. Dies ist jedoch als der maximale Ausgleichsanspruch zu verstehen und nicht als eine vom Handelsvertreter fix einforderbare Summe. Wie viel tatsächlich dem Handelsvertreter zusteht, entscheidet im Zweifel, wie immer,

---

[47] RL 1986/653/EWG des Rates v 18. 12. 1986 zur Koordinierung der Rechtsvorschriften der Mitgliedstaaten betreffend die selbstständigen Handelsvertreter, ABl L 1986/382, 17.

das Gericht, dieses hat dabei den jeweiligen Einzelfall zu betrachten und abzuwägen.

C. Wichtiges zu Lizenzverträgen

Einen Lizenzvertrag vom Anfang bis zum Ende chronologisch durchzugehen und zu kommentieren, ist wenig sinnvoll, da es in einem solchen Fall dem Anwender in der Praxis schwerfallen wird herauszufinden, welche Punkte juristisch relevant sind und wirtschaftlich Auswirkungen auf ihn haben werden.

Nachfolgend werden die entscheidenden Punkte kurz erläutert; sie sind nach ihrer Wichtigkeit geordnet.

1.) Zahlungsbedingungen: Höhe, Fälligkeit, Sicherheit und Exekutierbarkeit der Zahlungsverpflichtungen.
2.) Auflösungsgründe.
3.) Konsequenzen der Auflösung eines Lizenzvertrages.
4.) Art der Marken-Lizenz.
5.) Juristisch sensible Vertragspunkte: Einige Vertragspunkte könnten aufgrund kartellrechtlicher Bestimmungen nichtig sein.

1. Zahlungsbedingungen

Die primären Interessen der Vertragsparteien orientieren sich am Kosten-Nutzen-Prinzip. Dieses Prinzip nimmt durch die Zahlungsbedingungen Gestalt an. Hier sind die Interessen der Parteien folgendermaßen verteilt:

- Für den Lizenznehmer gilt: Wie viel ist in Summe zu zahlen?
- Für den Lizenzgeber gilt: Wie hoch sind die Lizenzzahlungen? Aber noch viel wichtiger: Wie kann gesichert werden, dass die vereinbarten Lizenzzahlungen auch tatsächlich fließen?

Die Kernpunkte dieser sich konträr gegenüberstehenden Interessen können wie folgt geregelt werden:

a) Höhe der Lizenzzahlungen

Die Höhe der Lizenzzahlungen liegt üblicherweise bei 4–6% des Nettoumsatzes der mit der Marke gekennzeichneten Waren. Natürlich gibt es darüber hinaus eine große Schwankungsbreite, vor allem nach oben. Doch stellen diese 4–6% quer über alle Produkte gelegt die häufigsten in der Wirtschaft gezahlten Sätze dar.

Weiters ist es für den Lizenzgeber sinnvoll, eine Mindest-Lizenzgebühr zu vereinbaren.

b) Fälligkeit und mangelhafte Abrechnung durch den Lizenznehmer

Zum Thema Fälligkeit wird üblicherweise vereinbart, dass der Lizenznehmer quartalsmäßig abrechnet und am Ende des auf das Quartalsende folgenden Monats dem Lizenzgeber die Quartalsabrechnung übermittelt sowie das entsprechende Lizenzentgelt zahlt.

Es sind Regelungen zu vereinbaren, welche Maßnahmen ergriffen werden, wenn der Lizenznehmer diese Verpflichtung nicht einhält oder wenn dem Lizenzgeber Zweifel an der Richtigkeit und an der Vollständigkeit der Lizenzabrechnungen kommen. Für die gänzliche Nichtabrechnung durch den Lizenznehmer könnte zB vorgesehen werden, dass in einem solchen Fall die vom Lizenznehmer zuletzt ausgewiesenen Lizenzzahlungen mit einem Zuschlag von 10% fällig werden. Der Zuschlag ist als Vertragsstrafe („Konventionalstrafe") zu verstehen, dh, wegen der verspäteten Abrechnung durch den Lizenznehmer ist der Zuschlag vom Lizenzgeber nicht zurückzuzahlen.

Falls die Lizenzabrechnungen vom Lizenznehmer von Anfang an nicht eingehalten werden, so könnte in diesem Zusammenhang festgelegt werden, dass eine solche Nichteinhaltung der Zahlungsverpflichtungen dann einen wichtigen, sofortigen Auflösungsgrund für den Lizenzgeber darstellt, sofern diese Nichteinhaltung zwei Mal in Folge geschieht.

Für den Fall, dass dem Lizenzgeber Zweifel an der Richtigkeit der Lizenzabrechnung durch den Lizenznehmer kommen, so kann hierfür vorgesehen werden, dass der Lizenzgeber berechtigt ist, beim Lizenznehmer durch einen gerichtlich beeideten und zur Verschwiegenheit verpflichteten Wirtschaftsprüfer Bucheinsicht zu nehmen.

c) Sicherstellung der Zahlung der Lizenzgebühren

Der Lizenzgeber sollte vor Beginn des Vertragsverhältnisses mit dem Lizenznehmer die Bonität des Lizenznehmers überprüfen. Oft verlangt der Lizenzgeber den Nachweis des Abschlusses verschiedener Versicherungen durch den Lizenznehmer, um sicherzustellen, dass die Produktion der Markenware sowie die wirtschaftliche Existenz des Lizenznehmers in einem Schadensfall gewährleistet sind. Zur Sicherstellung der Lizenzzahlungen bieten sich die Einholung einer Bankgarantie oder die Bürgschaft durch ein ver-bundenes Unternehmen (sofern dies in Bezug auf den Lizenznehmer gegeben ist) an.

d) Durchsetzung und Exekutierbarkeit des Anspruches auf Lizenzzahlungen

Der Lizenzgeber sollte darauf achten, dass nicht nur Gerichtsstand und Rechtswahl für den Fall eines Rechtsstreits mit dem Lizenznehmer geklärt sind, sondern dass auch die Exekutierbarkeit seines Anspruches gewährleistet ist.

Als Gerichtsstand vereinbaren die Parteien zumeist das sachlich zuständige Gericht am Sitz des Lizenzgebers. Als anwendbares Recht wird meist das Recht jenes Staates vereinbart, in welchem der Lizenzgeber seinen Unternehmenssitz hat.

In diesem Zusammenhang ist unbedingt darauf hinzuweisen, dass der Lizenzgeber prüfen sollte, ob ein Gerichtsurteil, das er zu seinen Gunsten erhält, um die Lizenzgebühren einfordern zu können, auch tatsächlich exekutierbar ist. Es sollte daher dringend recherchiert werden, ob der Lizenznehmer seinen Sitz in einem Staat hat, mit welchem (also zwischen Lizenzgeber-Staat und Lizenznehmer-Staat) auch ein Exekutionsabkommen besteht. Dies ist für die Mitgliedstaaten der EU gegeben. Außerhalb der EU wurden aber nur mit den wenigsten Staaten Exekutionsabkommen geschlossen!

Es gibt jedoch eine Lösung: die Schiedsklausel. Aufgrund eines internationalen in New York getroffenen Übereinkommens[48], welchem aktuell 144(!) Staaten beigetreten sind, ist ein Schiedsspruch de facto fast weltweit exekutierbar.

Das „New Yorker Schiedsabkommen" wird von der UNCITRAL (= United Nations Commission on International Trade Law) verwaltet. Der jeweils aktuelle Stand der

---

48 New Yorker UN-Übereinkommen über die Anerkennung und Vollstreckung ausländischer Schiedssprüche vom 10. 6. 1958.

Staaten, die dem Abkommen beigetreten sind, kann auf der Homepage der UNCITRAL49 abgerufen werden.

Mit Hilfe einer solchen Schiedsklausel, die im Marken-Lizenzvertrag verankert wird, kommen Lizenzgeber und -nehmer überein, dass in einem Streitfall ein Schiedsgericht installiert wird. Die Internationale Handelskammer (= ICC, International Chamber of Commerce) empfiehlt, folgende ICC-Standardklauseln in den Verträgen zu verwenden:

> **Deutsch**:
> „Alle aus oder in Zusammenhang mit dem gegenwärtigen Vertrag sich ergebenden Streitigkeiten werden nach der Schiedsgerichtsordnung der Internationalen Handelskammer von einem oder mehreren gemäß dieser Ordnung ernannten Schiedsrichtern endgültig entschieden."
>
> **Englisch**:
> "All disputes arising out of or in connection with the present contract shall be finally settled under the Rules of Arbitration of the International Chamber of Commerce by one or more arbitrators appointed in accordance with the said Rules."

Weiters sollten die Parteien in ihrer Schiedsklausel den Schiedsort, die Verhandlungssprache, die Anzahl der Schiedsrichter, wenn möglich auch das anwendbare materielle Recht des Schiedsverfahrens, vereinbaren.

Die freie Wahl der Parteien im Hinblick auf das anwendbare Recht, den Schiedsort und die Verfahrenssprache wird durch die Schiedsgerichtsordnung der ICC nicht beschränkt.

Weitere Auskünfte erteilt die ICC Austria gerne:

> ICC Austria – Internationale Handelskammer
> Wiedner Hauptstraße 73, 1040 Wien
> Österreich
> www.icc-austria.org
> E-Mail: icc@icc-austria.org
> Tel-Nr: +43 1 50105-3716

---

49 Aktuelle Liste der Staaten, die dem New Yorker Schiedsabkommen beigetreten sind, http://www.uncitral.org/uncitral/en/uncitral_texts/arbitration/NYConvention_status.html (1.6.2009).

2. Auflösungsgründe

In der Praxis gibt es von Seiten des Lizenznehmers primär nur einen Grund, um einen Lizenzvertrag aufzulösen: Die Erwartungen in den Marken-Lizenzvertrag haben sich wirtschaftlich nicht erfüllt.

Von Seiten des Lizenzgebers gibt es vor allem zwei Gründe, um einen Lizenzvertrag auflösen zu wollen:

- a) mangelhafte Lizenzgebührenzahlung (keine Zahlung, stockende Zahlung oder zweifelhafte Lizenzabrechnungen) oder
- b) Qualitätsmängel bei der Produktion der Markenware.

In der Praxis eher selten sind sonstige Gründe, die zur Auflösung des Lizenzvertrages führen. Die sonstigen Gründe lassen sich meist mit „Vertrauensverlust" zwischen den Vertragsparteien zusammenfassen.

3. Konsequenzen der Auflösung des Marken-Lizenzvertrages

Mit der Auflösung des Marken-Lizenzvertrages endet das Recht des Marken-Lizenznehmers, Waren mit der Marke zu kennzeichnen und in den Verkehr zu setzen. Dies vorangestellt stellt sich die Frage, was mit der Ware geschehen soll, die der Marken-Lizenznehmer nach der Vertragsauflösung noch auf Lager hat. Die Vertragsparteien sollten hierfür dringend Regelungen treffen. Für Ware, welche die Qualitätskriterien nicht erfüllt, sollte die Vernichtung vorgesehen werden. Ware, die grundsätzlich in Ordnung ist, bei welcher der Marken-Lizenzvertrag aber ausgelaufen ist, kann vom Lizenzgeber zu einem vorher bestimmten Preis abgekauft werden.

4. Art der Lizenz

Es bieten sich grundsätzlich drei Möglichkeiten an, um eine Lizenz zu erteilen:

a) Exklusiv-Lizenz

Der Lizenzgeber benennt für ein bestimmtes Vertragsgebiet nur einen einzigen **exklusiven** Lizenznehmer. Damit diese Exklusivität zu Gunsten dieses einen Lizenznehmers möglichst gut abgesichert ist, wird den anderen Lizenznehmern vom

Lizenzgeber jeweils verboten, aktive Verkaufsbemühungen außerhalb ihres eigenen Vertragsgebietes zu tätigen.

Aber Achtung: Wenn die Aufteilung des Vertriebsgebietes in eine „Marktabschottung" mündet, dann verstößt dies gegen das Kartellrecht!

Wenn also der Lizenznehmer keine Bestellungen annehmen darf, die von außerhalb seines Vertragsgebietes einlangen, so ist eine völlige Marktabschottung erreicht.

Der Wettbewerb muss in gewisser Weise immer erhalten bleiben, selbst wenn es sich um eine Exklusiv-Lizenz handelt. Im Kartellrecht finden sich dazu die gesetzlichen Regelungen: „Aktive Verkäufe" („active sales") in ein fremdes Vertragsgebiet können vom Lizenzgeber dem Lizenznehmer untersagt werden, „passive Verkäufe" („passive sales") dagegen müssen immer erlaubt sein. Unter „aktiven Verkäufen" versteht man, dass ein Lizenznehmer Verkäufe in ein anderes Vertragsgebiet tätigt, die aufgrund aktiver Verkaufsbemühungen in diesem anderen Vertragsgebiet erfolgen. „Passive Verkäufe" werden wie folgt definiert: Ein Lizenznehmer hat in einem anderen Vertragsgebiet keine aktiven Verkaufsbemühungen gesetzt und dennoch sind Bestellungen aus diesem Vertragsgebiet bei ihm eingelangt. Er darf in dieses andere Vertragsgebiet verkaufen.

b) Allein-Lizenz („sole licence")

Oft will sich der Marken-Lizenzgeber die Möglichkeit offen halten, die Markenware selber über seinen Webshop auch in jene Gebiete zu versenden, die als Vertragsgebiet eines bestimmten Lizenznehmers ausgewiesen sind. Hierzu muss eine gesonderte Regelung zu Gunsten des Lizenzgebers vorgesehen werden.

Die Lizenz, die der Lizenznehmer unter diesem Vorbehalt zu Gunsten des Lizenzgebers erhält, nennt man „Allein-Lizenz" oder „sole licence".

c) Einfache Markenlizenz

Ein Lizenznehmer erhält das Recht, eine Marke in einem bestimmten Vertragsgebiet im geschäftlichen Verkehr zu benützen. Dem Lizenznehmer werden allerdings keine sonstigen Sonderrechte im Sinne einer Exklusivität eingeräumt. Man nennt diese Lizenz daher „einfache" Lizenz.

5. Juristisch heikle Vertragspunkte eines Markenlizenzvertrages

Es gibt einige Vertragspunkte, deren Vereinbarung kartellrechtswidrig sein könnte, da solche Vereinbarungen den Wettbewerb möglicherweise in unsachgemäßer Weise beeinträchtigen. Derartige Vertragsklauseln können nichtig sein. Falls das Vertragsverhältnis zwischen Lizenzgeber und Lizenznehmer mit einer kartellwidrigen Klausel den Wettbewerb innerhalb der EU spürbar beeinträchtigt, so kann unter Umständen sogar der ganze Lizenzvertrag nichtig sein. Auf europäischer Ebene gilt das sogenannte „Alles-oder-nichts-Prinzip": Ist eine Klausel nichtig, dann ist der ganze Vertrag nichtig.

Sofern dies nicht der Fall ist, dh sofern der Wettebewerb innerhalb der EU nicht spürbar beeinträchtigt wird oder der Lizenzvertrag gar nur auf einen Staat beschränkt ist, so gilt in den meisten Rechtsordnungen die sogenannte „geltungserhaltende Reduktion". Dies bedeutet, dass nur jene Vertragsbestimmung nichtig ist, die kartellrechtswidrig ist. Der übrige Vertrag bleibt aufrecht.

Solche kartellrechtlich heiklen Vertragsklauseln können insbesondere sein:

a) Preisbindung oder Beschränkung der Preisgestaltungsfreiheit des Lizenznehmers.
b) Wettbewerbsverbote.
c) Unsachgemäße Bezugspflichten des Lizenznehmers.
d) Marktabschottung durch Exklusiv-Lizenzen in Verbindung mit dem Verbot von „passiven Verkäufen".

Die oben genannten Vertragsklauseln sind die wichtigsten und häufigsten kartellrechtswidrigen Vertragsklauseln. Daneben könnten noch andere Ver-tragsklauseln kartellrechtswidrig sein. Dies wäre immer dann gegeben, wenn ein Marken-Lizenzvertrag derart gestaltet ist, dass er einerseits in unsachgemäßer Weise den Wettbewerb beeinträchtigt und andererseits zur Sicherung des lizenzierten Markenrechts und der Qualität der Markenware nicht erforderlich ist. Es empfiehlt sich daher, einen Lizenzvertrag in jedem Fall von einem Spezialisten prüfen zu lassen.

a) Preisbindungen und Beschränkungen der Preisgestaltungsfreiheit des Lizenznehmers

Sollte der Lizenzgeber dem Lizenznehmer vorschreiben, welche Preise er für die Markenware zu verlangen hat, so ist dies grundsätzlich unzulässig. Es mag im Interesse des Marken-Lizenzgebers liegen, dass seine Markenware nicht zu Schleuderpreisen in den Verkehr gesetzt wird. Weiters möchte der Marken-Lizenzgeber möglichst hohe Lizenzgebühren, die eben umso höher sind, je höher der Preis der vom Lizenznehmer in den Verkehr gesetzten Markenware ist. Dennoch sind und bleiben derartige Preisvorschreibungen durch den Lizenzgeber fast immer kartellrechtswidrig.

Dahinter liegt die EU-weit vorgegebene volkswirtschaftliche Überlegung, dass es für den Wettbewerb und die Konsumenten vorteilhaft ist, wenn die Preise niedrig sind. Der Marken-Lizenzgeber lagert durch den Lizenzvertrag das wirtschaftliche Risiko bei der Markenverwertung auf den Lizenznehmer großteils aus. Deshalb soll der Lizenznehmer auch in der Preisgestaltung der Markenware frei bleiben.

Zulässig ist jedoch, dass der Lizenzgeber sogenannte „unverbindliche Preisempfehlungen" ausspricht. Sofern sich diese Preisempfehlungen nicht infolge der Ausübung von Druck oder der Gewährung von Anreizen seitens des Lizenzgebers nicht als versteckte Fest- oder Mindestpreise erweisen, ist diese Form der Preisbeeinflussung erlaubt. Zulässig ist außerdem die Festsetzung von Höchstpreisen durch den Lizenzgeber.

b) Wettbewerbsverbote

Ein Wettbewerbsverbot verbietet es dem Lizenznehmer, mit den Markenprodukten in Wettbewerb zu treten. Naturgemäß haben Wettbewerbsverbote eine wettbewerbsbeschränkende Wirkung und werden daher vom Kartellrecht äußert kritisch betrachtet. Vor allem Wettbewerbsverbote, die sich auch über die Zeit hinaus nach der Vertragsbeendigung erstrecken (sogenannte „nachvertragliche Wettbewerbsverbote"), sind zumeist kartellrechtswidrig.

Die Kriterien, unter welchen Voraussetzungen Wettbewerbsverbote erlaubt sind, sind vor allem der Marktanteil des Lizenzgebers und die Dauer des Wettbewerbsverbots. Als Orientierungshilfe gilt hier die EU-Verordnung für vertikale Vertriebsbindungen[50]:

---

50 „GVO vV", VO (EG) 1999/2790 über die Anwendung von Art 81 Abs 3 EGV auf Gruppen von vertikalen Vereinbarungen und aufeinander abgestimmte Verhaltensweisen, ABl L 1999/336, 21.

Wenn der Marktanteil des Lizenzgebers nicht mehr als 30% beträgt, darf das Wettbewerbsverbot auf maximal fünf Jahre befristet vereinbart werden.

Bei einem Marktanteil des Lizenzgebers zwischen 30 und 50% darf das Wettbewerbsverbot nur bis zu einem Jahr betragen.

Liegt der Marktanteil bei über 50%, ist ein Wettbewerbsverbot grundsätzlich als kartellrechtswidrig anzusehen.

Nachvertragliche Wettbewerbsverbote sind grundsätzlich nur für maximal die Dauer eines Jahres zulässig, und dies auch nur, sofern diese nachvertraglichen Wettbewerbsverbote unerlässlich sind, um ein dem Lizenznehmer vom Lizenzgeber zur Verfügung gestelltes Know-how zu schützen.

c) Unsachgemäße Bezugspflichten

Der Marken-Lizenzgeber hat ein natürliches Interesse daran, dass seine Markenware gewissen Qualitätskriterien entspricht. Zu diesem Zweck wird in Marken-Lizenzvereinbarungen häufig vorgesehen, dass der Marken-Lizenz-nehmer Rohstoffe oder sonstige Materialien für die Markenware entweder beim Lizenzgeber direkt oder von Quellen zu beziehen hat, die der Lizenzgeber benennt. Diesen meist berechtigten Interessen des Lizenzgebers steht die kartellrechtlich kritische Frage gegenüber, ob diese Bezugspflichten des Lizenznehmers den Markt nicht in einer kartellwidrigen Weise abschotten.

Grundsätzlich sind diese Bezugspflichten dann erlaubt, wenn sie zur Einhaltung eines einheitlichen Qualitätsstandards tatsächlich erforderlich sind. Abgesehen von diesen sehr schwammigen Vorgaben der europäischen Judikatur gibt es auch eine Faustregel: Exklusive Bezugsverpflichtungen werden vom Kartellrecht Wettbewerbsverboten gleichgestellt und sind daher grundsätzlich nur folgendermaßen zulässig:

Wenn der Marktanteil des Lieferanten 30% nicht übersteigt, so darf die Bezugsverpflichtung für maximal 5 Jahre vereinbart werden.

Zwischen 30 und 50% Marktanteil des Lieferanten darf eine exklusive Bezugsverpflichtung für bis zu einem Jahr vereinbart werden.

d) Marktabschottung durch Exklusiv-Lizenzen in Verbindung mit dem Verbot von „passiven Verkäufen"

Wie oben bei den Exklusiv-Lizenzen erwähnt, darf eine vollständige Marktabschottung nicht erfolgen. „Aktive Verkäufe" („active sales") in ein fremdes Vertragsgebiet können zwar vom Lizenzgeber dem Lizenznehmer untersagt werden, „passive Verkäufe" („passive sales") müssen aber immer erlaubt sein.

II. Verkauf einer Marke

In einen Markenkaufvertrag sollten zur Absicherung des Käufers vor allem zwei Klauseln aufgenommen werden:

> **1.)** Der Markenverkäufer gewährleistet, dass die Marke zum einen frei von Belastungen Dritter (zB verpfändet, gepfändet) und zum anderen nicht in irgendeiner Art und Weise streitverfangen ist.
>
> **2.)** Der Markenverkäufer gewährleistet, dass die Marke in den letzten fünf Jahren benutzt worden ist – andernfalls könnte die Marke löschungsgefährdet sein.

Für die Durchführung der Übertragung einer Marke genügt dem jeweiligen Patentamt in den meisten Rechtsordnungen eine Markenübertragungs-erklärung. Die Vorlage des Markenkaufvertrages ist nicht notwendig. Es ist lediglich erforderlich, dass eine solche Markenübertragungserklärung vom aktuellen Markeninhaber unterfertigt ist.

Für Österreich gelten darüber hinaus noch einige Besonderheiten:

- Für die Durchführung der Übertragung einer Marke im österreichischen Markenregister muss die Markenübertragungserklärung vom aktuellen Markeninhaber nicht nur firmenmäßig unterfertigt werden, sondern auch noch notariell beglaubigt werden. Falls der aktuelle Markeninhaber seinen Sitz nicht in Österreich hat, so bedarf es einer Überbeglaubigung. Eine Überbeglaubigung bedeutet, dass die Notariatskammer des betreffenden Staates, in welchem der aktuelle Markeninhaber seinen Sitz hat, bestätigt, dass der beglaubigende Notar zur Beglaubigung berechtigt ist.
- Für die Markenübertragung sind in Österreich nicht nur Gebühren an das Patentamt abzuführen, sondern auch Gebühren an das Finanzamt, und zwar eine sogenannte „Zessionsgebühr"[51]. Diese Zessionsgebühr beträgt aktuell 0,8% des Wertes der übertragenen Marke.
- Falls die Markenübertragung mit Hilfe eines österreichischen Anwalts durchgeführt wird und der Kaufpreis der übertragenden Marke über € 15.000 liegt, so ist die Markenübertragung an Hand des „anwaltlichen Treuhandbuches" durchzuführen.

---

51 § 23 TP 21 GebG.

Zunehmend bedrohen Fälschungen nicht mehr nur die Profitmargen einiger Unternehmen und die Innovationsfähigkeit ganzer Wirtschaftszweige, sondern auch die Sicherheit von Leib und Leben von Millionen von Menschen.

- Was ist mit dem Autoservice bei Ihrem „speziell günstigen Mechaniker" – der Ihnen vielleicht gefälschte Bremsbacken minderer Qualität einbaut. Womöglich verursachen Sie in der Folge einen Unfall mit Verletzten oder sogar mit tödlichem Ausgang, weil die Bremsen nicht ordentlich funktionieren?
- Seit 2001 wurden in der EU tausende gefälschter Medikamente beschlagnahmt. Die betroffenen Patienten können von Glück reden, wenn diese Medikamente „nur" unwirksam waren und keine zusätzlichen giftigen Stoffe beinhalteten. In manchen Entwicklungsländern sind bereits 30–50% der in Apotheken angebotenen Medikamente gefälscht.
- Gefälschte Whiskeys, Wodkas, Milchpulver oder Nudeln etc hinterlassen neben verdorbenen Lebensmitteln eine tödliche Spur nicht nur außerhalb Europas.
- Die Saatgutschutz Organisation ECPA schätzt dass in Polen bis zu 10% und in der spanischen Region Almeria sogar 25% aller eingesetzten Pestizide gefälscht sein könnten. Diese beinhalten oft problematische, nicht zugelassene Chemikalien, die dann in Lebensmitteln sowie Obst und Gemüse im Supermarkt landen.
- Haben Sie gewusst, dass der Handel mit gefälschten Flugzeugteilen derzeit lukrativer ist als der Drogenhandel? Hat die Flugzeugwerft Ihrer Fluglinie, bei der Sie eine billige Fernreise gebucht haben, eine eigene Abteilung, die darauf achtet, dass kein gefälschter Flugzeugteil in ihre Maschinen eingebaut wird?

2. Verfolgung von Konsumenten beim Kauf einer gefälschten Ware?

Gegen den Käufer, also den Konsumenten, können in Österreich und Deutschland keine Strafen verhängt, sondern nur die Waren beschlagnahmt werden.

In Italien zB gibt es eine zusätzliche Strafbestimmung für Käufer solcher Waren, wenn Qualität und Preis auf eine Fälschung hindeutet und man sich nicht über die rechtmäßige Herkunft erkundigt hat. Konsumenten können zu empfindlichen Geldstrafen verurteilt werden. Auch in Frankreich gibt es ähnliche gesetzliche Bestimmungen.

Der meist wesentlich günstigere Marktpreis einer Ware sollte für jeden Konsumenten ein klarer Hinweis sein, dass es sich um kein echtes Markenprodukt handelt, obwohl es

Für Österreich gelten darüber hinaus noch einige Besonderheiten:

- Für die Durchführung der Übertragung einer Marke im österreichischen Markenregister muss die Markenübertragungserklärung vom aktuellen Markeninhaber nicht nur firmenmäßig unterfertigt werden, sondern auch noch notariell beglaubigt werden. Falls der aktuelle Markeninhaber seinen Sitz nicht in Österreich hat, so bedarf es einer Überbeglaubigung. Eine Überbeglaubigung bedeutet, dass die Notariatskammer des betreffenden Staates, in welchem der aktuelle Markeninhaber seinen Sitz hat, bestätigt, dass der beglaubigende Notar zur Beglaubigung berechtigt ist.
- Für die Markenübertragung sind in Österreich nicht nur Gebühren an das Patentamt abzuführen, sondern auch Gebühren an das Finanzamt, und zwar eine sogenannte „Zessionsgebühr"[51]. Diese Zessionsgebühr beträgt aktuell 0,8% des Wertes der übertragenen Marke.
- Falls die Markenübertragung mit Hilfe eines österreichischen Anwalts durchgeführt wird und der Kaufpreis der übertragenden Marke über € 15.000 liegt, so ist die Markenübertragung an Hand des „anwaltlichen Treuhandbuches" durchzuführen.

---

51 *§ 23 TP 21 GebG.*

V. Kapitel:
MARKENVERTEIDIGUNG

1. Abschnitt: Markenverteidigung – wirtschaftlicher Teil
(Max Burger-Scheidlin)

I. Einführung

Nur der jeweilige Markenrechts- oder Schutzrechtsinhaber hat das Recht, eine Marke (zB *Mercedes*stern, *Coca-Cola*-Schriftzeichen), Gebrauchs- oder Geschmacksmuster, eingetragene Patente im geschäftlichen Verkehr zu verwenden. Bei Verletzung dieser Rechte hat der Schutzrechtsinhaber viele Möglichkeiten, gegen Hersteller oder Händler gefälschter Ware vorzugehen.

- Der Markeninhaber kann solche Hersteller/Händler auf Unterlassung klagen. Durch einstweilige Verfügung kann dem Händler sofort untersagt werden, gefälschte Ware zu verkaufen.
- Darüber hinaus kann der Schutzrechtsinhaber verlangen, dass auf Kosten des Herstellers/Händlers die gefälschten Gegenstände vernichtet werden. Daneben gibt das Gesetz dem Rechtsinhaber auch einen Anspruch auf angemessenes Entgelt, bei schuldhafter Markenverletzung auch Schadenersatz. Auch kann der Rechtsinhaber Auskunft über Herkunft und Vertriebsweg der markenverletzenden Ware verlangen.
- Unter Umständen können Schutzrechtsverletzungen sogar strafgerichtlich verfolgt werden.
- Unwissenheit schützt nicht vor diesen Maßnahmen und Strafen!

A. Welche Rechte werden durch Produktpiraterie verletzt?

Aufwendungen für neue Marken, Designs und technische Entwicklungen werden - ganz zu recht - in fast allen Ländern unter bestimmten Voraussetzungen und in einem gewissen Maße geschützt.

Technische Entwicklungen werden durch Patente und in einigen Ländern überdies auch durch Gebrauchsmuster geschützt.

Daneben wird das designerische Gestalten durch Geschmacksmuster, in einigen Ländern auch durch das Urheberrecht geschützt.

B. Definition

Produktpiraterie ist die unberechtigte Übernahme einzelner oder aller Elemente von bereits im Markt eingeführten Produkten

Mit der Übernahme dieser Elemente können zwei Ziele verfolgt werden:

- eigene Entwicklungsaufwendungen ersparen und vom guten Ruf des Originalproduktes profitieren
- oder es können - wie in der Praxis häufig - auch beide Ziele gleichzeitig verfolgt werden.

C. Wie reagieren Konsumenten?

Der Kauf eines „Lacoste Leibchens" oder einer „Rolex Uhr" am Strand von Grado wird oft als „Kavaliersdelikt" aufgefasst, denn „hier gehen ja nur den reichen Konzernen der Markenhersteller Milliarden verloren … das geschieht ihnen recht und trifft mich nicht…"

1. Was viele aber leider nicht bedenken ist, …

- dass Markeninhaber auch die Qualität und ein after-sales Service garantieren und auch für Fehler haften;
- dass zum Einfärben des gefälschten Marken-T-Shirts eventuell billige, giftige Farben verwendet wurden?
- dass das Metall manch gefälschter Rolex-Uhr Hautausschläge verursacht?
- dass im Futter von gefälschten Handtaschen Drogen eingenäht sein könnten. So wurden bereits nichtsahnende Touristen zu unfreiwilligen Drogenkurieren. Die Taschen wurden dann im Heimatland des Touristen wieder gestohlen;
- dass der Konsument mit jedem Kauf einer gefälschten Ware ein paar Millimeter an der Wettbewerbsfähigkeit seines eigenen Arbeitsplatzes in Europa absägt.

Zunehmend bedrohen Fälschungen nicht mehr nur die Profitmargen einiger Unternehmen und die Innovationsfähigkeit ganzer Wirtschaftszweige, sondern auch die Sicherheit von Leib und Leben von Millionen von Menschen.

- Was ist mit dem Autoservice bei Ihrem „speziell günstigen Mechaniker" – der Ihnen vielleicht gefälschte Bremsbacken minderer Qualität einbaut. Womöglich verursachen Sie in der Folge einen Unfall mit Verletzten oder sogar mit tödlichem Ausgang, weil die Bremsen nicht ordentlich funktionieren?
- Seit 2001 wurden in der EU tausende gefälschter Medikamente beschlagnahmt. Die betroffenen Patienten können von Glück reden, wenn diese Medikamente „nur" unwirksam waren und keine zusätzlichen giftigen Stoffe beinhalteten. In manchen Entwicklungsländern sind bereits 30–50% der in Apotheken angebotenen Medikamente gefälscht.
- Gefälschte Whiskeys, Wodkas, Milchpulver oder Nudeln etc hinterlassen neben verdorbenen Lebensmitteln eine tödliche Spur nicht nur außerhalb Europas.
- Die Saatgutschutz Organisation ECPA schätzt dass in Polen bis zu 10% und in der spanischen Region Almeria sogar 25% aller eingesetzten Pestizide gefälscht sein könnten. Diese beinhalten oft problematische, nicht zugelassene Chemikalien, die dann in Lebensmitteln sowie Obst und Gemüse im Supermarkt landen.
- Haben Sie gewusst, dass der Handel mit gefälschten Flugzeugteilen derzeit lukrativer ist als der Drogenhandel? Hat die Flugzeugwerft Ihrer Fluglinie, bei der Sie eine billige Fernreise gebucht haben, eine eigene Abteilung, die darauf achtet, dass kein gefälschter Flugzeugteil in ihre Maschinen eingebaut wird?

2. Verfolgung von Konsumenten beim Kauf einer gefälschten Ware?

Gegen den Käufer, also den Konsumenten, können in Österreich und Deutschland keine Strafen verhängt, sondern nur die Waren beschlagnahmt werden.

In Italien zB gibt es eine zusätzliche Strafbestimmung für Käufer solcher Waren, wenn Qualität und Preis auf eine Fälschung hindeutet und man sich nicht über die rechtmäßige Herkunft erkundigt hat. Konsumenten können zu empfindlichen Geldstrafen verurteilt werden. Auch in Frankreich gibt es ähnliche gesetzliche Bestimmungen.

Der meist wesentlich günstigere Marktpreis einer Ware sollte für jeden Konsumenten ein klarer Hinweis sein, dass es sich um kein echtes Markenprodukt handelt, obwohl es auf ersten Blick diesem ähnlich sieht. Man wird wohl auch davon ausgehen können, dass mittlerweile praktisch allen Konsumenten bekannt ist, dass es solche Plagiate gibt.

II. Was wird gefälscht?

Produktfälscher machen alles nach was gutes Geld verspricht. Diese skrupellosen Kriminellen scheren sich keinen Deut um die Folgen – und seien es auch Verletzungen mit Todesfolgen! Gefälscht werden ausschließlich am Markt gut eingeführte, erfolgreiche Produkte bzw Produkte die ein absoluter „Renner" zu werden versprechen. So manches High-tech-Spielzeug wurde in Hongkong ein paar Wochen vor der offiziellen Produktvorstellung durch den Originalhersteller von den Fälschern erfolgreich auf den Markt gebracht.

Abbildung 38: Beschlagnahmte Waren

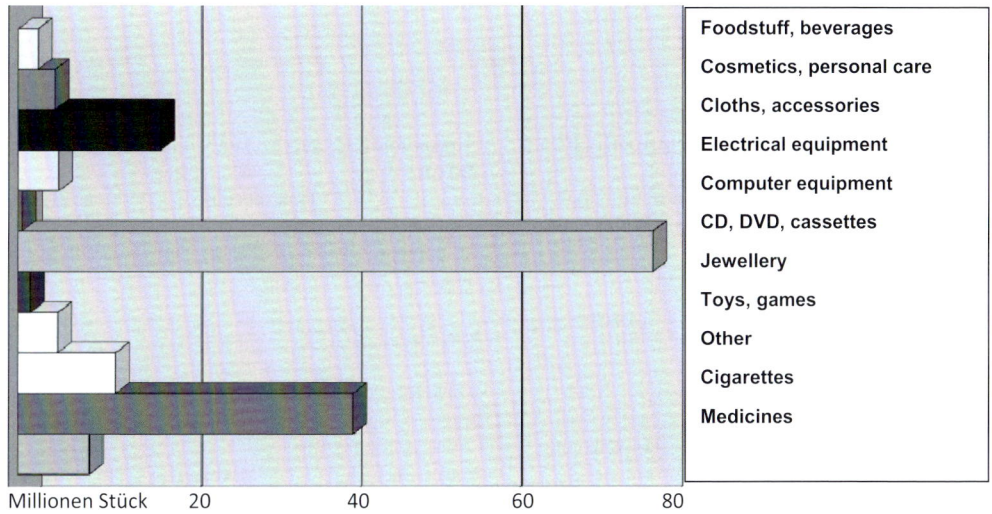

Quelle: EU_2009_statistics_for_2008_full_report_en.pdf

Die Palette der gefälschten Artikel reicht von Bekleidung und Markenartikeln, Kinderspielwaren, Sportartikel, Software, Musik + Filme, Autoersatzteilen, kompletten Autos bis hin zu Medikamenten, Maschinen, ganzen Fabrikanlagen und sogar Flugzeugteilen. Natürlich werden auch Ausweise, Pässe, Banknoten, Doktorate etc, neben den Maskottchen für die Olympischen Spiele gefälscht.

Aber auch sonst bekannte und seriöse Firmen werden manchmal zu Übeltätern. So kupferte die US Firma Calvin Klein Eyeware in New York die Titan Brillen der österreichischen Firma Silhouette International ab und erhielt dafür 2002 den „Plagiarius-Preis" für die einfallsloseste „Raubkopie" eines anderen Herstellers.

Zuletzt reichte das Spektrum der „Gewinner" von Thermoskannen über Kehrmaschinen, Tankstellen-Zapfventilen,

Abbildung 39: Originalprodukte und ihre jeweiligen Raubkopien/Fälschungen

PLAGIARIUS 2007 **Isolierkanne „Sophie"** Original: alfi GmbH, Wertheim Plagiat: He Shan Jia Hui Vacuum Flask & Vessel Co., Guangzhou, China	PLAGIARIUS 2007 **Kehrmaschine „TopSweep 55"** Original: Ing. Haaga Kunststofftechnik GmbH, Kirchheim/Teck Plagiat: Wuyi Zhouyi Mechanical & Electrical Co., Ltd., Zhejiang, China
PLAGIARIUS 2007 **Resektoskop-Set für die Urologie (Arbeitselement und Schäfte)** Originale: KARL STORZ GmbH & Co. KG, Tuttlingen Plagiate: Hersteller: - Wenkert Medizintechnik Klaus Wenkert, Seitingen	PLAGIARIUS 2007 **Tankstellen-Zapfventile „ZVA Slimline" und „ZVA 200 GR"** Originale: ELAFLEX Tankstellentechnik GmbH & Co., Hamburg Fälschungen: Zhejiang Baotai Machine Factory Co., Zhejiang, China
PLAGIARIUS 2006 **Motorsäge „MS 380"** Original: ANDREAS STIHL AG & Co. KG, Waiblingen Plagiat: SWOOL Power Machinery Co. Ltd., Quzhou, Zhejiang, PR China	PLAGIARIUS 2006 **Mokik Bike „MadAss"** Original: SACHS Fahrzeug- und Motorentechnik GmbH, Nürnberg Plagiat: Hersteller: Eastern Motorcycle Co. Ltd., Nanjing, Jiangsu, PR China Vertrieb: Panon Sp. z o.o., Warschau, Polen

Quelle: http://www.plagiarius.com/awards.

III. Makroökonomische Dimension

Ein weltweit boomender Wirtschaftszweig ist bereits entstanden, mit dem hunderte Milliarden erwirtschaftet werden und der zum überwiegenden Teil bereits von der organisierten Kriminalität kontrolliert wird.

Produkt- und Markenpiraterie hat massive Auswirkungen auf Welthandel, Handelsbeziehungen, Arbeitsplätze, Sicherheit und Gesundheit und muss daher intensiv bekämpft werden!

Die OECD Studie über Produktpiraterie 2007 kommt zur Schätzung, dass der Wert der gefälschten Waren die grenzüberschreitend offiziell gehandelt werden bei rund US$ 200 Mrd. pro Jahr liegt. Das ICC Commercial Crime Service legt seinen Zahlen zusätzlich noch die lokale Produktion mit Verkauf vor Ort, sowie die grenzüberschreitend geschmuggelte Ware hinzu und schätzt, dass der Wert der weltweit produzierten gefälschten Waren sich auf rund $ 600 Mrd. beläuft.

In Deutschland ist bereits jeder 12. verkaufte vermeintliche Markenartikel eine Fälschung.

Die globale Softwareindustrie verliert durch Raubkopien rund €12 Mrd. jährlich. Weltweit wird durchschnittlich 40% aller verwendeten Software kopiert, in machen Ländern sogar bis zu 90%. In Deutschland und Österreich ist die Rate derzeit bei rund 30% und sinkend.

Was in der Öffentlichkeit meist nicht bekannt ist, ist die Tatsache, dass bei einer Reduzierung der Zahl der Raubkopien auf 23%, Österreichs IT Sektor um ca. € 1,8 Mrd. wachsen und ca. 3.500 Arbeitsplätze neu geschaffen würden, denn für jeden Euro den ein Konsument für ein Softwarepaket ausgibt, gibt er noch zusätzlich € 3.- für lokale add-on's und Serviceleistungen aus.

Eine 10% Reduktion der globalen Software Piraterie würde 115.000 neue Jobs in Indien kreieren und dort $ 5 Mrd. mehr Umsatz und rund $ 386 Mio. neue Steuereinnahmen bringen. In China würde eine 10% Senkung der Raubkopien zu einer Verfünffachung des lokalen chinesischen IT Sektors führen.

Amerikanische Experten schätzen, dass US Autofirmen weltweit € 11 Mrd. durch gefälschte Teile verlieren. Bei ausschließlicher Verwendung originaler Teile könnten hier 210.000 Arbeitsplätze neu geschaffen werden. Die US Zollbehörde schätzt, dass bei Eliminierung aller Produktfälschung in den USA ca. 750.000 Arbeitsplätze neu entstehen würden.

2007 wurden an den EU Außengrenzen 17% mehr gefälschte Waren beschlagnahmt als im Jahr zuvor (Arzneimittel +50%). 60% der aufgegriffenen Waren stammten aus China. Bei Medikamenten sind die Schweiz, Indien und die Arabischen Emirate die größten Lieferanten, aber bei Körperpflegeartikel die Türkei und Georgien. Waren werden zunehmend indirekt verschifft zB via die Arabischen Emirate und Tunesien.

Auch bemüht sich die Industrie zunehmend mit dem Zoll zu kooperieren. 80% der Zollaufgriffe erfolgte aufgrund von Anträgen bzw Hinweisen von Unternehmen. 2007 erfolgten 43.000 Beschlagnahmungen. 91% der Beschlagnahmungen betrafen Markenrechts-, 5% Patent- und knapp 2% Copyrightverletzungen. 40% aller Beschlagnahmungen betrafen Waren im „Transit".

Abbildung 40: Zahl der Aufgriffe und Zahl der beschlagnahmten Artikel in der EU – 2008

Produkte	Zahl der Fälle	Zahl der Artikel
1. Foodstuff, beverages	80	2.434.959
2. Cosmetics, personal care products	2.134	4.588.317
3. Clothing, accessories	27.562	17.742.298
a) Sportswear	4.358	1.109.197
b) Other clothing (ready to wear)	11.467	5.224.716
c) Clothing accessories	6.348	4.999.714
d) Shoes	5.389	6.408.671
4. Electrical equipment	3.311	5.046.607
5. Computer equipment	559	415.144
6. CD, DVD, cassettes	2.221	79.170.506
7. Jewellery, watches	5.130	1.539.202
8. Toys, games	1.758	4.963.016
10. Cigarettes	445	41.907.847
11. Medicines	3.207	8.891.056
Total	49.381	178.908.278

Quelle: EU Report on Community Customs Activities on Counterfeit and Piracy – Results at the European Border (2008)

A. Langfristige Kosten von Produktfälschungen

Experten schätzen, dass in Europa ca. 100.000 Jobs pro Jahr durch Fälschungen verloren gehen. Produktfälscher nehmen viel Geld ein – und das steuerfrei. Um das Geld jedoch wieder verwenden zu können, muss es erst gewaschen werden. Dafür haben die Mafiosi weltweit spezielle Systeme zur Geldwäsche aufgebaut. Da viel Geld davon nicht unmittelbar für die „nächste Produktion" von Waren gebraucht wird, beginnt man damit, unsere offizielle Wirtschaft zu unterwandern. Da die Kriminellen aber illegal arbeiten, dh keine Steuern und Sozialabgaben leisten, belastet unser Staat halt diejenigen mehr, die er erwischen kann – und das sind Sie und ich! Wir zahlen daher höhere Steuern, nur weil manche unserer lieben Mitbürger meinen, mit einem gefälschten Produkt kurzfristig günstig einkaufen zu können.

Auch überlegen sich Firmen in vielen Sektoren, ob es wert ist, Geld in neue Entwicklungen zu stecken. Denn wenn sie nicht sicher sein können, eine neue Produktentwicklung auch profitabel vermarkten zu können, werden sie es nicht tun! Mittelfristig bleiben dann wir als Konsumenten auf der Strecke, weil wir mit zunehmend veralteten Waren, medizinischen Behandlungsmethoden etc vorlieb nehmen müssen!

Viele gut etablierte Firmen zögern sehr in Ländern zu investieren, in denen viel kopiert und gefälscht wird. Als Konsequenz fließt weniger Know-how, weniger Ausbildung und weniger Geld in diese (Entwicklungs-)Länder. Dieser Mangel an Investitionen aus reicheren Ländern führt indirekt zu höheren Arbeitslosenraten vor Ort und zu mehr Wirtschaftsflüchtlingen in die reichen Staaten! ... und Menschenschmuggler freuen sich über zusätzliche Geschäftsmöglichkeiten!

B. Historische Relativierung

Zum Abschluss möchte ich diesen doch sehr hart gezeichneten Absatz historisch ein wenig relativieren.

So zwischen 1870– 900 warnte die ganze Welt vor den „bösen" Deutschen, die alle Waren kopierten. Aus diesem Grund wurde nach dem 1. Weltkrieg in die Verträge von Versailles der Passus aufgenommen, dass die deutschen Exporte mit „Made in Germany" versehen werden mussten. Die Siegermächte hofften, dadurch deutsche Waren zu ächten. Das Gegenteil war der Fall – aufgrund der relativ hohen Qualität wurde „Made in Germany" zu einem Werbeträger.

Zwischen 1900 und 1930 schimpfte die ganze Welt auf die USA als größtem Produktpiraten. Nach dem 2. Weltkrieg waren es zuerst die Japaner, 20 Jahre später die Taiwanesen und Koreaner.

Der Unterschied zu unserem heutigen Problem mit den Chinesen ist, dass China um ein Vielfaches mehr Menschen hat, als alle anderen historischen Vorbilder als Produktpiraten. Daher wird die Problemphase wesentlich länger dauern. Zugleich beginnt in Indien dieselbe Problematik. Auch auf der übrigen Welt regen sich zunehmend große und laufend besser organisierte Volkswirtschaften: Brasilien, Russland, Pakistan, Indonesien, Bangladesh, Türkei, Ukraine und Nigeria.

Die Kombination dieser vielen Faktoren – China plus Indien voran – und dann die vielen anderen „emerging economies" wird es den heutigen OECD Staaten sehr schwer zu schaffen machen konkurrenzfähig zu bleiben und keine schwereren Schäden davonzutragen. Natürlich bleibt die alte Regel erhalten: „Du darfst so viel teurer sein, wie Du besser bist." – und unsere Unternehmen sind vielfach entsprechend besser!

Unsere Wirtschaft lebt allerdings in einem überregulierten staatlichen Umfeld für das niemand am Weltmarkt extra zahlen will. Österreich leistet sich zB den Luxus, neun verschiedene Bauordnungen zu haben, was die Baukosten um rund 4% erhöht – diese Zusatzkosten ist der Weltmarkt nicht bereit zu zahlen.

Das heißt, damit Europa es langfristig schafft, mit der enormen Herausforderung der vielen „emerging markets", mit ihren vielen Produktpiraten fertig zu werden, zugleich aber sein für den sozialen Frieden so wichtiges Sozialsystem aufrechtzuerhalten, muss Europa sein administratives System durchforsten und alle nicht unbedingt notwendigen Gesetze und Verordnungen ausmisten!

IV. Verletzung von Urheberrechten? – die Spielwiese der Produktpiraten ...

     A. Nachahmen und Kopieren von technischen Lösungen
     B. Nachahmen + Kopieren von Design
     C. Profitieren vom guten Ruf der Produkte

A. Nachahmen und Kopieren von technischen Lösungen

Die Entwicklung neuer technischer Lösungen ist meist mit einem großen finanziellen, zeitlichen und personellen Aufwand verbunden. Wenn Unternehmen befürchten müssten, die Ergebnisse ihrer mit großen Kosten und Risiko erarbeiteten technischen Neuerungen nicht zumindest für eine gewisse Zeit exklusiv nutzen können, würden viele den Aufwand für Forschung und Entwicklung drastisch reduzieren und unsere gesamte technische Weiterentwicklung würde verlangsamt.

Wie viel Geld würde nicht mehr in die Entwicklung neuer Medikamente gesteckt, wenn diese ohnehin bald nachgemacht würden und es sich erst gar nicht lohnt, in sie zu investieren?

Um die technische Weiterentwicklung zu fördern, wurde ein weltweit relativ einheitliches Patentsystem entwickelt, mit dem technische Neuerungen für eine bestimmte Zeit geschützt werden. Mit der Offenlegung der Patente wird für den technischen Fortschritt noch ein Weiteres getan, denn **damit ist diese technische Lösung schon lange vor dem Auslaufen des Patentschutzes bekannt und steht für weitere Forschung zur Verfügung.**

Auf eine Kurzformel gebracht: Der Kampf gegen technische Formen der Produktpiraterie ist damit ein Kampf für den technischen Fortschritt.

Beispiele – Die Zahl der Fälschungen im technischen Sektor ist endlos:

- *Brüchige Seile und Sicherheitsbremsen für Kräne.*
- *Schrauben und Muttern aus „weichem Stahl" für Stahlkonstruktionen von Gebäuden – vielfach stürzen Gebäude ein!*
- *Elektrische Sicherungen, die schlecht isoliert sind und Brände auslösen*
- *Die US FDA musste spezielle Pumpen, die bei Herzoperationen eingesetzt werden, im Wert von $ 7 Mio vom Markt nehmen lassen, nachdem man den Einbau von gefälschten Teilen entdeckte.*
- *Tonerkartuschen für Kopierapparate und Drucker haben manchmal eine „erstaunlich kurze" Lebensdauer*
- *Fungizide (Pilzbefallmittel), vernichteten bereits ganze Ernten*
- *Bei der Untersuchung einiger tödlicher Unfälle in den USA stellte man fest, dass die Bremsbacken ua aus Holzspänen gefertigt waren. Bei einer besonders schlechten Serie benötigte das Auto den zehnfachen Bremsweg.*
- *In Österreich konnte der Zoll gefälschte Mercedes Bremsbacken sicherstellen.*

Gefälschte Medikamente

- *Augentropfen, die mit unsauberem Wasser versetzt waren führten zu Blindheit.*
- *In Thailand wurden gefälschte unwirksame AIDS Medikamente produziert. Diese wurden „unter dem Tisch" auch in den USA zum Verkauf angeboten.*
- *Wo gutes Geld zu machen ist, darf natürlich auch die Fälschung des Potenzmittels Viagra nicht fehlen*
- *Ein Patient kaufte das Medikament Retin-A statt in den USA für $ 20.- in Mexiko für nur $ 2.-. Er hatte Glück, denn das gefälschte Medikament enthielt nur eine Vitamin A Salbe und sonst keine problematischen Zusatzstoffe.*
- *2006 starben in Panama ca.100 Personen an Hustensaft und Anti-Histaminmitteln. Eine panamesische Pharmafirma hatte Glykol als Dickungsmittel den Arzneien beigemengt,*

das sie von einer spanischen Firma gekauft hatte. Diese wiederum bezog es aus China. Die chinesische Firma hatte Diethyl-Glykol für Industriezwecke, anstatt reines Glykol für Lebens- und Arzneimittel geliefert. (rund 80% alle Rohstoffe die in Medikamenten eingesetzt werden stammen aus China oder Indien)

Gefälschte Flugzeugteile:

- *Ein Charterflug aus Norwegen stürzte vor ein paar Jahren in die Nordsee. Alle 55 Insassen starben. Die Ursache waren gefälschte Bolzen „Made in USA".*
- *600 Hubschrauber mussten nach Unfällen – ein paar mit tödlichem Ausgang – in den USA untersucht werden. Alle hatten gefälschte Kupplungsteile eingebaut.*

China:

- *Eine chinesische Firma war bei ihrer Bank schwer verschuldet. Da man kein Geld hatte, bot man der Bank 100 Autos der Marke AUDI, die unverkauft auf Lager standen, an Zahlungsstatt an. Die Bank stimmte zu – aber alle Autos waren binnen 6 Monaten schrottreif – sie waren gefälscht!*
- *Eine französische Weinkellerei baute mit einem chinesischen Partner eine große Weinkellerei auf. Die ersten zwei Jahre lief das Unternehmen hervorragend. Im 3. Herbst kam es zu Verzögerungen bei der Anlieferung frischer Trauben, obwohl die Ernte gut war. Einige Facharbeiter erschienen plötzlich nicht mehr zur Arbeit. Schließlich bemerkten die Franzosen, dass ihr Partner in der Nähe eine kopierte Weinkellerei aufgebaut hatte, die besten Arbeiter jetzt dort beschäftigte und die Trauben der besten Qualität nun ins neue Werk anliefern ließ.*
- *Aber auch ganze Maschinen und Anlagen (samt Betriebsanleitung) werden gefälscht.*

B. Nachahmen und Kopieren von Design

Konsumenten, die bewusst ein gefälschtes Markenprodukt kaufen, tun dies meist um sich einen gewissen „sozialen Status" zu sichern, den das Produkt angeblich verspricht. Zugleich sind sie aber unfähig oder unwillig den Preis dafür zu bezahlen.

Der Kampf gegen Produktpiraterie von Design ist nicht nur ein Kampf für die Ästhetik und optimale praktische Formgebung der uns im Alltag umgebenden Produkte, sondern zugleich ein Leitfaden für Konsumenten der zeigt:

- Der Hersteller steht voll hinter „seinem" Produkt von dem diese oder jene Qualität erwartet werden kann.

- Der Konsument kauft „Sicherheit" – die Parfums wurden medizinisch getestet, die Brillen splittern nicht, die Ski haben strikte technische Tests bestanden…
- Es gibt ein klares After-Sales Service
- Auch ein einfaches Design verspricht mitunter einen hochwertigen Inhalt.
- Dieses Produkt ist zugleich eine Stärkung der heimischen Arbeitsplätze!

Beispiele:

- Österreichische Ski werden zB in Russland nachgemacht. Die Russen wagten es sogar, diese nachgemachten Ski auf der weltgrößten Sportartikelmesse ISPO in München dem internationalen Publikum zu präsentieren.
- Gefälschte Sonnenbrillen minderer Qualität lassen UV Strahlen durch und brechen leicht in kleine gefährliche Splitter. Die Augen einiger Billig-Sonnenbrillenträger konnten nicht mehr gerettet werden.
- Gefälschtes Haarshampoo führte des Öfteren zu Haarausfall, gefälschte Parfums zu Hautausschlägen, Allergien und manchmal zu Verätzungen.
- Gefälschtes Kinderspielzeug bricht oft leicht in kleine Teile und birgt so die Gefahr des Verschluckens und Erstickens für kleine Kinder. Außerdem sind manche mit giftigen Farben bemalt.
- Babywäsche von Top Marken ist zumeist aus schwer brennbaren Materialien. Gefälschte Ware hat diese Sicherheitsmerkmale nicht.
- Handwerkzeuge aus schlechtem Material, von denen rasiermesserscharfe Teilchen wegfliegen, verletzten schon so machen Bastler

Ein wichtiger Nebeneffekt des Schutzes technischer und ästhetischer Kreationen ist die Stärkung des geistigen Eigentums unserer Unternehmen und damit die Stärkung ihrer internationalen Wettbewerbsfähigkeit. Diese Schutzmaßnahmen geben ihnen die technische und designerische Stärke am Weltmarkt führend mit dabei zu sein.

C. Profitieren vom guten Ruf der Produkte

Bei Markenartikeln rufen Produkte häufig bestimmte Verbraucherassoziationen hervor und diese Vorstellungen entstehen meist nur, weil die Unternehmen sehr lange und viel investiert haben, damit diese Vorstellungen erst entstehen.

Den guten Ruf und die leichte Erkennbarkeit u a über Markenzeichen von Originalprodukten machen sich Piraten gerne zu Nutze (sprich Profit). Sie bringen Waren, die in Form und Gestalt dem bekannten Produkt sehr ähnlich und mit einer täuschend ähnlichen Marke versehen sind, auf den Markt. Nur die Qualität und die lange Garantiezeit und das ausgezeichnete Kundenservice der Originalprodukte ist bei den Nachahmungen nicht gegeben.

In jedem Fall werden Produktpiraten, die sich durch die Produkt-, Verpackungs- oder Markengestaltung an den guten Ruf eines Originalproduktes anhängen, versuchen, von den Aufwendungen zu profitieren, die die Hersteller der Originalprodukte durch Garantie- und Kulanzleistungen, bestimmte Produktionsmethoden oder durch andere „add-ons" erworben haben. Die Produktpiraten erhalten so einen „free-ride" und profitieren von den Aufwendungen anderer.

Volkswirtschaftlich schädlich ist die Angelegenheit deshalb, weil dann, wenn solche Rufausbeutungen nicht mehr verfolgt werden können, Unternehmen indirekt davon abgehalten werden, in einen guten Ruf durch besondere Qualität, besonderen Kundenservice oder andere besonderen Leistungen zu investieren.

Der Kampf gegen die **rufausbeuterische Form** der Produktpiraterie ist ein Kampf für den Fortbestand individueller Qualitätsprodukte und eines guten Kundendienstes. Da in Europa Qualitätsprodukte auch eher als in Fernost hergestellt werden und der gute Kundendienst auch hier vor Ort geleistet wird, hat der Kampf gegen die rufausbeuterische Form der Produktpiraterie so auch den volkswirtschaftlichen Nebeneffekt, die einheimische europäische Industrie zu schützen.

Beispiele:

Guter Ruf des Produkts

- *In Kalifornien fand man gefälschte Babynahrungsmittel, die starke Ausschläge und Krämpfe auslösten. Bei der Untersuchung der Fälle war auffallend, wie viele Babys diese gefälschten Produkte absolut nicht essen wollten. Scheinbar haben unsere Kleinen doch noch ein Gespür für richtige Qualität!*
- *Auch gefälschter Wodka, der Methylalkohol enthält ist nicht ungefährlich, wie 60 Tote in Estland bezeugen.*
- *Manche Liebhaber teurer Weine müssen zu ihrem Leidwesen feststellen, dass Etiketten von Fälschern durchaus austauschbar sind – manchmal werden auch billige Weine in die Originalflaschen mit den Original-Lables abgefüllt und wieder professionell verkorkt.*
- *Gefälschte Waschmittel waren zu basisch und verbrannten die Haut der Personen, die die Wäsche auf der Haut trugen.*

Guter Ruf des Distributors

➤ *Können Sie wirklich die Steine des Schmucks, den Sie für Ihre Frau kaufen wollen, beurteilen? Sie vertrauen da wahrscheinlich ganz der Seriosität Ihres Juweliers!? Vielleicht ist es doch nicht schlau, die „einzigartige Gelegenheit zu ergreifen, Schmuck aus einem Konkurs oder einer Verlassenschaft" zu kaufen?*

V. Wer und was steckt hinter Produktfälschungen?

A. Involvierung der organisierten Kriminalität

Vor 30 Jahren gab es in Oberitalien viele kleine Familienbetriebe die Waren fälschten. Aber die Betriebe waren klein, die produzierten Mengen mäßig und es gab kaum systematische Kooperationen.

Dies hat sich stark gewandelt! Die Globalisierung hat die internationalen Märkte geöffnet und auch die einst va lokal tätigen Gruppen der organisierten Kriminalität arbeiten heute global. Früher waren vielfach der Drogenhandel und das Rotlichtmilieu ihre zentrale Aktivität. Aber da sich auch die Polizeibehörden zunehmend international vernetzen, auf Drogen- und Menschenhandel harte Strafen stehen, hat sich so manche Bande nach ebenso lukrativen, aber weniger hart bestraften „Geschäftsfeldern" umgesehen.

Produktpiraterie bringt enorme Profite und ist relativ risikoarm, denn die derzeit von Gerichten ausgesprochenen Strafen sind nicht sehr hoch. So kann man leicht einen kleinen Mitarbeiter vorschicken, der gegen ein entsprechendes Honorar „alles bekennt", bereit ist für eine kurze Zeit auch ins Gefängnis zu gehen, wenn er weiß, dass seine Familie finanziell gut abgesichert lebt. Für professionelle Gauner ist diese Situation geradezu eine Einladung sich hier stärker zu involvieren.

Die organisierte Kriminalität ist bestens in Verschleierungstaktiken versiert. Die Produktionsstätten und Vertriebskanäle werden sorgfältig aufgebaut. Es wird sichergestellt, dass, sollte die Polizei durch Zufall ein Element der Kette entdecken, nicht gleich die ganze Hierarchie entdeckt bzw gefangengenommen werden kann. Auch bedient man sich der oft fast rechtlosen, untersten Klassen mancher Gesellschaften, dies sowohl in den Fabriken, als auch beim Vertrieb auf der Straße.

Das Internet bietet neue ungeahnte Verkaufschancen, wie auch die Internet-Versteigerungen.

Abbildung 41: Herkunft der aufgegriffenen Waren in der EU – 2007

1. Foodstuff, beverages	45,92% Turkey	37,35% China	5,06% Italy	3,10% Georgia
2. Cosmetics, personal care products	32,11% Georgia	28,68% Turkey	15,86% China	5,67% Singapore
3. a) sportswear	55,62% China	19,44% Turkey	4,60% Bulgaria	3,21% Algeria
3. b) other clothing (ready to wear)	62,58% China	10,32% Turkey	4,51% Vietnam	2,66% Italia
3. c) clothing, accessories	57,16% China	17,54% Italia	11,65% Turkey	2,55% Bulgaria
3. d) shoes	79,67% China	7,08% Algeria	2,35% Italia	1,24% Turkey
4. Electrical equipment	30,73% China	12,58% Algeria	10,06% Hong Kong	2,57% Italia
5. Computer equipment	47,61% China	14,15% Italia	11,86% Hong Kong	4,41% USA
6. CD, DVD, cassettes	75,07% China	3,31% Poland	3,21% Hong Kong	2,65% UAE
7. Jewellery	52,21% China	36,15% Italia	5,70% Hong Kong	1,04% Netherlands
8. Toys, games	41,59% China	36,19% Tunisia	7,35% Italia	4,73% Hong Kong
10. Cigarettes	55,05% China	7,30% UAE	4,78% Bulgaria	2,81% Turkey
11. Medicines	39,21% Switzerland	34,60% India	14,70% UAE	3,88% China

Quelle: EU Report on Community Customs Activities on Counterfeit and Piracy – Results at the European Border (2009)

B. Gibt es heute häufiger Produktpiraterie-Fälle?

Ja, und zwar aus Gründen der Globalisierung der Märkte, aus Gründen des Strafrechtes und polizeilicher Maßnahmen (vgl oben), sowie aus technischen Gründen.

Die moderne Technik hat nicht nur die Produktion von Waren, sondern auch das Kopieren von Produkten wesentlich erleichtert.

- Moderne Stickereiautomaten können praktisch jedes Logo sofort kopieren und dies beinahe perfekt.
- Scanner können die Außenabmessungen von Produkten binnen Sekunden präzise abtasten. Aufgrund dieser Daten können zB innerhalb kürzester Zeit neue Spritzgussformen zur Herstellung der gefälschten Ware, relativ kostengünstig bereitgestellt werden.
- Scanner können auch die Verpackungen bekannter Markenwaren schnell abtasten und Kopieren wird somit leicht! Gerade bei Medikamenten und manchen anderen Hightech Waren prüft man ja die Waren nicht im Geschäft, sondern vertraut der Verpackung, denn die optische Präsentation stellt oft die Vertrauensbasis dar!
- Auch Sicherheitsmerkmale wie Hologramme scheinen für ua chinesische Spezialisten keine unüberwindbare Hürde mehr zu bilden.
- Musik, Filme und Software können aufgrund der digitalen Technik ohne Qualitätsverlust kopiert werden. Vorbei sind die Zeiten von Videokopien, die fast nicht anschaubar waren. Auch der moderne digitale Kopierschutz hilft nur teilweise.
- Die Komplexität der technischen Waren, die Vielzahl der eingebauten Komponenten lädt geradezu zu Manipulationen ein. Der Chef einer Servicefirma für Jet-fuel-Pumpen für Flugzeuge meinte „den gefälschten billigen Teil entdeckt ja doch niemand ..."

C. Wo und wie wird produziert?

Die größten Herstellungsländer von gefälschten Waren sind nach internationaler Schätzung vor allem China gefolgt von Thailand, Russland, Indien, USA, Brasilien, Indonesien, Vietnam, Taiwan, Pakistan, Türkei und der Ukraine. Es herrscht Konsens, dass heute China der bei weitem größte Produzent gefälschter Waren ist und dass nicht nur bei Konsumgütern, sondern auch bei der Fälschung von Maschinen und Anlagen, Medikamenten etc.

Die gut organisierten und informierten mafiösen Banden wissen, dass viele (aber nicht alle) renommierte Markenrechtsinhaber (mit lukrativen Produkten) systematisch versuchen, Vertriebswege der Fälscher zu stören und deren Produktionsstätten zu zerstören. Daher werden diese Banden versuchen – so möglich – die gefälschten Waren über möglichst wenige Zollgrenzen transportieren zu müssen um die Aufgriffswahrscheinlichkeit zu reduzieren.

Als Konsequenz produzieren manche Fälschergruppen zunehmend nahe beim Kunden, aber mit doch stetig wechselndem Fabrikstandort.

- In den exkommunistischen europäischen Staaten gibt es aus alten „Freundschaftszeiten" zB eine relativ große vietnamesische Gemeinde. Manche von ihnen haben sich rein vietnamesischen Banden angeschlossen, die sich auf gefälschte Zigaretten spezialisiert haben. Um es nicht zu weit zum großen Absatzmarkt Deutschland zu haben, wurde zB in der Tschechischen Republik produziert. Um den Verfolgern zu entgehen, wurde die Fabrik laufend von einem zu einem anderen Ort verlegt. Im November 2006 wurde eine Bande verhaftet und 20 Mio gefälschte Zigaretten beschlagnahmt.
- In China sind Fälscher, deren Maschinenpark in Containern Platz hat, darauf eingerichtet möglichst in Containern zu produzieren und alle paar Wochen umzuziehen. Der Nachschub an Rohmaterial wird entsprechend umdirigiert.

Die Arbeiter in den Fälscherfabriken müssen oft unter fast sklavenähnlichen Bedingungen arbeiten, ohne Sicherheitseinrichtungen an den Maschinen, mit giftigen Farben und Chemikalien und ohne medizinischen Schutz. Eine systematische medizinische Versorgung und soziale Absicherung gibt es für diese Arbeiter nicht.

Mafiagruppen in verschiedenen Teilen der Welt haben sich auch ein bisschen spezialisiert. Die russischen Gruppen sind stark bei gefälschten Autoersatzteilen, Medikamenten und CDs, die Italiener lassen viele Lederprodukte und Modeartikel herstellen (so manche Fabrik in Pakistan steht unter italienischer „Führung"), die Spanier bei gefälschte Drogen, die Brasilianer bei gefälschte Chemikalien und Pharmazeutika, die Mexikaner sind gut bei Autoersatzteilen und die Ostasiaten decken die meisten dieser Branchen sehr gut mit ab!

Experten vermuten, dass die chinesischen organisierten Banden, genannt Triaden, am Sektor Produktfälschung mehr als 160.000 „Mitarbeiter" beschäftigen.

D. Transport und Logistik

Die Waren werden auf alle denkbaren Weisen transportiert, große Volumina über lange Strecken in Containern verschifft. Hier ergibt sich die Schwierigkeit, dass man – um nicht aufzufallen – Waren einer gleichen Marke transportieren muss. Denn wenn man Parfums von Estee Lauder und Christian Dior in den gleichen Container verpackt, ist das auffällig.

Kleinere Mengen werden LKWs zugepackt und nicht oder falsch deklariert. Die LKW Fahrer sind teilweise in den Schmuggel eingeweiht.

Produktfälscher bedienen sich professioneller Schmuggler, so man nicht selbst das Know-how hat. Schmuggler wissen, dass die Zollbehörden in den reichen Staaten hoffnungslos unterbesetzt sind und nur stichprobenartig prüfen können. Sie wissen welche Auffälligkeiten Zollbeamte suchen: – Warenursprung, Warenmix, auffälliger Absender und Adressaten etc. So mancher professionelle Schmuggler hat sich auch einen Freund beim Zoll „angelacht" und weiß, wann es „optimal" ist, seine Zolldeklaration vorzulegen.

Die Produktion ist teilweise mehrstufig aufgebaut. Vielfach werden Teile – deren Einfuhr ohne Logo, unverpackt ja nicht strafbar ist – ua aus China nach Europa verschifft. In Italien gibt es einige von Chinesen kontrollierte Lagerhäuser, in denen die Teile zu Endprodukten assembliert und verpackt werden, um dann in ganz „Europa ohne Grenzen" vertrieben zu werden.

Kürzlich stürmte die Polizei in Los Angeles ein Lager, das einer chinesischen Mafiagruppe zugerechnet wurde. Man fand gefälschte Software im Wert von € 10 Mio, dazu noch TNT und Plastiksprengstoff, Gewehre und Revolver sowie Hologramme, die für den Fälschungsschutz von Produkten entwickelt worden waren.

E. Preis-Vertriebsstrategien der Produktpiraten

Produktfälscher verfolgen auf der Preisseite zwei verschiedene Vertriebsstrategien.

Dort wo das Äußere eines Produktes sich – auch für Laien – relativ leicht vom Original unterscheiden lässt, geht man meist mit auffällig niedrigen Preisen in den Markt um das Kaufinteresse an sich zu ziehen.

Wenn sich aber Kopie und Original kaum, oder nur für Fachleute, unterscheiden lassen, entschließen sich Fälscher oft zu einer „Hochpreisstrategie", d. h., man unterbietet die echten Waren nur um 3–5% im Preis, erklärt diesen Unterschied zB durch den Kauf aus einer Konkursmasse, oder Kauf von Überschussware und versucht die gefälschten, aber als echt deklarierten Waren im Verkaufsregal unter die echten Produkte eingeordnet zu bekommen. Hierbei sind die Profitmargen ein Traum für die Fälscher, allerdings ist auch die Gefahr geschnappt zu werden, größer.

F. Der Großhandel

Abgesehen von der Produktion ist dieses Segment des Vertriebs vielleicht die schwierigste und vielleicht störungsanfälligste Phase für die Produktfälscher. Denn hier hat man es, je nach Qualität der Ware, mit Kunden zu tun, die nicht so flexibel auf jede Verfolgung reagieren können – denn der Endverkauf muss „sein Gesicht zeigen". *(Nachstehende Details sind wichtig um die richtigen Gegenmaßnahmen zu treffen.)*

> **1.)** Produziert man billige Fälschungen sind die Partner im Endvertrieb
> a) kleine Händler, die die Tagesmärkte bedienen und von Dorf zu Dorf ziehen
> b) kleine Händler, die etablierte Buden besitzen und gefälschte Ware zu anderem „Ramsch" mischen möchten
> c) Einzelpersonen, die sich in belebten Gegenden mit einem Sack voll Ware an Straßenecken aufstellen

All diese kleinen Händler möchten aber wissen wo sie ihre Waren abholen können, denn sie benötigen oft alle paar Tage Nachschub. Der Großhandel muss daher einerseits versteckt, andererseits aber doch für eine relativ große Zahl an kleinen Einzelhändlern auffindbar sein. Die Lieferungen erfolgen ohne Rechnung, steuerfrei gegen Bargeld. Die bar erhaltenen Gelder werden wie beim Drogen-Einzelhandel gewaschen.

> **2.)** Produziert man „hochwertige" gefälschte Ware sind die Käufer meist Inhaber etablierter Einzelhandelsgeschäfte. Hier gibt es nun zwei Typen:
>
> a) Einzelhändler, die gerne die echt aussehende Ware gegen Cash kaufen und ein paar gefälschte Teile unter die echten in ihren Regalen mischen, um sich ein kleines steuerfreies „Zusatzeinkommen" zu verschaffen. Diese Einzelhändler kaufen diese Waren auch von einem „Hinterhofhändler".

b) Einzelhändler die meinen echte Ware zu kaufen, wenn auch vielleicht etwas billiger als direkt vom Markenartikelhersteller. Diese benötigen auch die entsprechende gesetzliche Dokumentation (Lieferschein, Mehrwertsteuerrechnung etc). Das heißt die Fälscher müssen zumindest für eine gewisse Zeit ein Unternehmen etablieren und registrieren. Vielfach haben diese Unternehmen eine „Soll-Lebensdauer" von bis zu 18 Monaten. Dann werden sie aus strategischen Überlegungen wieder geschlossen.

Geschäfte macht man gerne auch über zumindest eine Grenze ins Nachbarland um so die Nachforschungen zu erschweren, denn die Vertriebsorganisationen der Markenartikelhersteller, sowie auch die Polizei sind meist rein national organisiert.

G. Der Endverkauf

1. In etablierten Geschäften

Manche Einzelhändler suchen günstige Gelegenheiten echte Markenware auf dem Parallelmarkt (dh nicht direkt beim offiziellen Repräsentanten der Markenware) zu kaufen. Diese Gelegenheiten gibt es durchaus. Aber gerade auf diesem Parallelmarkt tummeln sich natürlich auch „Unternehmen", die gerne gefälschte Waren mitliefern.

Manch etablierter Geschäftsmann sucht seine Profitmargen zu erhöhen, indem er bewusst exzellent gefälschte Waren kauft und sie kleinweise unter seine Markenprodukte mischt.

Einige mafiöse Gruppen kaufen alt-etablierte Einzelhandelsgeschäfte bekannter Markenwaren auf, um auf diesem Wege kleinweise auch perfekt gefälschte Waren zu teuren Preisen in den Umlauf zu bringen.

In New York „arbeiten" vietnamesische Gangs mit Erpressung und Morddrohungen, um Geschäftsleute zu bewegen, ihre gefälschten Rolex- und Cartier-Uhren zu vertreiben.

2. Auf Tages- und Wochenmärkten

In Österreich zum Beispiel dominieren oft indische fliegende Händler die kleinen Tagesmärkte, die von Ort zu Ort ziehen. Experten glauben, dass diese vielfach einer mafiösen Gruppe zuzurechnen sind.

Diese Gruppen sind landesweit gut vernetzt. Wenn ein Markenrechtsinhaber beginnt diese Märkte laufend aktiv zu kontrollieren, nehmen die Inder sehr schnell derart kontrollierte gefälschte Produkte vom Markt und bieten dafür ähnliche an, deren Markenrechtsinhaber keinen starken Verfolgungsdruck ausüben.

3. Der Untergrund-Endvertrieb

Der Handel mit gefälschten Zigaretten wird im Hintergrund vielfach von vietnamesischen Gruppen kontrolliert. Im direkten Verkauf sind aber sehr viele „brave Österreicher", die in großen Unternehmen arbeiten, willige Handlanger. Diese „Untergrund-Distributoren" sind meist Personen in untergeordneter Position im Unternehmen, die aber täglich mit sehr vielen Personen zusammenkommen.

Die Gefahr für das Unternehmen ist, dass die Käufer dieser Zigaretten etwas gesetzlich Urechtes tun und somit eine Schwachstelle abgeben. Hier können Kriminelle einhaken und über Erpressung die Basis für Spionageaktivitäten setzen. Unternehmen sind gut beraten, ihre Mitarbeiter über diese Zusammenhänge aufzuklären und diese im Haus befindlichen „Untergrund-Distributoren" anzuzeigen und zu entlassen.

4. Gefahr – Internethandel

Das Internet gewinnt als Distributionsweg von Fälschungen immer mehr an Bedeutung. Täglich erhalten Sie wahrscheinlich mittels E-Mail zahlreiche Offerte in denen Ihnen interessante Produkte zu aufregend billigen Preisen angeboten werden.

Nach einem getätigten Kauf klagen zahlreiche Konsumenten über erhaltene Produktfälschungen. 2006 starb zB in Kanada eine Frau, die über das Internet ein gefälschtes Medikament gekauft hatte.

Auch die Gegenmaßnahmen gewinnen immer mehr an Bedeutung.

- Technisch gibt es nun digitale Wasserzeichen die es dem Schutzrechts-inhaber ermöglichen seine Ware als echt zu erkennen.
- Ebay traf nach einer Millionen-Klage durch LVMH, in dem die Firma beschuldigt wurde den Verkauf gefälschter Ware über seine Plattform zuzulassen, beträchtliche Gegenmaßnahmen.
- Machen auch Sie auch laufend Testkäufe für Ihre Produkte über das Netz.

5. Produktfälschungen und Terrorfinanzierung

Terroristen benötigen Geld zur stetigen Finanzierung ihrer Mitarbeiter, die – vielfach als Schläfer getarnt – in den Zielländern leben. Da der Endverkauf gefälschter Waren nur mit geringen Strafen belegt ist, ist es nicht sehr riskant so die „lokalen Aufenthaltskosten" mit zu decken.

Die Nordirische IRA hat manche ihrer Aktivitäten durch den Verkauf von gefälschten Parfums, Video Spielen, Computer Software und Medikamenten finanziert. Es wird vermutet, dass die illegal kopierte Version des Films „Lion King" der IRA vielleicht € 6 Mio eingebracht hat.

Die islamische Gruppe die bereits 1993 versuchte hatte, das New Yorker World Trade Center in die Luft zu sprengen, hat sich in den USA durch den Verkauf von gefälschten T-Shirts und Sportartikel finanziert.

H. Fälschung als Strategie bei Marktbeherrschung?

Im Rahmen des organisierten Verbrechens gibt es Strategien, den Ruf einer Marke bewusst zu schädigen, indem ein Produkt in primitivster Weise imitiert wird, äußerlich aber einwandfrei aussieht. Ist der Hersteller angeschlagen oder beseitigt, kaufen die Mafiosi das Unternehmen zum Spottpreis auf oder bringen selbstständig ein besseres Produkt auf den Markt.

Um hier nachzuhelfen, gab es auch Fälle in denen mafiöse Mitarbeiter bei einem seriösen Unternehmen, auf das man es abgesehen hatte, eingeschleust wurden, um dafür zu sorgen, dass die Qualität stark nachlässt.

In einem anderen Fall wurde ein unzufriedener Arbeiter bestochen chemische Zusätze in die laufenden Maschinen einfließen zu lassen und hie und da einen kleinen Metallteil in eine der Maschinen zu werfen.

VI. Aufgriff von Fälschungen

Eine intensive – so möglich internationale – Marktbeobachtung, Beobachtung der gesamten Logistikkette, sowie die juristisch richtige und vollständige Registrierung der Marken- und anderer Rechte sind die Basis aller weiteren Verfolgungsschritte.

Viele Markenrechtsinhaber setzen viele kleine Schnitte, verfolgen zB schnell fliegende Händler ohne vorher zu erforschen, wo diese die Ware ihrerseits gekauft haben. Dies wird durchaus die kleinen lokalen Händler dazu bewegen vielleicht auf ein gefälschtes Produkt einer anderen Marke umzusatteln, dh man verdrängt die kleinen lokalen Ganoven auf andere Produkte und der Markenrechtinhaber kann mit dieser Maßnahme durchaus einen gewissen Erfolg verbuchen.

Den mafiösen Gruppen, die im Hintergrund Produktion und Vertrieb kontrollieren, tut die Beschlagnahme einiger Handtaschen, die Verurteilung eines fliegenden Händlers nicht wirklich weh! Die Profitmargen sind so hoch, dass ein 30% Ausfall leicht verkraftbar ist.

Diese Strategie des schellen unmittelbaren Zuschlagens ist richtig, wenn man vorher seine Hausaufgaben gemacht hat und weiß wo man für Aushebung der Logistikkette und eventuell der Zerschlagung der Produktionsstätten ansetzen muss.

Für eine substantielle Verfolgung jedoch, die versucht das Problem bei der Wurzel zu fassen, sollte man bei der Marktbeobachtung von fliegenden Händlern, von Einzelhändlern, von Messen und Ausstellungen etc beginnen. Denn hier bekommen Markenrechtinhaber am leichtesten den „roten Faden" zu fassen. Man sollte hier aber nicht gleich zuschlagen, sondern über Spezialisten, Detektive etc diese Händler beobachten lassen um das gesamte lokale Vertriebsnetzwerk und die Großhändler und Importeure kennenzulernen.

Diese Art der Rückverfolgung dauert natürlich länger und ist kostenintensiver als das schnelle Zuschlagen, aber langfristig wesentlich effizienter.

Da die Ware meist nicht in den Hauptvertriebsmärkten produziert wird (Ausnahmen sind vielleicht China, Thailand, Russland) sollte als nächster Schritt die Logistikkette bis zum Produzenten und den Fabriken zurückverfolgt werden. Das Ziel sollte es sein die Produktionsstätten auszuschalten und die Maschinen zu zerstören.

Die Verfolgung hat in verschiedenen Ländern sehr unterschiedliche Chancen. Eine Reihe von Ländern hat durchaus akzeptable Gesetze, auch wenn diese nicht immer vollständig umgesetzt werden, weitere Länder haben nur wenig rechtliche Basis. Eine Prüfung ist von Fall zu Fall notwendig. Auch eine Verfolgung in China hat durchaus beträchtliche Chancen (vgl Kapitel „Spezialproblem China").

Produktpiraten fahren im internationalen Vertrieb unterschiedliche Logistik-strategien:

- Manche wollen die Logistikkette zwischen Produktion und Endverkauf so kurz wie möglich halten, um die Zahl der involvierten Personen und die Wahrscheinlichkeit der Aufgriffe, wo möglich, zu reduzieren.
- Andere trachten danach, dass zumindest ein bis zwei Landesgrenzen zwischen Produktion und Endverkauf stehen. Dies gibt den kriminellen Banden oft einen Zeitvorsprung. Wenn sie merken, dass der Marken-rechtsinhaber aktiv wird, muss dieser sich erst einmal durch die unter-schiedlichen Jurisdiktionen arbeiten. So gewinnen die Kriminellen noch etwas Zeit schnell die Transportwege oder die Produktionsstätte zu verlegen.

Aus diesem Grund raten viele Experten Markenrechtsinhabern erst einmal in Ruhe ihre globalen Recherchen – bis zur Produktionsstätte – abzuschließen und dann erst zuzuschlagen.

Strategisch ideal (allerdings schwierig zu koordinieren) ist es, in allen Ländern am gleichen Tag (quasi zur gleichen Stunde) zuzuschlagen, Geschäfte, Lagerhallen und Fabriken zu stürmen. Sollte dies gelingen, ergeben sich daraus eventuell interessante langfristige Kooperationsmöglichkeiten (vgl unten *„Strategien der Verfolgung - nach Aufgriffen"*)

Wenn Schlüsselvertriebskanäle und Produktionsstätten zerstört sind, tut dies den Fälschern – selbst wenn sie aus dem Umfeld der organisierten Kriminalität kommen - schon weh! Nach Beschlagnahme spezieller Formen und Werkzeuge und, je nach Fall, eventuell der Zerstörung der Maschinen verbleibt dem Fälscher weiterhin das erlernte Produktions- Know-how und wahrscheinlich die entsprechenden Zeichnungen etc. Aber auch Fälscher-„Geschäftsleute" über-legen es sich drei Mal, ob es wert ist Fabriken wieder aufzubauen, um Produkte zu fälschen wenn der Schutzrechtsinhaber systematisch und radikal Fälscher verfolgt.

Das „ICC Counterfeiting Intelligence Bureau" der Internationalen Handelkammer (ICC) kann Ihnen mit den richtigen Kontakten in aller Welt helfen, bzw für Sie die weltweite Verfolgungsarbeit koordinieren.

Die ICC und ihre Partner lassen ua rund 30–40 Fälscherfabriken pro Monat in China schließen und vernichten vielfach die Maschinen. Also auch in schwierigen Märkten gibt es durchaus Chancen zu seinem Recht zu kommen! Kontaktieren Sie Ihr lokales ICC-Büro.

A. Probleme nach Aufgriffen

Schutzrechtsinhaber stecken in einer Zwickmühle! Sollen sie

verdienende kleine Mitarbeiter, durch einen kleinen „Produktmix" ein zusätzliches Taschengeld zu machen, ist hoch.

Was soll der Schutzrechtsinhaber tun, wenn ihm eine Fälschung seiner Ware zur Reparatur, Umtausch oder After-Sales-Service vorgelegt wird, die nicht aus seinem Vertriebskanal stammt?

- Ein europäischer Hersteller von Personentransportanlagen steht in China vor dem Dilemma, dass dort gut 2/3 der im Land etablierten Anlagen gefälschte Nachbauten sind, die aber seinen Namenszug tragen. Die Situation wird zusätzlich dadurch kompliziert, dass die Fälscherwerkstätte der staatlichen Genehmigungsbehörde für neue Anlagen gehört. Sollte es zu einem größeren Unfall bei einer gefälschten Anlage kommen sind Journalisten sicher schnell zur Stelle und fotografieren auch das angebrachte (gefälschte) Logo des Originalherstellers. In der Öffentlichkeit steht dieser nun erst einmal als Verursacher da. Seine Dementis werden wahrscheinlich kaum gehört und der weltweite Imageschaden ist enorm.
  Es wird dem Originalhersteller im Zuge der nachfolgenden Untersuchungen wahrscheinlich gelingen nachzuweisen, dass die Anlage gefälscht war – aber darüber schreiben die Zeitungen kaum mehr. In der öffentlichen Meinung bleibt haften, dass die Anlagen des berühmten europäischen Unternehmens unsicher sind!

Wie sollte der Schutzrechtsinhaber, der Originalhersteller, nun auf diese schwierige Situation reagieren?

- die gefälschten Produkte/Anlagen dennoch gratis servicieren?
- eine PR Kampagne lostreten und alle Fälschungen bloßstellen? *(…und in unserem speziellen Fall noch große Schwierigkeiten mit der chinesischen Zulassungsbehörde bekommen?)*

Schutzrechtsinhaber stehen vor folgenden – sicher unbefriedigenden – Alternativen:

- Man wird in brenzligen Fällen wohl gratis das gefälschte Produkt warten müssen, um die Wahrscheinlichkeit eines tödlichen Unfalls (und damit eines Imageschadens) zu verkleinern.
- Aber man sollte auch die Konsumenten, die Anlagenbetreiber, die Medien, die Behörden und sonstige Beteiligte laufend darauf aufmerksam machen, dass hier gefälschte Waren im Umlauf oder gefälschte Anlagen im Betrieb sind und

Produktpiraten fahren im internationalen Vertrieb unterschiedliche Logistik-strategien:

- Manche wollen die Logistikkette zwischen Produktion und Endverkauf so kurz wie möglich halten, um die Zahl der involvierten Personen und die Wahrscheinlichkeit der Aufgriffe, wo möglich, zu reduzieren.
- Andere trachten danach, dass zumindest ein bis zwei Landesgrenzen zwischen Produktion und Endverkauf stehen. Dies gibt den kriminellen Banden oft einen Zeitvorsprung. Wenn sie merken, dass der Marken-rechtsinhaber aktiv wird, muss dieser sich erst einmal durch die unter-schiedlichen Jurisdiktionen arbeiten. So gewinnen die Kriminellen noch etwas Zeit schnell die Transportwege oder die Produktionsstätte zu verlegen.

Aus diesem Grund raten viele Experten Markenrechtsinhabern erst einmal in Ruhe ihre globalen Recherchen – bis zur Produktionsstätte – abzuschließen und dann erst zuzuschlagen.

Strategisch ideal (allerdings schwierig zu koordinieren) ist es, in allen Ländern am gleichen Tag (quasi zur gleichen Stunde) zuzuschlagen, Geschäfte, Lagerhallen und Fabriken zu stürmen. Sollte dies gelingen, ergeben sich daraus eventuell interessante langfristige Kooperationsmöglichkeiten (vgl unten *„Strategien der Verfolgung - nach Aufgriffen"*)

Wenn Schlüsselvertriebskanäle und Produktionsstätten zerstört sind, tut dies den Fälschern – selbst wenn sie aus dem Umfeld der organisierten Kriminalität kommen - schon weh! Nach Beschlagnahme spezieller Formen und Werkzeuge und, je nach Fall, eventuell der Zerstörung der Maschinen verbleibt dem Fälscher weiterhin das erlernte Produktions- Know-how und wahrscheinlich die entsprechenden Zeichnungen etc. Aber auch Fälscher-„Geschäftsleute" über-legen es sich drei Mal, ob es wert ist Fabriken wieder aufzubauen, um Produkte zu fälschen wenn der Schutzrechtsinhaber systematisch und radikal Fälscher verfolgt.

Das „ICC Counterfeiting Intelligence Bureau" der Internationalen Handelkammer (ICC) kann Ihnen mit den richtigen Kontakten in aller Welt helfen, bzw für Sie die weltweite Verfolgungsarbeit koordinieren.

Die ICC und ihre Partner lassen ua rund 30–40 Fälscherfabriken pro Monat in China schließen und vernichten vielfach die Maschinen. Also auch in schwierigen Märkten gibt es durchaus Chancen zu seinem Recht zu kommen! Kontaktieren Sie Ihr lokales ICC-Büro.

A. Probleme nach Aufgriffen

Schutzrechtsinhaber stecken in einer Zwickmühle! Sollen sie

- die von einem Konsumenten zur Reparatur vorgelegten Waren still und heimlich reparieren?
- dem Käufer von Konsumgütern die gefälschte Ware gegen eine echte umtauschen?
- den Konsumenten darüber aufklären, dass er eine gefälschte Ware gekauft hat und ihn wegschicken? Und damit das Risiko eingehen, dass mit diesem Produkt ein Unfall geschieht (zerbrechliches Kinderspielzeug, gebrochener Ersatzteil) und dann groß in der Zeitung steht „das Produkt der Fa. XXX ist von schlechter Qualität!"?
- zusätzlich mit diesem Faktum groß in die Öffentlichkeit gehen?

1. Öffentlichkeitsarbeit nach Aufgriffen?

Wenn Ihre Waren gefälscht werden – sollen Sie dies der Öffentlichkeit, der Presse mitteilen? – Ihre Kunden davor warnen? – oder nicht? Eine sehr schwierige Situation, bei der die Expertenmeinungen stark divergieren.

Wenn bekannt wird, dass hochqualitative Marken-, aber auch technische Waren der bekannten Firma XXX gefälscht wurden, werden Konsumenten und technische Abnehmer verunsichert. Da sie bei hochqualitativ aussehender Ware nicht selbst unterscheiden können, welche Ware nun echt und welche gefälscht ist, wählen sie vielleicht lieber Waren einer Marke deren Ruf – zumindest nach außen hin – makellos erscheint.

Viele Automobilhersteller wollen zB das Thema gefälschter Autoersatzteile in der Öffentlichkeit gar nicht diskutieren.

Ein britischer Hersteller von Autoersatzteilen, der ehrlich vor Nachahmungen seiner Produkte gewarnt hatte, musste innerhalb kurzer Zeit 25% Nachfragerückgang verzeichnen! Es scheint so zu sein, dass die Öffentlichkeit noch nicht bereit ist, der Realität ins Auge zu sehen, dass Fälschungen bereits überall unter uns sind. Will die Öffentlichkeit betrogen werden? Hier ist noch viel Aufklärungsarbeit zu leisten.

Die Hersteller sind in einer Zwickmühle. Richtig wäre es, die Öffentlichkeit über Probleme zu informieren und Gefahren aufzuzeigen, aber kann es sich die Firma auch leisten ehrlich zu sein?

Ihre beste Reaktion darauf wird auch von der Ware, die Sie produzieren und Ihrer Branche abhängen.

- Wenn Ihre Ware, auch für einen Laien, klar und verständlich ist, vornehmlich über große offizielle Distributoren vertrieben wird und im Prinzip kein Sicherheitsrisiko darstellt, wird der Gang in die Medien wohl richtig sein.
- Sollte wie zB bei Autoersatzteilen ein Laie das Produkt eher nicht verstehen, es von seinem Mechaniker irgendwo ins Auto eingebaut werden und so für den Konsumenten unkontrollierbar sein, wird die Strategie der Öffnung – zumindest kurzfristig – vielleicht nicht die optimale sein.

Es wird auch sehr darauf ankommen, wie Sie die Problematik der Öffentlichkeit verkaufen. Haben Sie neue, für die Öffentlichkeit verständliche Sicherheitsmerkmale angebracht, spezielle Verpackungen, die Sicherheit kommunizieren etc? Verfolgen Sie wirklich Fälschungen, medial prominent, aktiv im ganzen Land, oder sagen Sie der Presse nur passiv „Achtung es sind Fälschungen aufgetaucht"?

Auch die Reife der Öffentlichkeit ist zu hinterfragen! Wollen unsere Konsumenten betrogen werden? Unternehmen können es sich nur dann leisten ehrlich zu sein, wenn eine reife Öffentlichkeit diese offene Informationspolitik der Unternehmen wertschätzt und nicht genau diese Unternehmen durch Nachfragereduzierung bestraft!

Die Internationale Handelskammer (ICC) versucht mit ihrer Informationspolitik hier zu bessern, aber es ist ein langer Weg über die Medien die Konsumenten auch zu erreichen und auf die veränderte Markt- und Sicherheitsproblematik hinzuweisen.

2. Offizielle Wartung gefälschter Produkte?!

Wie reagiert ein Einzelhandelsgeschäftsinhaber, wenn ihm mit Rechung seines Hauses eine gefälschte Ware zur Reparatur vorgelegt wird und er weiß, dass er selbst diese Ware nicht direkt vom offiziellen Importeur, sondern von einer kleinen Handelsfirma „günstiger" erworben hat?

… wahrscheinlich wird er die mangelhafte, gefälschte Ware stillschweigend gegen eine echte austauschen, den Fall aber intern gegen seinen Lieferanten weiter verfolgen.

Wenn der Einzelhändler ausschließlich Ware direkt vom Markenrechtsinhaber bzw seinem offiziellen Distributor gekauft hat, wird er diese dort reklamieren.

Für den Markenrechtsinhaber stellt sich nun die Frage, wie gefälschte Ware in seinen Vertriebskreislauf gelangt ist. Die Logistikwege sind oft lang, und auch Markenware wird vielfach in Billiglohnländern hergestellt …und die Versuchung für manche schlecht verdienende kleine Mitarbeiter, durch einen kleinen „Produktmix" ein zusätzliches Taschengeld zu machen, ist hoch.

Was soll der Schutzrechtsinhaber tun, wenn ihm eine Fälschung seiner Ware zur Reparatur, Umtausch oder After-Sales-Service vorgelegt wird, die nicht aus seinem Vertriebskanal stammt?

- Ein europäischer Hersteller von Personentransportanlagen steht in China vor dem Dilemma, dass dort gut 2/3 der im Land etablierten Anlagen gefälschte Nachbauten sind, die aber seinen Namenszug tragen. Die Situation wird zusätzlich dadurch kompliziert, dass die Fälscherwerkstätte der staatlichen Genehmigungsbehörde für neue Anlagen gehört. Sollte es zu einem größeren Unfall bei einer gefälschten Anlage kommen sind Journalisten sicher schnell zur Stelle und fotografieren auch das angebrachte (gefälschte) Logo des Originalherstellers. In der Öffentlichkeit steht dieser nun erst einmal als Verursacher da. Seine Dementis werden wahrscheinlich kaum gehört und der weltweite Imageschaden ist enorm.
Es wird dem Originalhersteller im Zuge der nachfolgenden Untersuchungen wahrscheinlich gelingen nachzuweisen, dass die Anlage gefälscht war – aber darüber schreiben die Zeitungen kaum mehr. In der öffentlichen Meinung bleibt haften, dass die Anlagen des berühmten europäischen Unternehmens unsicher sind!

Wie sollte der Schutzrechtsinhaber, der Originalhersteller, nun auf diese schwierige Situation reagieren?

- die gefälschten Produkte/Anlagen dennoch gratis servicieren?
- eine PR Kampagne lostreten und alle Fälschungen bloßstellen? *(…und in unserem speziellen Fall noch große Schwierigkeiten mit der chinesischen Zulassungsbehörde bekommen?)*

Schutzrechtsinhaber stehen vor folgenden – sicher unbefriedigenden – Alternativen:

- Man wird in brenzligen Fällen wohl gratis das gefälschte Produkt warten müssen, um die Wahrscheinlichkeit eines tödlichen Unfalls (und damit eines Imageschadens) zu verkleinern.
- Aber man sollte auch die Konsumenten, die Anlagenbetreiber, die Medien, die Behörden und sonstige Beteiligte laufend darauf aufmerksam machen, dass hier gefälschte Waren im Umlauf oder gefälschte Anlagen im Betrieb sind und

auf die möglichen – manchmal ja sogar katastrophalen Folgen hinweisen – Patentrezept gibt es hier keines!

Welche Strategie man auch immer verfolgt – es kommen so beträchtliche zusätzliche Kosten auf die Originalhersteller zu und der Ruf des seriösen Herstellers leidet oft in ungerechtfertigter Weise.

VII. Vorgehen gegen Produzenten gefälschter Waren – Strategien nach Aufgriffen

A. Im Inland bzw der EU

- Hier geht es meist um den Aufgriff, die Bestrafung und die Stilllegung der Akteure (fliegende Händler, Einzelhändler, Großhändler und Importeure). Ein auf dieses Thema spezialisierter Rechtsanwalt kann für Sie die Aktivitäten leiten und koordinieren.
- Eine gut gemachte Verfolgungsstrategie trägt sich finanziell oft selbst, da von verurteilten Geschäftsleuten doch etwas an Schadenersatz zu erhalten ist.
- Gehen Sie gegen Schutzrechtsverletzern rigoros vor –> siehe das nächste Kapitel zur juristischen Markenverteidigung.

B. Außerhalb Europas

Es ist sehr zu empfehlen das Unternehmen und die Vertriebsstruktur des Produktfälschers genau zu studieren und zu analysieren, bevor man mit ihm verhandelt oder gegen ihn rechtliche Schritte einleitet. Je nach Ergebnis bieten sich andere Strategien an.

- Wie groß ist das Unternehmen des Fälschers, wie finanzkräftig, mit welchem Maschinenpark (welchen Datums)?
- Welche anderen Produkte werden hergestellt? – lauter Fälschungen oder auch Produkte aus eigener Entwicklung?
- Hat das Fälscherunternehmen die Absicht sich mittelfristig einen positiven eigenen Markennamen aufzubauen?
- Wie gut sind die Mitarbeiter ausgebildet?
- Wie laufen die Vertriebsschienen? – am Produktionsstandort, im Ausland?
- Wo sind die Hauptabsatzmärkte? – welche Länder?
- Welche Typen von Partnerunternehmen machen den Vertrieb vor Ort?
- Steht das Fälscherunternehmen mafiösen Gruppierungen nahe – oder wird von ihnen dirigiert?

1. Liquidierung des Produzenten gefälschter Waren

Manche Fabriken sind relativ schlecht ausgestattete Hinterhof-Fabriken, die Kopien minderer oder durchschnittlicher Qualität herstellen und von mafiösen Netzwerken gesteuert werden.

Diese Unternehmen wird man am besten zerstören und, soweit sie Vermögen haben sollten (nicht sehr wahrscheinlich), zu Schadenersatzzahlung heranziehen.

2. Knebelung und Eingliederung der Fälscher als Zulieferer!?

Manche Fälscher haben durchaus ein gewisses Know-how und einen passablen Maschinenpark. Hier ist es nun als erstes wichtig herauszufinden, ob dieses Unternehmen in mafiöse Zirkel verstrickt ist – wenn ja, dann raten wir zur (so möglich) Vernichtung des Unternehmens und des Maschinenparks.
Sollte das Fälscherunternehmen nichts mit der organisierten Kriminalität zu tun haben kann man überlegen wie weit man diese Fälscherfabrik als „low-cost" Produktionsstätte für in Europa auslaufende Produktserien heranziehen kann.
Sollte es Ihnen durch Zufall gelungen sein, weltweit gleichzeitig auf die Fälschungen dieser Firma zugeschlagen zu haben, ist das Unternehmen Ihnen in diesem Augenblick so ziemlich auf Gedeih und Verderben ausgeliefert, da Sie mit hoher Wahrscheinlichkeit alle Vertriebskanäle blockiert und auch die Produktionsstätte in Ihrer Hand haben und diese bzw die wichtigsten Produktionsmittel zerstören können.
So manchem europäischen Unternehmen ist es in diesem Zeitpunkt gelungen dem Fälscher einen harten langfristigen Outsourcing-Vertrag „aufs Aug zu drücken". So dieser Vertrag den Fälscher auch „noch leben lässt" kann daraus durchaus eine langfristige positive Partnerschaft werden.
Für manches europäische Unternehmen war diese Strategie finanziell positiv, denn man konnte Waren, die zu europäischen Herstellungskosten nicht mehr profitabel zu produzieren waren, für die es aber durchaus noch einen Markt gab, längerfristig mit guten Gewinnmargen am Markt anbieten.
Voraussetzung für eine erfolgreiche Umsetzung dieser Strategie ist ein intensiver Kontakt zum ehemaligen Fälscher und nunmehrigen Partner. Er muss einerseits das Gefühl haben streng kontrolliert zu werden, andererseits dürfen die Verträge und Konditionen nicht so hart sein, dass er keine Zukunftsaussichten für sich sieht.

3. Ohnmacht gegen große Fälscherunternehmen?

Viele Fabriken der Fälscher sind Großunternehmen mit einem moderneren Maschinenpark, als dem des Schutzrechtsinhabers. Auch werden nicht nur gefälschte Waren des Schutzrechtsinhabers, sondern eine große Anzahl verschiedener Waren aus eigener Entwicklung des Fälschers hergestellt.
Hier ist es rechtlich durchaus möglich die Werkzeuge, Schablonen, Formen etc. zur Herstellung der gefälschten Waren beschlagnahmen zu lassen, doch die „Knebelungsstrategie" funktioniert meist kaum oder gar nicht.
Auch hier sollte im Vorfeld die erste Frage recherchiert werden: steht der Fälscher einer mafiösen Organisation nahe oder nicht. Wenn das große Unternehmen im Dunstkreis der Mafia angesiedelt ist, muss man sich überlegen, ob man es mit der eigenen Sicherheit vereinbaren kann, überhaupt gegen diese Fälscher vorzugehen (auch wenn man juristisch hundertmal im Recht ist).

Sollte dies nicht der Fall sein kann man verschiedene Taktiken anwenden:

- Gratulieren Sie Ihrem Fälscher zur (oft hervorragenden) Qualität seiner/ihrer Produkte, weisen Sie aber dennoch höflich auf Ihre Rechte hin.

- Als Geschäftsmann wird er stolz auf seine Qualität sein und sogar oft zugeben, dass er Sie kopiert hat (dabei aber meist kein Unrechtsbewusstsein haben). Viele Fälscher agieren wie Spieler unter dem Motto „Versuchen wird man es doch wohl noch dürfen." – ziehen sich aber oft schnell zurück, wenn sie merken, dass es Widerstand und mögliche rechtliche Konsequenzen gibt.

- Zeigen Sie ihm doch die internationalen Konsequenzen auf, die sein Handeln hat, dass Sie seine Ware zB hier in China und überall auf der Welt beschlagnahmen lassen können etc.

- Weisen Sie darauf hin, dass es ein so hervorragendes Unternehmen wie das des Fälschers doch nicht notwendig hat zu kopieren. Packen Sie ihn bei seiner „Geschäftsehre" (dies zieht durchaus).

- Hofieren Sie den Fälscher! Sagen Sie ihm, dass er sich mittelfristig doch sicher international einen eigenständigen Markennamen aufbauen will und da wäre es doch sehr abträglich, dauernd negativ in der Zeitung zu stehen und Gefahr zu laufen, dass Lieferungen nicht ankommen, weil vielleicht ua gefälschte Produkte mit in der Lieferung sind. „Unzuverlässigkeit" ist das letzte was die Reputation des derzeitigen Fälschers fördert.

- Versuchen Sie einen Lizenzvertrag auszuhandeln, zu einem Kooperationsabkommen zu gelangen etc.

- Vielfach sind die Vertriebsschienen des Fälschers für seine regulären Produkte nicht optimal. Sollten seine regulären Produkte in Ihr Sortiment passen, können Sie versuchen, das exklusive Vertriebsrecht für die Märkte zu erhalten in denen Ihr Verkauf sehr stark ist – unter der Bedingung, dass er Ihre Waren nicht mehr kopiert.

- Denken Sie immer daran, auch der derzeitige Fälscher ist Geschäftsmann wie Sie. Er kopiert nicht weil er ideologisch ein Krimineller sein will, sondern weil er einen profitablen Geschäftszweig sucht. Versetzen Sie sich in seine Situation! Was würde Sie an seiner Stelle tun?

- Wenn Sie sehr stark sind, und die gefälschte Ware nur ein kleiner Teil seines Produktionsspektrums ist, wird er die Produktion vielleicht einstellen.

- Wenn Sie eine nicht sehr stark Firma sind, aber die gefälschten Produkte so 10–30% des Umsatzes der starken Fälscherunternehmens ausmachen (dh er kann auch von anderen Aktivitäten leben, aber Ihre Ware ist ihm doch wichtig), lässt er sich vielleicht auf einen Lizenzvertrag oder sonstiges Kooperationsabkommen ein.

- Lassen Sie Ihrem Gegner (noch nicht Partner) einen gesichtswahrenden, geschäftlich/kommerziell gangbaren Ausweg. Verhandeln Sie als „Partner" und nicht als „Polizist von oben herab" – auch wenn Sie im Recht sind! Gerade in den Ländern, wo die meisten gefälschten Waren herkommen (China, Thailand, Indonesien, Indien, Vietnam etc) ist „das Gesicht wahren" ein Schlüssel zum Geschäftserfolg. Solange das Gesicht gewahrt wird, kann Ihr Gesprächspartner flexibel auf Kompromisse eingehen, wo das Gesicht verletzt wird, muss er (aufgrund seiner Tradition) blockieren. Verkaufen Sie auch ein weitgehendes Nachgeben Ihres Gegners als „zukunftsweisenden profitablen Erfolg für beide" nach außen. Aber als Kompromiss bauen Sie eine neue Geschäftsmöglichkeit für Ihren „Gegner"/Partner auf. Lassen Sie die Öffentlichkeit wissen welche tollen neuen Geschäftschancen für Ihren „Gegner"/Partner dadurch entstehen.

- Denken Sie bei all diesen Überlegungen ein bisschen an die im Kapitel „Historische Perspektive" beschriebenen Fakten. Der heutige Fälscher könnte ein guter Partner von übermorgen sein.

All diese obigen Überlegungen legitimieren einen Fälscher in gewisser Weise indirekt und sind juristisch nicht unbedingt das Gelbe vom Ei. Aber Sie und Ihr Unternehmen wollen/müssen langfristig Profit machen und nicht nur „Recht haben" oder „Recht bekommen".

C. Piraten auf andere Marken/Produkte verdrängen!?

Wenn Ihr Unternehmen zwar juristisch stark aufgestellt ist, aber

- zu schwach ist, den Fälscher zu vernichten,
- nicht stark genug ist, mit dem Fälscher Lizenz- oder Kooperationsabkommen abzuschließen,
- im Produktionsland des Fälschers juristisch schlecht aufgestellt ist,
- im Produktionsland des Fälschers die gesetzliche Lage ungenügend ist,

können Sie den Fälscher vielleicht dennoch dazu drängen bzw. „überzeugen" von Ihren Produkten zu lassen – machen Sie es ihm richtig „ungemütlich"!. Verfolgen Sie intensiv Fälschungen Ihrer Ware in allen OECD-Märkten und allen Ländern, in denen Ihnen dies rechtlich möglich ist. Kommunizieren Sie diese Strategie offen an den Fälscher. Machen Sie diesem klar, dass eine Fälschung Ihrer Produkte für ihn dauernde Schwierigkeiten bringt und dass ihm mittelfristig seine internationalen Vertriebspartner wegen der permanenten Hausdurchsuchungen etc voraussichtlich abspringen werden. Machen Sie dem Fälscher klar, dass es langfristig für ihn geschäftlich nicht sehr interessant sein wird, Ihre Waren zu kopieren!

Die verbale Strategie muss mit laufenden faktischen und juristischen Nadelstichen in allen Märkten in denen das möglich ist systematisch kombiniert werden. Diese Verdrängungsstrategie hat recht gute Chancen auf Erfolg, so Sie nicht gerade Louis Vuitton etc sind, so Ihre Waren nicht ein absoluter „Verkaufsschlager" in Ländern mit schwierigem juristischem Umfeld sind, sondern überwiegend in reicheren Ländern abgesetzt werden.

Ihr „Fälscher" ist ja auch Geschäftsmann und will - so möglich - laufend und „relativ" ruhig seine Profite maximieren. Wenn er nun von Ihnen laufend verfolgt – aus seiner Sicht „belästigt" wird – er aber gute Marktchancen für den Typ Ihres Produktes sieht, wird er tendenziell von der Fälschung Ihrer Ware ablassen und lieber das Produkt Ihrer Konkurrenz nachmachen (die vielleicht nicht so hartnäckig weltweit Fälschungen verfolgt wie Ihr Unternehmen.)

D. Temporäre, punktuelle Änderung der Vertriebsstrategie nach Aufgriffen?

Manche Experten raten an jenen Orten, wo gefälschte Waren aufgegriffen wurden, die Preise temporär stark zu senken und die Kunden mit verstärktem Service und starker

Öffentlichkeitsarbeit an sich zu binden, um so den Fälschern das Wasser abzugraben. (*Diese Maßnahmen sind nicht ganz unumstritten, da man hier neue Marktungleichgewichte schafft und seine eigene globale Preisstrategie durcheinander bringt. Auch gibt es sicher legale Händler, die diese Situation ausnützen um große Posten billig zu kaufen um diese Waren dann in Nachbarmärkten unterm Preis zu verkaufen*)

Langfristig schon vielversprechender ist eine Zwei-Marken-Strategie. Man baut neben der eigenen Klassik-Linie eine zweite, ähnliche Billigproduktlinie auf.

Das kannibalisiert vielleicht etwas die eigene Klassik-Linie, bringt aber den Umsatz der Billig-Linie ins eigene Haus und überlässt dieses Feld nicht Fälschern oder anderen Billig-Konkurrenten. (*Manche bekannte Pharmafirmen haben mit Erfolg eigene Generikafirmen aufgebaut.*)

VIII. Prävention – billig und recht effizient

A. Strategien der Marktbeobachtung

Woran erkennen Sie, dass eventuell Kopien Ihrer Waren im Umlauf sind:

- Kunden berichten, dass Sie gleiche Ware woanders viel günstiger erhalten.
- Es kommt zu Beschwerden über die Qualität Ihres Produkts, Sie können dies aber nicht nachvollziehen.
- Sie verlieren überraschend stark Marktanteile.
- Die Preise, die Sie erzielen können sinken ohne ersichtlichen Grund stark.
- Es sind verstärkt neue Wettbewerber am Markt, auf Messen und Ausstellungen.
- Alte Wettbewerber berichten von Fälschungen.
- Jemand versucht Ihren Firmennamen, oder Ihre Marke(n) zu registrieren.

1. In Europa – auf den Märkten

Je nach Art des Produktes sollten die relevanten Märkte laufend beobachtet werden.

Die Händler, die Plagiate verkaufen sind sich meist sehr wohl bewusst was sie tun. Wenn nun jemand mit einem Fotoapparat auftaucht reagieren sie oft sofort. Einige der Inspektoren müssen quasi fliehen, um ihre Kamera und damit Beweismittel in Sicherheit zu bringen.

Wenn Händler merken, dass ein Schutzrechtsinhaber ständig kontrollieren lässt, werden sie seine Produkte bald nicht mehr anbieten (außer es handelt sich um „Bestseller"). Die Verkäufer gefälschter Produkte und ihre Hintermänner sind ja auch rational denkende „Geschäftsleute" – sie bieten va die Waren an, bei denen die Profitmargen optimal sind und bei denen ihr Geschäft nicht, oder nur wenig gestört wird.

Die Verdrängungsstrategien machen also absolut Sinn. Wichtig dabei ist, dass die Inspektoren der Schutzrechtsinhaber auch wirklich immer wieder präsent sind. Ein kleiner Nadelstich alleine ist zu wenig.

Juristisch sollte – so man dem Namen eines Händlers habhaft wird – sofort ein strafrechtliches als auch ein zivilrechtliches Verfahren (mit hohem Streitwert) einbringen. Oft kann zwar der Händler nicht mehr vorgeladen werden, aber er wird sich vielleicht doch ein neues Produktfeld suchen.

2. In Europa – beim Zoll

Markenrechtsinhaber können bei allen europäischen Zollbehörden ihre Marken und Produkte registrieren lassen (Details siehe C. Schumacher Seite…).

Der Zoll kann aber aufgrund des auf ihn ausgeübten Zeitdrucks nie 100% kontrollieren, sondern nur Stichproben machen. Zollbeamten wird es aber auffallen, wenn zB Waren berühmter konkurrenzierender Konzerne im gleichen Container angeliefert werden…

Wenn aber in einem Container unter 1.000 echte T-Shirts 200 gefälschte von sehr guter Qualität gemischt werden, wird dies den Beamten selten auffallen – hier sind sie meist überfordert! – So kommen gefälschte Waren auch teilweise in die Regale reputabler Einzelhändler.

Wichtig ist aber nicht nur die Registrierung, sondern auch die laufende Versorgung der Zollbeamten mit Updates, Schulung über Erkennungsmerkmale von Fälschungen, Vertriebswege etc. Geben Sie den Zollbeamten auch die Namen und Adressen ihrer normalen Lieferanten an, sodass es auffällt wenn Waren woanders her angeliefert werden.

Unternehmen, die von dieser Möglichkeit aktiv Gebrauch zu machen und die die gesamte Lieferkette aktiv verfolgen, werden binnen kurzem einen deutlichen Rückgang der Plagiate sehen. Den Gaunern wird einfach der Boden zu heiß und sie verlegen sich lieber auf Waren von Unternehmen die nicht so aggressiv gegen Fälscher vorgehen.

(Ausnahmen sind wieder sehr berühmte Markennamen wie Louis Vuitton etc – hier funktioniert diese Strategie nicht.)

3. Außerhalb der EU

In den meisten Nicht-OECD-Staaten kontrolliert der Zoll beim Export die Waren nicht im Hinblick auf Fälschungen. Dies ist meist einfach nicht seine Aufgabe. *(es wäre sehr hilfreich, wenn sich dies in Zukunft ändern würde)*. In manchen Ländern wie zB China kann der Schutzrechtsinhaber dies aber beantragen – auch wenn die Effizienz nur mäßig ist, raten wir dennoch dazu um für Fälscher doch wiederum eine zusätzliche Hürde aufzubauen.

Außerhalb der EU hilft nur die Eigeninitiative der Schutzrechtsinhaber. Viele Unternehmen haben vor Ort Vertriebspartner und diese können mithelfen die lokalen Märkte zu beobachten bzw Gerüchten über eine lokale Produktion von Fälschungen nachzugehen. Auch gibt es in vielen Staaten auf diese Arbeit spezialisierte Detektivunternehmen.

Sparen Sie hier – zumindest in Ihren Hauptmärkten bzw in Märkten die Fälschungsanfällig sind – nicht mit Geld zur Marktbeobachtung – und es sollte selbstverständlich sein, dass Sie in all diesen für Sie wichtigen Märkten Ihre Schutzrechte etc registriert haben.

Falls Sie Fälschungen aufgefunden haben ist es zweckmäßig sofort weitere Maßnamen zu ergreifen und – nach weiteren Recherchemaßnahmen – die Vertriebskanäle bis zum Produzenten festzustellen und zu zerstören.

4. Rückkoppelung mit Vertriebspartnern

Einige pharmazeutische Firmen planen den Weg ihrer Ware bis zum Endverkauf im Detail zu kontrollieren. Bei jeder Station der Logistikkette soll die Nummer der Außenverpackung kontrolliert und eingegeben werden. Auch die Endverkäufer, die Apotheken, sollen letztlich langfristig an dieses zentrale, unternehmenseigene Computersystem angeschlossen werden. Ziel ist es, dass der Produzent weiß, wo welche Packung gerade im Vertriebskreislauf ist, bzw wann und wo verkauft wurde. Sollte das System einmal großflächig umgesetzt werden wird dies ein wichtiger Fortschritt in der Kontrolle der Lieferkette sein.

Aber auch dieses System wird keine absolute Sicherheit bieten, denn es wird für kriminelle Charaktere noch immer möglich sein, die Lieferkette zu manipulieren – wenn auch mit wesentlich höherem Aufwand. Bei höherwertigen Waren lohnt es sich für Fälscher die echten Verpackungen bei einer Schwachstelle der Logistikkette vielleicht mit gefälschten Waren zu befüllen und die entsprechenden Chargen-Nummern nachzumachen.

In Deutschland, Österreich und der Schweiz ist es üblich, dass der Arzneimittel-Großhandel ausschließlich bei den lokalen Tochterunternehmen der großen Pharmazeutischen Konzerne einkauft und die Apotheken wiederum nur beim Arzneigroßhandel. Dies scheint in Italien, Spanien, Portugal und Irland nicht immer der Fall zu sein.

5. Rückkoppelung mit Endverbrauchern

Nützen Sie Ihre Kunden als Marktbeobachter! – billig und sehr effizient!

Ein Produzent exklusiver französischer Weine versieht zB jede ausgehende Flasche mit einem Etikett auf dem jeweils eine individuell gewählte Buchstaben/Nummernkombination aufgedruckt ist. Beim Expedit wird festgehalten welche Flasche mit welchem Code an welchen Händler oder Einzelkäufer ausgeliefert wurde.

Weinliebhaber, die zB beim Kauf in einem Geschäft sicherstellen wollen, dass die exklusive Weinflasche, die sie gerade kaufen wollen auch echt ist, senden ein SMS mit dem Code an den Weinproduzenten und erhalten sofort von der Datenbank die Antwort.

Dieses System hilft auch dem Weinproduzenten die Vertriebswege nachzuvollziehen und indirekt zu kontrollieren.

B. Kennzeichnung zur Erkennung von Manipulationen und Fälschungen

Je nach Art des Produktes (mögliche Folgen für Leib und Leben), Wert des Produktes, Fälschungsanfälligkeit etc wird sich der Rechtsinhaber zu verschiedenen Präventionsmaßnahmen entschließen.

Prinzipiell unterscheidet man offene und/oder verdeckte Sicherheitsmerkmale.

1. Offene Merkmale

sollen von der Logistikkette und dem Konsumenten wahrgenommen werden und bei Verletzung sofort auf Unregelmäßigkeiten hinweisen. Der Konsument kauft vielfach nach der ihm kommunizierten unverletzten Verpackung und vertraut darauf, dass der Wareninhalt auch dann seinen Erwartungen entspricht.

Offene Merkmale können zB spezielle Verpackungen und spezielle Sicherheitsetiketten, raffinierte Hologramme etc sein, die schwer nachzumachen sind und bei Manipulation sicher zerreißen.

2. Halboffene Merkmale

sollen von Personen in der Logistikkette bzw von Einzelhändlern erkannt werden.

Dies sind oft Chargennummern, Seriennummern und sonstige sich laufend ändernde Kennzeichnungen, die äußerlich klar sichtbar sind, aber ein gewisses Fachwissen oder eine Computervernetzung benötigen um diese auch zu interpretieren. Zunehmend sind Verkaufsterminals von Einzelhändlern bereits mit Zentralcomputern der Hersteller vernetzt, sodass ein Verkauf einer Ware, die nicht durch die etablierte Logistikkette erfolgt ist, sofort auffallen sollte. Diese Kennzeichnungen machen es Produktfälschern schwer ihre Waren in etablierte Vertriebskanäle einzuschleusen. Es erfordert großes Fachwissen und vielleicht auch gute Insiderinformationen (Spionage), um diese speziellen Kennzeichnungen systematisch nachzumachen.

Es gibt viele Technologien diese Kennzeichnungen durchzuführen, je nachdem auf welchem Material man die Kennzeichnung anbringen will/muss. Die Bandbreite reicht von Chargennummern auf Lebensmittelverpackungen, speziellen Kennzeichnungen auf Medikamentenverpackungen außen als auch auf den Folien in denen die einzelnen Medikamente eingeschweißt sind, bis hin zu speziellen Techniken, Werkzeuge für die Industrie oder Flugzeugteile zu kennzeichnen.

3. Verdeckte Merkmale

gibt es viele, obwohl die Industrie darüber nicht in der Öffentlichkeit sprechen will. Diese reichen von Mikropartikel, Biocodierungen, speziellen Duftnoten in der Verpackung, bis hin zu chemischen „Fingerabdrücken" am Produkt.

- *Ein österreichisches Unternehmen brachte ein RFID System zur individuellen Erkennung von Metallteilen und Werkzeugen heraus.*
- *Ein japanisches Unternehmen zB einen biegbaren Acht-Bit-Micro-controller mit integriertem RFID-Chip entwickelt. Die Entwicklung ist dünn genug, dass sie in ein Blatt Papier eingearbeitet werden kann.*

- *Eine britische Universität stellte ein Oberflächen-Materialerkennungs-system vor, das zB aus einem Packen unverwendeten Kopierpapiers jedes einzelne Stück Papier individuell erkennen kann (ohne dass eine Markierung, Nummer etc angebracht werden muss.)*

Schützen Sie Ihre Ware durch eine Kombination von offenen, halboffenen, aber auch verdeckten Sicherheitsmerkmalen.

Die Kosten rechnen sich, da

- Sie einen besseren Überblick über ihre Vertriebskanäle erhalten;
- Sie, von Ihnen nicht gewollte, Umgehungen viel leichter aufklären können;
- Konsumenten ein erhöhtes Vertrauen zu Ihrem Produkt entwickeln;
- bei Reklamationen oder Haftungsansprüchen Ihr Unternehmen viel leichter den Nachweis führen kann, dass ein Produkt nicht aus ihrer Produktion stammt;
- Fälscher sich vielleicht doch abgeschreckt fühlen, wenn sie erkennen welcher technische Aufwand notwendig ist, um gerade Ihr Produkt nachzumachen.

C. Einbau bewusster technischer Umwege

Bauen Sie Gedanken der Prävention von Fälschungen bereits in Ihrem neuen technischen Design ein. Dies ist für Ihre Techniker in der Entwicklungsphase neuer Produkte ein leichtes und kann eine „eigenartige Zusatzfunktion" sein, die Fälschern doch größeres Kopfzerbrechen bereitet, in Wahrheit aber funktionslos ist. Durch solche „Zusatzfunktionen" können Sie Kopien anderer leicht nachweisen, da kein Entwicklungsingenieur bei echten neuen Eigenentwicklungen auf idente „dumme Gedanken" kommen würde.

Das kostet Ihnen fast nichts, etabliert aber eine klare Herkunftsidentität und macht Ihr Produkt schwieriger zu kopieren. Fälscher als Geschäftsleute suchen einen einfachen schnellen Profit. …wenn es zu kompliziert wird, fälschen sie vielleicht lieber das Produkt Ihrer Konkurrenzfirma.

D. Öffentlichkeitsarbeit

Zeigen Sie Ihren Konsumenten, dass sich der Kauf von Qualität und Originalware langfristig einfach rechnet! Rechnen Sie vor, wie viel diese bei fehlerhaften Produkten an Zeit und Geld für ein Service oder Reparatur aufwenden müssen. Stellen Sie auch klar, dass die Freizeit Ihres Konsumenten ja auch Geldes-Wert ist.

Klären Sie ihre Konsumenten über Gesundheits- und sonstige Sicherheitsrisiken imitierter Produkte plakativ (aber doch nicht übertrieben) auf.

E. Präsentation Ihrer Ware in der Öffentlichkeit

Wo immer Sie Ihre Waren neu präsentieren, können Sie davon ausgehen, dass einige „sehr neugierige Augen" Sie beobachten. Ob dies eine Pressekonferenz zur Vorstellung eines neuen Produktes ist (ein freier Journalist arbeitet sicher für die freundliche Konkurrenz), der Auftritt bei Messen und Ausstellungen oder die Präsentation im Rahmen einer wissenschaftlichen Konferenz.
 Tragen Sie unbedingt vor einer öffentlichen Präsentation Ihre Schutzrechte in allen für Sie relevanten Märkten ein, aber auch in Ländern aus denen viele Fälschungen kommen (Ostasien etc)
Schauen Sie sich – wenn möglich noch knapp vor Beginn der Messe – die anderen Stände an, um zu sehen ob möglicherweise Fälschungen aufliegen. Wenn ja, melden Sie diese sofort der Messeleitung. So möglich gehen Sie auf dieser Messe selbst bereits gegen Fälscher vor, nicht erst später. Das setzt aber voraus, dass Sie die notwendige Dokumentation und Vollmachten (übersetzt und beglaubigt in der Landessprache) vor Ort bereit haben. In den meisten Fällen ist ein Verweis der Fälscher aus der Messe möglich.
Viele professionelle Messebetreiber bieten mittlerweile ein Service zur Beobachtung der Produkte und Aufgriff möglicher Fälschungen an. ZB müssen Messebetreiber in China, für Ausstellungen, die länger als drei Tage dauern ein Beschwerdezentrum für Verletzung von Schutzrechten einrichten.
Auf jeden Fall sammeln Sie so viele Informationen und Beweise wie möglich über die Fälscher und Fälschungen.

F. Prävention – Informationsweitergabe und Spionage

Das Wissen um Ihre Neuentwicklungen kommt auf verschiedenen Wegen an Ihre „freundlichen Nachahmer und Fälscher". Zwei klassische Wege führen dorthin

- Kauf des bereits am Markt befindlichen Produktes und nachfolgendes Re-Engineering
- Spionage auf verschiedenen Wegen um frühzeitiger an das neue Produkt zu kommen, bzw bei sehr komplizierten Produkten überhaupt erst an das Know-how zu kommen eine Fälschung durchführen zu können.

Leider machen es viele Unternehmen Fälschern relativ leicht Know-how aus ihrer Firma zu erhalten.

- Es beginnt oft bei der mangelnden effizienten **Zutrittskontrolle**, oder man stellt dort einen unterbezahlten desinteressierten Wächter an, der oft sein Geld nicht Wert ist! Wächter sollten gut bezahlt sein und sich als „Wächter der eigenen Firma" fühlen.

- Ähnlich „lässig" wird oft mit der **Einbruchssicherheit** umgegangen.

- IT-Sicherheit wird in den meisten Betrieben verbal groß geschrieben, aber Passwörter kleben oft in der nächstgelegenen Lade. Nur wenige Unternehmen haben ein effizientes Password-Managementsystem.

- Heute hat fast jedes Unternehmen eine **Firewall** – aber ist sie noch am letzten Stand und effizient?

- Eine „**Clean Desk Policy**" haben nur wenige Unternehmen. So manche **Putzfrau**, deren Background und Herkunft nur wenige Unternehmen geprüft haben, hat somit offenen Zugang zu sehr interessanten Unterlagen. …und so manche Putzfrau ist Diplom Ingenieur!

- Können Sie den Lauf und die Weitergabe von relevantem Wissen innerhalb Ihres Unternehmens kontrollieren und dokumentieren?

- Unternehmen sind stolz auf Ihre Erfolge und zeigen diese auch gerne her. Wer kommt denn da wirklich zu **Betriebsbesichtigungen**? Welche weiteren Interessen verfolgen so manche Mitglieder der Besuchergruppe? Vor kurzem waren 43 Besucher aus China bei einem 150 Mann Betrieb - Weltmarktführer in seinem Nischenprodukt - angemeldet…

- Verkäufer sind stolz auf die tolle Ware Ihres Unternehmens und geben bei **Messen und Ausstellungen** bereitwillig jede Auskunft. – Haben Sie ihre Verkäufer in Spionagetechniken und deren Gegenwehr geschult?

- **Kongresse, „Call for Papers"** zu deren Vorbereitung, sind ein ähnliches Paradies für Spione, da auch hier der Geist der Wissensweitergabe vorherrscht.

- Wurden Ihre Mitarbeiter über die Methoden des „**Social Engineering**" geschult? – Bei Auslandsreisen fast noch relevanter als im Inland…

- Durch welche Maßnahmen wird die Fluktuation in Ihrem Unternehmen möglichst klein gehalten? (Schulungen, Motivation, Anerkennungs-systeme, finanzielle Anreize)

- Behandeln Sie Ihre **Mitarbeiter als Partner,** sodass diese stolz darauf sind, in Ihrem Unternehmen arbeiten zu dürfen und sich aus vollem Herzen als vollwertiges Mitglied Ihrer Unternehmerfamilie fühlen? Wenn nicht gibt es Frust, **„innere Kündigung",** vielleicht auch **Mobbing** – alles wunderbare Nährböden für Spionageangriffe.

- Wie prüfen Sie Geschäftspartner, Zulieferanten, Dienstleister, Dolmetscher, Lizenznehmer etc? Machen Sie systematische **Due-Diligence** Prüfungen? Wiederholen Sie diese Prüfung nach einer gewissen Zeit (2–3 Jahre)?

- Leisten Sie sich für zB China und Russlandreisen einen **zweiten Laptop**, auf dem nur die Informationen gespeichert sind, die Sie für diese Reise benötigen. Oft wird beim Zoll, im Hotel etc kurz „geprüft" ob diese „Höllenmaschine" wirklich ein Computer ist – und in ein paar Minuten haben Spezialisten bereits Ihre Festplatte kopiert.

- Kehren Sie **Schwachstellen** nicht „unter den Tisch", sondern klären Sie diese auf und lösen Sie das Problem! Jede dieser ungelösten Schwachstellen (va auch wenn sie rechtlich problematisch ist) bietet frustrierten Mitarbeitern und externen Spionen ideale Erpressungs- und Angriffsmöglichkeiten!

- Verhalten Sie sich im Management **ethisch richtig** sowohl bei Ihren internen als auch bei Ihren externen Entscheidungen. Denken Sie nach, ob Ihrer Entscheidung morgen in der Zeitung stehen könnte – und Sie trotzdem ruhig schlafen würden.

Eine gute Anti-Spionage Politik kostet Sie quasi nichts. Im Gegenteil – wenn sich Mitarbeiter wohl fühlen steigt die Kreativität und Produktivität und somit Ihre Profitabilität!

G. Prävention – bei Outsourcing

1. Wartung Ihrer IT-Infrastruktur

Viele Unternehmen lassen ihre IT-Infrastruktur bereits von hierauf spezialisierten externen Firmen warten. Sie wissen wahrscheinlich, mit wem sie dort den Wartungsvertrag abgeschlossen haben und wer dort ihr Ansprechpartner ist. Aber wissen Sie welche sonstigen Interessen der Eigentümer hat, wer dort im Sommer ein Praktikum macht? Können Sie kontrollieren, ob ausschließlich IHR Betreuer Ihr Unternehmen fernwarten kann, oder ob seine Kollegen auch Zugriff haben? Wenn ja, wer sind diese?

Es genügt nicht, dass Sie dem Eigentümer der IT Wartungsfirma die Verantwortung zuschieben seine Mitarbeiter richtig auszuwählen. Wenn über den Fernwartungszugang gegen Sie spioniert wird, sind Sie der Leidtragende und Sie können wahrscheinlich nur schwer nachweisen, dass derjenige, der Ihnen Informationen gestohlen hat ein Mitarbeiter der IT Wartungsfirma war. Selbst wenn Ihnen dies gelingen sollte, ist die Wartungsfirma finanzkräftig genug, den Schaden an Ihrem Unternehmen zu ersetzen?

2. Outsourcen von Teilen der Produktion

Auch hier die gleiche Problematik: Sie analysieren sicher die finanzielle Situation Ihres zukünftigen Partners. Aber analysieren Sie auch:

- den sonstigen Werdegang des Managements?
- soziale Abhängigkeiten führender Mitarbeiter? (Mafia-Verbindungen?)
- persönliche Karriereabsichten einzelner Mitglieder des Managements?
- Ob jemand sich vielleicht demnächst selbstständig machen will? – wäre Ihr Know-how dafür eventuell eine gute Startbasis?

Gerade in Billigländern gibt es „ehrgeizige Noch-nicht-Unternehmer, viel Korruption, mafiöse Gruppen etc – stellen Sie sicher, dass Ihr Partner hier nicht mit involviert ist, bzw nicht selbst erpresst wird.

Geben Sie nie das Know-how für ein ganzes Produkt an einen Sub-Unternehmer. Benützen Sie mehrere und führen erst in Ihrer eigenen Fabrik alle Teile zusammen.

H. Prävention im Einkauf – spezielle Gefahren für Handelsfirmen

Mit steigender Globalisierung und härterem Wettbewerb versuchen viele kleine Unternehmen, in Geschäfte einzusteigen, deren Feinheiten und Fußangeln sie nicht wirklich kennen. Dies eröffnet Fälschern wunderbare Gelegenheiten gutes Geld zu machen, denn die wenigsten Importeure machen sich die Mühe die Seriosität des Partners tiefgehend zu prüfen, die Waren vor Verschiffung zu inspizieren etc

Sollte der Zoll die Ware nicht anhalten, werden so manche dieser kleinen Handelsfirmen zu willigen Handlangern der Fälscher, denn sie wollen ja nicht das ganze eingesetzte Kapital verlieren. Sie werden also unfreiwillig, aber doch, die gefälschte Ware zu verkaufen versuchen. Da sich diese Unternehmer hiermit ins Unrecht versetzt haben, sind sie erpressbar – eine Idealsituation für betrügerische Lieferanten!

Manche nicht so ganz „saubere" Importfirma behauptet Waren - so diese durch Zufall vom Zoll aufgegriffen werden - gar nie bestellt zu haben, oder den Absender nicht zu kennen

Was diese Unternehmen übersehen ist, dass die Überwachungsstellen weltweit vernetzt sind, welche einerseits die Lieferanten beobachten und andererseits Importfirmen registrieren, die „durch Zufall laufend Waren erhalten, die sie ja gar nicht bestellt haben". Dh derartige Schutzbehauptungen werden vielleicht ein- oder zweimal „halten", danach sind sie sicher unglaubwürdig.

Beziehen Sie Ihre Ware nur von Ihnen gut bekannten, seriös etablierten Vorlieferanten, machen Sie sich die Mühe bevor Sie selbst Geschäfte abschließen die Branche kennenzulernen, lernen Sie die Mitspieler kennen, die durchschnittlich gehandelten Qualitäten, Spezifikationen und Quantitäten. Erforschen Sie, wo und wie man in dieser Branche an den Rand des legalen geht, wie sich Waren in der feuchten Luft eines Schiffstransportes über die Tropen vielleicht verändern.

Die Neulinge in einer Branche ziehen oft den Kürzeren – und Produktpiraten wissen gut, wie man Neulingen ein „tolles Geschäft" schmackhaft macht.

I. Parallelgeschäfte – Gefahren und Präventionsmöglichkeiten

Im Prinzip sind Parallelimporte von Markenwaren innerhalb der EU erlaubt. Im Gegensatz dazu benötigen Sie für Parallelimporte von außerhalb der EU, die Zustimmung des Rechtsinhabers. Aber viele kleinere Handelsfirmen passen hier nicht so genau auf.

- Vor einiger Zeit wollte ein kleiner Händler völlig legal drei Container Jeans einer bekannten Marke zu sehr interessanten Preisen aus Italien beziehen. Kurz vor Verschiffung teilte ihm der italienische Exporteur mit, dass die Ware über seinen kroatischen Partner geliefert werde. *(Dies war nunmehr - ohne Zustimmung der Markenrechtsinhabers - illegal.)* Der kleine Importeur realisierte den juristischen Unterschied nicht. Er erhielt per Fax die Verladedokumente und zahlte daraufhin gemäß Vereinbarung. Als die Ware verzollt wurde stand „aus dem Nichts" auch ein Vertreter des Markenrechtsinhabers da, der über seine Marktbeobachtung einen Hinweis auf die Verschiffung der 3 Container erhalten hatte. Der Container wurde geöffnet. Außen befanden sich einige Lagen echter Jeans, dann einige Lagen gut gefälschter Jeans, im Inneren des Containers befand sich textiler Müll. – Einige Tage später musste der kleine Importeur Konkurs anmelden. Der kroatische bzw italienische Exporteur war unauffindbar, das Geld abgehoben!

Vergewissern Sie sich also bei Parallelimporten von Markenwaren deren Produktionsursprung außerhalb der EU/des EWR liegt (und zwar auch dann, wenn der Markenrechtsinhaber innerhalb der EU seinen Sitz hat), dass Ihr Verkäufer aus dem Drittland die Ware wirklich rechtmäßig, also mit Zustimmung des Schutzrechtsinhabers in die EU/den EWR exportieren darf. Liegt diese Zustimmung nicht vor, können Sie vom Markenrechtsinhaber auf Unterlassung, Schadenersatz und Gewinnherausgabe in Anspruch genommen werden. Theoretisch haben Sie dann zwar die Möglichkeit des Regresses an Ihren Verkäufer, aber dessen Firma wird, so es sich um gefälschte Ware handelt, wohl nicht mehr auffindbar sein.

J. Prävention – Kooperation mit Ihrem Mitbewerber!?

Wenn Sie die Präventionsmaßnahmen alleine und weltweit durchführen wollen so sind die Kosten doch beträchtlich. Oft hat Ihr „freundlicher Mitbewerber" die gleichen Probleme. Also warum nicht mit ihm kooperieren. Selbst große Unternehmen wie zB Puma und Adidas gehen hier mit gutem Beispiel voran.

- Organisieren Sie eine gemeinsame Marktbeobachtung auf Tagesmärkten, in Geschäften bei Messen und Ausstellungen
- Organisieren Sie gemeinsam mit Ihrem Mitbewerb Razzien bei Fälschern. Die Produktionstechnologie für Ihr Produkt und das Ihres Mitbewerbs ist oft ähnlich bis ident, daher stellen auch viele Fälscherfabriken auf den gleichen Maschinen die „Waren" von verschiedenen Mitbewerbern her.
- Schulen Sie gemeinsam Zoll und andere Informationsträger.
- Beobachten Sie gemeinsam die Schutzrechtsanmeldungen.
- Intervenieren Sie gemeinsam bei staatlichen Stellen.
- Durch Mitgliedschaft bei speziellen Vereinigungen können Sie Ihre Kosten senken und die Effektivität Ihres Handelns vergrößern (ICC-Counterfeiting Intelligence Bureau, London; ICC; BASCAP; APM, Berlin; Stop-Piracy, Zürich; ICC-Austria etc)

K. Makroökonomische Präventionsarbeit der ICC – BASCAP

Der Anti-Produktpirateriearbeitskreis der ICC in den einzelnen Ländern koordiniert die Interessen der schutzsuchenden Unternehmen und Schutzrechtsinhaber mit Herstellern technischer Produkte, Anwälten, Detektiven, Herstellern von Schutzmechanismen, Zollbehörden die sich auf Maßnahmen gegen Produktpiraterie spezialisiert haben.

Das technische Backup macht das ICC International Counterfeiting Intelligence Bureau in London und mit diesem kooperierende internationale Anwalts- und Detektivassoziationen.

Einerseits geht es um einen optimalen praxisnahen Erfahrungsaustausch zwischen betroffenen Firmen, Experten und Organisationen, andererseits um die Optimierung der Kooperation zwischen Wirtschaft, Zoll, Justiz und Politik. In den Arbeitskreisen wird auch Information über die neuesten Trends bei Fälschungstechniken, sowie über präventive Kennzeichnung und Sicherheitsmerkmale vermittelt, aber auch Hilfestellung bei der weltweiten Nachforschung gegeben.

Die BASCAP Initiative („Business Action to Stop Counterfeiting and Piracy") der Internationalen Handelskammer, die von CEOs weltweit führender Unternehmen unter dem Dach der ICC ins Leben gerufen wurde koordiniert weltweit die politischen, medialen, juristischen und wirtschaftlichen Initiativen gegen Produktpiraterie.

Viele branchenspezifische Assoziationen können aufgrund der überregionalen und branchenunabhängigen Kraft der ICC und BASCAPs ihrer Effizient beträchtlich steigern. BASCAP hat daher als globale und sektorübergreifende Aktion bei politischen und medialen Meinungsbildnern einen großen Stellenwert erlangt.

So konnte auch bei den letzten G8 Gipfeln der führenden Staaten das Thema Produktpiraterie auf die Tagesordnung gebracht werden und durch starke Beachtung im Endkommunique der Gipfel wurde diesem Thema eine beachtliche politische und mediale Gewichtung gegeben.

BASCAP verfolgt das Ziel, das Bewusstsein der Öffentlichkeit für die kurz- und langfristigen Gefahren der Produktpiraterie zu schärfen, aber auch die länderübergreifende Zusammenarbeit mit Regierungen beim Kampf gegen die Markenpiraterie sowie praktische Hilfestellung für Unternehmen zu leisten.

IX. Spezialproblem China

Der Schaden, den chinesische Produktpiraten und Markenfälscher anrichten, lässt sich nur schwer beziffern, geht aber wahrscheinlich in die € 100 Mrd jährlich. Zu den Opfern der Fälscher gehören nicht mehr nur westliche Markenhersteller wie Gucci und Rolex. Vor zwei Jahren starben zwölf Säuglinge in Ostchina. Ihre Eltern hatten sie unwissentlich mit gefälschtem Milchpulver gefüttert. Der Melaminskandal ist bekannt. Es gibt Schätzungen, dass bis zu 200.000 Menschen jedes Jahr durch die Einnahme billig imitierter Medikamente sterben.

Abbildung 42: Ursprungs- bzw. Herkunftsland der Waren

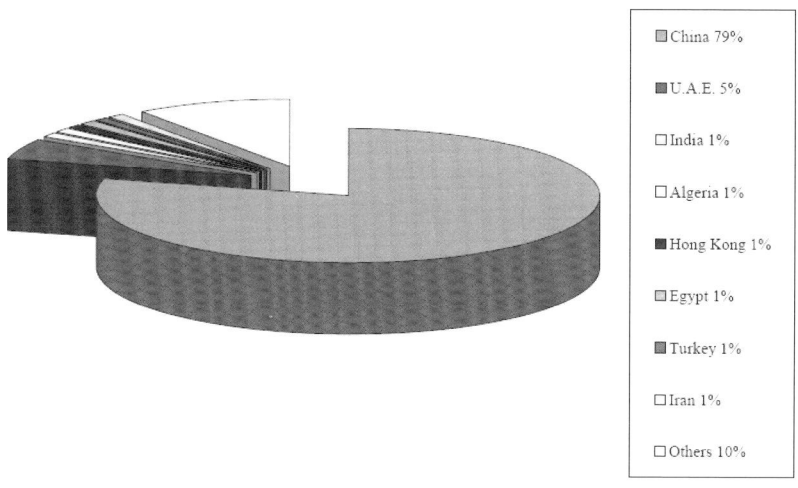

Quelle: *EU-Kommission* (2007)

China geht auch zunehmend streng gegen große Schuldige vor. So wurde im Juli 2007 der Leiter der staatlichen Lebens- und Arzneimittelzulassungsstelle zum Tode verurteilt, nachdem sich herausgestellt hat, dass er gegen Schmiergeld Sub-Standard-Lebensmittel und gefälschte Arzneien zugelassen hatte.

Chinesische Unternehmen fälschen heute alles: Spielzeuge, Aspirin, Handtaschen, Schokolade, Autoteile, Schnellzüge, Kinofilme und Werkzeugmaschinen werden hemmungslos nachgebaut und mit falschen Markennamen ausgezeichnet. Der Imagevorteil ausländischer Markenprodukte ist so groß, dass ein chinesischer Sportartikelhersteller seine T-Shirts gleichzeitig mit dem Logo von Nike und Adidas bedrucken ließ.

In vielen chinesischen Städten ist es schwerer Originalprodukte zu erwerben als Plagiate. Der volkswirtschaftliche Schaden ist verheerend. Die meisten chinesischen Firmen verzichten völlig auf eigene Forschungs- und Entwicklungs-arbeit. Warum sollte man Geld für Innovationen ausgeben, wenn die Konkurrenten auf der anderen Seite der Straße, diese Idee in der kommenden Woche kopieren.

Die chinesische Staatsführung hat inzwischen eingesehen, dass es im großen Interesse Chinas liegt, Markenfälscher und Patentpiraten zu bestrafen – nur die praktische Umsetzung ist – selbst für die chinesische Staatsführung – schwirig.

Druck kommt nicht nur aus den USA, der EU und Japan, sondern es beginnen sich auch Widerstände innerhalb Chinas, seitens chinesischer Unternehmen selbst zu regen, doch intensiver gegen Fälscher vorzugehen.

- zB sind 25% der verkauften Mobiltelefone Fälschungen – und zwar legaler chinesischer Produkte; Ähnliches spielt sich bei Küchengeräten, Fernsehern etc ab.
- *Die chinesische Firma Haier war einst ein Partner der Firma Liebherr Haushaltsgeräte, Österreich. Haier machte sich nach ein paar Jahren „mit dem erhaltenen" Know-how selbstständig und baute über die Jahre erfolgreich das weltweit größte Haushaltsgeräteunternehmen auf. Mittlerweile hat Haier selbst Schwierigkeiten, da kleine lokale Konkurrenten den Markennamen Haier missbrauchen, die Geräte kopieren und billig auf den Markt bringen. Die Qualität der nachgebauten Produkte ist oft bescheiden, aber die große Firma Haier wird für das Service verantwortlich gemacht. Haier verfolgt diese Produktpiraten systematisch und drängt die chinesische Regierung, doch die bestehenden Anti-Produktpirateriegesetze effizient umzusetzen!*

Basierend auf dem konfuzianischen Weltbild hat Kopieren in China Tradition. Perfektion wird durch die Nachahmung des „Meisters" erreicht. In der Schule lernen chinesische Kinder die Pinselstriche berühmter Kalligrafen zu kopieren. Das chinesische Wort für lernen („xue") bedeutet gleichzeitig imitieren.

China ehrt Künstler, die einen großen alten Meister der bildenden Kunst perfekt kopieren können. Chinesen sehen Wissen traditionell nicht als Individualrecht an wie wir, sondern Wissen gehört letztlich dem „Reich der Mitte" und kann von diesem geteilt und verteilt werden.

A. China – Fälschung von Fabriken und ganzen Unternehmen

Das wachsende technische Wissen und die Professionalität chinesischer Fälscher lassen diese zunehmend größere Herausforderungen annehmen.

Die Aufregung um täuschend ähnlich kopierte deutsche Kraftfahrzeuge auf der Frankfurter Automobilshow im Herbst 2007 ging durch alle Medien. Aber auch ganze Fabriken mit allen Maschinen und Anlagen werden bereits kopiert.

- Jüngst wurde einem italienischen Erzeuger von Reifenwucht-Maschinen zu seiner neuen Fabrik in China gratuliert - nur er wusste nichts davon!
- Gipfel der Dreistigkeit war die Nachahmung des japanischen Elektronikgiganten NEC als „Unternehmen". (Hersteller von DVD-Spielern, MP3, Keyboards, Fernsehgeräten etc). NEC wurde 2004/2005 auf Fälschungen seiner Produkte in China und Hong Kong aufmerksam, nachdem man von Konsumenten Reparaturaufträge für elektronische Geräte guter Qualität mit „offizieller Garantie" erhielt, die man nicht produziert hatte. NEC beschlagnahmte diese Kopien nicht sofort, sondern tauschte sie gegen echte Waren aus. Über die zufriedenen Kunden begann man die Vertriebskette nachzuverfolgen, um zu den Produktionsstätten zu kommen. Was sich letztlich den Ermittlern darbot war Erstaunliches: es hatte sich ein Netzwerk von „NEC" Büros und technischen Zentren etc etabliert. Die Manager hatten „NEC Visitkarten". Das falsche „NEC HQ" vergab an rund 18 chinesische und taiwanesische (teilweise große) Fabriken – streng kontrolliert – Lizenzen, um unter der NEC Marke zu produzieren. Die gefälschte Ware wurde über das „NEC" Vertriebsnetz in Asien bis in den Mittleren Osten und Afrika vertrieben. Manch chinesische Fabrik erhielt sogar die „offizielle Erlaubnis" unter dem NEC Namen Waren in ihre eigenen Vertriebskanäle zu verkaufen. Auch wurden „NEC Produktgarantien" ausgegeben. Das Ziel der starken chinesischen Mafiabande war, den japanischen NEC Konzern zu destabilisieren und wenn möglich später zu übernehmen.

B. Outsourcing nach China

Zunächst ist es für europäische Unternehmen wichtig sich zu überlegen, welches Know-how man überhaupt bereit ist nach China zu bringen. Man muss wissen, dass Know-how, das leichtfertig herausgegeben wird, von chinesischen Mitarbeitern oder Geschäftspartnern auch relativ zügig weitergegeben wird (so es ihnen persönlich nützlich ist). Es ist recht unwahrscheinlich, dass das Know-how innerhalb des Unternehmens bleibt.

Man muss auch damit rechnen, dass bei strategisch wichtigen Produkten Manager und Vorarbeiter unter „sanftem Druck des Staates" schnell zu einem anderen lokalen Konkurrenten „versetzt" werden um ihr angeeignetes Know-how dort „einsetzen" zu können.

Viele europäische Unternehmen handeln viel zu überstürzt und unüberlegt. Das ist ein großer Fehler. Vielfach gibt es keine langfristigen strategischen Überlegungen, was man wann wem geben will, welche Konsequenzen das auf das Unternehmen zu Hause hat, wie man den chinesischen Partner langfristig in Zaum und hungrig hält.

Man muss schrittweise vorgehen, denn in Ihrem ganzen Produkt steckt vielleicht viel Know-how, welches man besser nicht weitergeben sollte. Eine Möglichkeit für ein Unternehmen ist es, nur bestimmte Teile in China fertigen zu lassen, verschiedene Teile und Komponenten von verschiedenen Zulieferanten fertigen zu lassen und die Teile an einem dritten Ort zusammenzuführen.

Unternehmen können auch die Produktion von relativen Lowtech Produkten, die nicht mehr der letzte Stand der Technik sind nach China auslagern. Die Produktion der neuesten Hightech Produkte behält man aber zu Hause. Ein Unternehmen, das etwa Textilmaschinen herstellt, kann ohne hohes Risiko die Produktion seiner Lowtech-Linie, die ohnehin mit Preisverfall zu kämpfen hat, nach China auslagern, wo die Maschinen zu chinesischen Lohnkosten hergestellt werden. Mit der Strategie, alle 6 Monate ein bisschen neues Know-how nach China weiterzugeben, kann man einen Partner oft über Jahre bei der Stange halten. Zugleich kann man diese eigenen Low-tech-Maschinen, die nur mehr zu Grenzkosten zu Hause hergestellt wurden, nun mit einer schönen Handelsspanne auf dritten Märkten vertreiben.

C. Sicherung Ihrer Schutzrechte – juristische Basis

Im Prinzip gelten in China ähnliche Gesetze wie in Deutschland, die Chinesen haben sich das deutsche Gesetz zum Vorbild für ihr eigenes genommen. Aber das nützt nicht viel, wenn die Gesetze nicht rigoros angewendet werden.

Es können quasi die gleichen Schutzrechte wir bei uns eingetragen werden: – Marken, Geschmacksmuster, Gebrauchsmuster, Patente etc.

Wichtig ist, dass Sie bereits bei den ersten Verhandlungen ein Geheimhaltungsabkommen mit Ihren Gesprächspartnern schließen und vertraglich vereinbaren, wer was mit dem jetzt besprochenen Know-how tun darf. Denken Sie daran, dass einer Ihrer Gesprächspartner (oder sein Assistent) neben der Firma, mit der Sie sprechen, vielleicht privat auch noch eine Firma hat und all das von Ihnen Gelernte dort brühwarm umsetzt. Dieses Szenario sollte das weit gefasste Geheimhaltungsabkommen ebenfalls abdecken.

Bedenken Sie, was alles kopiert werden könnte:

- Marken: Firmenname (in lateinischer und chinesischer Schrift sowie in seiner phonetischen Aussprache), Firmenlogo oder Produktnamen (Buchstaben und Nummern)
- Designs: Warendesign, Verpackung, Werbegrafiken und -designs,
- Maskottchen, markante Aufschriften
- Copyright und Software
- Geschmacksmuster, technisches Know-how, technisches Design, Patente
- Domain-Namen, Metatags, Keyword-Advertising etc.

Um Ihre Schutzrechtseintragung professionell durchführen zu lassen, empfehlen wir eine auf diese Aufgabe, sowie auf Produktpiraterie in China spezialisierte Anwaltskanzlei zu suchen.

Die Registrierung selbst erfolgt je nach Schutzrecht beim

1. „China Trade Mark Office"
   http://sbj.saic.gov.cn/english/index_e.asp

2. „State Intellectual Property Office"
   http://www.sipo.gov.cn/sipo_English

3. „National Copyright Administration"
   http://english.ipr.gov.cn/en/index.shtml

4. „China Internet Network Information Center"
   http://www.cnnic.net.cn/en/index/

Allgemein ist zu sagen, dass die beauftragten Agenturen um die Registrierung durchzuführen, überbeglaubigte Dokumente Ihrer Schutzrechte und eine überbeglaubigte Vollmacht Ihres Unternehmens benötigen.

Bei Marken und Patenten führt die zuständige Behörde zunächst eine vorläufige Prüfung des Antrags durch und stellt innerhalb von drei Monaten eine Empfangsbestätigung mit dem Einreichdatum und einer Registrierungsnummer aus. Danach folgt eine eingehende Prüfung. Bis zur Erteilung der vorläufigen Genehmigung kann es bis zu vier Jahre dauern. In dieser Zeit entsteht für die angemeldete Marke bzw das Patent bereits ein Prioritätsrecht. Nach Abschluss der vorläufigen Prüfung und Genehmigung des Antrages wird dieser zB in der offiziellen Trademark Gazette veröffentlicht. Ab diesem Zeitpunkt beginnt eine Einspruchsfrist von drei Monaten zu laufen. Verstreicht diese ohne Einspruch, wird eine Registrierungsbescheinigung ausgestellt.

1. „China Trade Mark Office"[52]

Ausländische Unternehmen müssen sich immer eines zugelassenen Trade Mark Agents bedienen. Es ist sinnvoll, eine Marke nicht nur in der Originalsprache sowie englisch, sondern auch in chinesischer Sprache – phonetisch – eintragen zu lassen. (hier muss große Beachtung auf die unterschiedlichen Sinninhalte der chinesischen Schriftzeichen gelegt werden). Die Unterlagen sind in chinesischer Sprache beizubringen. Die Eintragung kann derzeit drei bis vier Jahre dauern. Gegen Ablehnungen kann eine Berufung eingebracht werden. Sobald die 3-Monatsfrist für Entgegnungen gegen eine Schutzrechtsanmeldung abgelaufen ist, kann der Schutzrechtsinhaber vom Verletzer Schadenersatz verlangen. Die Schutzdauer beträgt zehn Jahre und kann verlängert werden.

Die reinen staatlichen Eintragungsgebühren sind relativ niedrig, hinzu kommen aber Kosten von fachgerechten Übersetzungen, Anwaltsgebühren etc, sodass im Ergebnis ähnliche Gesamtkosten wie in Europa entstehen. Als Service offeriert das China Trade Mark Office eine Suche nach Markennamen in China.

Es ist auch möglich, über internationale Abkommen Schutzrechte in China registrieren zu lassen. Ihr Fachanwalt berät Sie sicher gerne über die Vor- und Nachteile.

2. „State Intellectual Property Office"

Hier können **Patente** und **Geschmackmuster** registriert werden.

Am 27. Dezember 2008 wurde die dritte Novelle des chinesischen Patentgesetzes verabschiedet und trat mit 1. Oktober 2009 in Kraft.

---

52 *Nützliche Webseiten:*
Patent- und Lizenzagentur des CCPIT Beijing: http://www.ccpit.org oder http://english.ccpit.org/ (Stand: 26.06.2009).
China Trademark & Patent Law Office http://www.trademarkpatent.com.cn/EN/index.htm/.
China Patent Agent (H.K.) Ltd. in Hongkong: http://www.cpahkltd.com/ (Stand: 26.06.2009).

Die Novelle enthält keine Regelung mehr, welche eine erstmalige Patentanmeldung in China („local first-filing rule") vorschreibt. Für Erfindungen („inventions completed in China"), welche in einem ersten Schritt im Ausland zum Patent angemeldet werden, ist eine Überprüfung hinsichtlich der Ge-fährdung der nationalen Sicherheit in China vorgeschrieben. Die Novelle bringt außerdem Änderungen wie die Erfordernis der absoluten Neuheit („absolute novelty"), Offenlegungspflicht für genetische Quellen etc (Text der Novelle unter http://www.sipo.gov.cn/sipo2008/yw/2008/200812/t20081227_435527.html, weitere Infos unter http://www.omm.com/china-amends-patent-law-01-07-2009/.)

Ausländische Unternehmen müssen sich immer eines zugelassenen „Patent Agents" bedienen. Die Unterlagen sind in chinesischer Sprache beizubringen. Die Neuheit darf noch in keiner Publikation veröffentlicht worden sein, was eine große Hürde darstellt. Die Neuheit muss vollständig beschrieben sein, notfalls unter Hinzufügung technischer Zeichnungen. Die Schutzdauer für Patente beträgt 20 Jahre, für Gebrauchs- und Geschmacksmuster 10 Jahre ab der Einbringung des Antrags.

3. „National Copyright Administration"

Hier können u. . **Urheberrechte** oder **Softwaredesign** registriert werden. Diese Rechte müssen nicht registriert werden, um anerkannt zu werden, aber als Beweismittel für eine Durchsetzung ist eine Registrierung sehr hilfreich.

Beim Copyright gibt es ein Problem: eine technische Zeichnung ist direkt als Copyright schützbar. Wenn aber ein Fälscher aufgrund dieses Planes zB einen Autoersatzteil oder eine Maschine baut, sind diese nicht durch das Copyright geschützt. Es ist nur eine unrechtmäßige Kopie des Planes geschützt, nicht aber das, was jemand daraus macht!

4. China Internet Network Information Center

Wenn Sie in China aktiv werden wollen ist es auch sinnvoll Ihre Website und Markennamen in möglichen Kombinationen als **Domain** registrieren zu lassen.

Ausländische Unternehmen müssen sich immer eines zugelassenen Agents bedienen. Die Unterlagen sind in chinesischer Sprache beizubringen und es ist sinnvoll, auch die entsprechenden Keywords in chinesischer Sprache zu registrieren. Immer der erste Anmelder hat Vorrang. Es ist zwar verboten, „fremde" Marken und Domains anzumelden, aber dies wird erst einmal nicht überprüft. Die Laufzeit ist unbegrenzt.

D. Eintragung der Marken- und Schutzrechte in China – zweckmäßig ?

Es wird viel diskutiert, ob es überhaupt sinnvoll ist, seine Markenrechte in China eintragen zu lassen. Hier sollte man zwischen den Fällen unterscheiden, in denen man aus geschäftstechnischen Gründen zögert, auch in Europa oder den USA seine Schutzrechte einzutragen und jenen wo man in Europa und USA auf jeden Fall die Eintragung vornimmt.

Aus unserer Sicht wird diese Frage für die Fälle, in denen man in Europa und den USA die Eintragung vornimmt, auch für China in den meisten Fällen mit „ja" zu beantworten sein, denn Fälschungen am Markt

- reduzieren den Wert Ihrer Marke und Schutzrechte,
- führen zu Umsatzverlusten beim Schutzrechtsinhaber
- senken das allgemeine Preisniveau für Ihre Waren
- verunsichern Konsumenten.

Ohne Eintragung hat man garantiert keine rechtliche Handhabe gegen Fälscher.

Man sollte sich aber durchaus bewusst sein, dass so manche chinesische Firma sich darauf spezialisiert hat den internationalen Markt auf vielversprechende Produkte zu sondieren und zu prüfen, ob die entsprechenden Schutzrechte bereits in China eingetragen sind und wenn nein, diese für sich eintragen zu lassen. Es kommt auch vor, dass „Spezialisten" Informationen von offiziellen chinesischen Eintragungsstellen erhalten, um eventuell noch schnell selbst gleiches oder ähnliches zu registrieren.

Registrierungen empfehlen sich auch, um im Falle von Unfällen durch gefälschte Ware mögliche Haftungsansprüche von vornherein zu reduzieren, indem man belegen kann, alle juristischen Präventionsmaßnahmen getroffen zu haben und auch aktiv gegen Fälscher vorgegangen zu sein.

Kann man diese Unterlagen nicht vorlegen, ist wahrscheinlich der Gegenbeweis, dass die einen Schaden verursachende Ware gefälscht war, schwerer antreten.

Auch senden Unternehmen, die all Ihre Schutzrechte registrieren sowie sofort gegen Fälscher aktiv werden, ein klares Signal an die Fälscher, „Finger weg, hier ist es besser seine Aktivitäten nicht auszuweiten". Potenzielle weitere Nachahmer werden abgeschreckt und suchen sich Waren, deren Markenrechtsinhaber keine Verfolgungsaktivitäten setzen.

X. Bekämpfung in China

Die Strukturen des Marken- und Schutzrechtsmissbrauchs sind vielfach mafiös. Es handelt sich nicht immer um die Taten Einzelner, sondern vielfach um organisiertes Verbrechen, in das auch immer wieder Politiker und hohe Beamte involviert sind.

Die Bandbreite der Produktionsstätten von Fälschungen reicht von kleinen Hinterhofwerkstätten bis zu modernsten großen Fabriken.

Zu Verringerung des Risikos der Verfolgung und der Konsequenz von Aufgriffen werden die Produktion von Vormaterialien, die Assemblierung der Fertigprodukte sowie die Produktion der Markenzeichen und das Aufbringen der Markenzeichen auf die fertige Ware teilweise in unterschiedlichen Fabriken durchgeführt.

So kann es leicht vorkommen, dass man bei einer Razzia zwar die fast fertige Ware, allerdings noch ohne aufgebrachte Markenzeichen vor sich hat. In diesem Fall fällt es recht schwer den Beweis anzutreten, dass dies eine Fälscherfabrik ist.

Die Fabriken in denen die letzten Markenzeichen etc aufgebracht werden sind oft nur temporär besetzt (das Aufbringen der Markenzeichen geht ja – je nach Produkt – schnell) und es kann leicht vorkommen, dass die Razzia in einer Fabrik erfolgt, in der es just zu diesem Zeitpunkt keine gefälschten Waren gibt (obwohl dies vielleicht eine Woche vorher noch anders war).

Neuerdings werden gefälschte Waren (zT noch nicht fertig assembliert) ohne aufgebrachte Markenzeichen teilweise direkt in die Zielmärkte verschifft. Erst dort wird, in von chinesischen Banden gemieteten Lagerhäusern mit chinesischen Arbeitern, fertig assembliert und die Markenzeichen auf die Ware aufgebracht. Dies reduziert das Aufgriffsrisiko beim exportseitigen chinesischen und beim zB italienischen Zoll beträchtlich. So lässt sich auch das Risiko, dass die teuren Fabriken und Maschinen in China selbst bei Razzien „beschädigt" oder geschlossen werden, stark reduzieren.

Etwa die Hälfte der chinesischen Fälschungen wird nicht in Hinterhofwerkstätten gefertigt, sondern in modernen Fabriken die teilweise recht unbehelligt von den Behörden arbeiten. Die Firmenbosse – ein Teil von ihnen sind Auslandschinesen – zahlen stattliche Schmiergelder und manchmal sogar Steuern. Die Zentralregierung hingegen nur mickrige Gehälter…

Lokale Politiker sind allerdings auch in einem Interessenskonflikt. Würden sie eine große Fälscherfabrik aufgrund des Rechts eines einzelnen ausländischen Unternehmens schließen, dann würden eventuell hunderte oder tausende Menschen plötzlich auf der

Straße sitzen. So gibt es aufgrund der weit verbreiteten Korruption kleine Regionen in denen Fälscher fast „sicher" arbeiten können – quasi unter dem „Schutz der Behörden".

Gerichte sind nicht unabhängig wie in Europa, sondern wie alles in China in eine Parteihierarchie eingeflochten. Die lokale Administration und die lokale Partei bekommen immer mehr Aufgaben von der Zentralregierung übertragen. Dies reicht von der Finanzierung ihrer Aufgaben durch lokale Steuern, bis zur Verfolgung von Verletzungen von Schutzrechten. Hier kommt es notwendigerweise dann zu Interessenskonflikten.

Auch das Verbot des Geschenkgebens ist für China neu. Korruption im westlichen Sinn war immer Bestandteil des chinesischen Lebens. Nur in den letzten Jahren beginnen echte Anstrengungen, diese mit zum Teil drastischen Strafen zu reduzieren.

Höhere Behörden sind eher weniger korrupt als lokale. In Gebieten mit hohem Anteil an Auslandsinvestitionen beachten Behörden eher die Gesetze und helfen bei deren Durchsetzung. Markenrechtsinhaber melden in letzter Zeit vermehrt Erfolge bei der Durchsetzung ihrer Ansprüche und bei der Kooperationsbereitschaft der Behörden.

Mit dem Einsetzen der Wirtschaftskrise im Herbst 2008 scheint sich hier wieder eine kleine Trendumkehr zum Negativen anzubahnen. Viele chinesische Konsumgüterproduzenten sind von der Konsumreduzierung in USA, Japan und EU stark getroffen. … Verwaltungsbeamte haben zunehmend mehr „Mitleid".

A. Ihre Schutzrechte wurden von anderen bereits in China registriert

Wie überall auf der Welt hat der ursprüngliche Rechtsinhaber bei einer böswilligen Eintragung die Möglichkeit, gegen eine laufende oder bereits erfolgte Registrierung seines Schutzrechts Einspruch zu erheben.

Nur was ist die Definition der Bekanntheit einer Marke? Bezieht sich diese nur auf China? – oder weltweit? – alles nicht so einfach! Das Widerspruchsverfahren dauert ca. 4 Jahre. Die direkten Kosten für das staatliche Verfahren sind marginal, die Kosten für Übersetzungen und Anwälte jedoch beträchtlich.

Und, solange das Widerspruchsverfahren nicht erfolgreich abgeschlossen ist, können Sie Ihre Marke in China nicht verwenden bzw der vorläufige Rechtsinhaber kann gegen Sie vorgehen.

B. Verletzung Ihrer eingetragenen Schutzrechte in China

Ausländische Schutzrechtsinhaber, die aktiv gegen Fälscher vorgehen wollen, müssen als Basisvoraussetzung alle Ihre Marken- und sonstigen Schutzrechte etc rechtzeitig und vollständig in China eingetragen haben. Es ist empfehlenswert, dies mit auf dieses Thema spezialisierten Rechtsanwalts- oder Patentanwälten zu machen. (Informationen bei ICC)

Auch sollte man spezielle Monitoring-Agenturen engagieren, die Märkte, Geschäfte, Messen und Ausstellungen überwachen und erste Anzeichen für Fälschungen sofort dokumentieren, um so mögliche Beweise sicherstellen. Bei Verdacht, oder ersten Beweisen müssen dann Detektive engagiert werden, die die Spur vom Handel bis zurück zu den Produktionsstätten verfolgen. Hier ist es sehr hilfreich, wenn der Schutzrechtsinhaber aus seiner Recherche bereits Hinweise geben kann, welche chinesischen Handelsfirmen beispielsweise ins Ausland geliefert haben. Diese Detektivarbeit ist je nach Fall ein kürzerer oder sehr aufwändiger Weg.

Wenn die Daten klar vorliegen, sollte man sich nochmals mit einer auf diese Problematik spezialisierten Rechtsanwaltskanzlei zusammensetzen, um die Durchsetzungsmöglichkeiten und -risiken, sowie die jeweiligen Kosten zu besprechen.

C. Rechtliche Maßnahmen

Nach Erhebung der relevanten Umstände gibt es mehrere Möglichkeiten gegen Verletzer von Schutzrechten vorzugehen. Eine Besonderheit ist hier die „Dual Track"-Durchsetzungsmöglichkeit. Dabei wird neben dem zivilrechtlichen Verfahren auch verwaltungsrechtlich gegen Marken-, Schutz- und Patent-rechtverletzer vorgegangen.

   1.) Zivilverfahren vor den ordentlichen Gerichten
   2.) Verwaltungsverfahren bei „State Administration of Industry and Commerce" – SAIC
   3.) Verwaltungsverfahren vor dem „Technical Supervision Bureau" – TSB
   4.) Verwaltungsverfahren vor dem „Intellectual Property Office" – SIPO
   5.) PR Complaint Center
   6.) Zollverfahren

1. Zivilverfahren vor den ordentlichen Gerichten[53]

Die Gerichte können von Schutzrechtsinhabern direkt und unabhängig von der Durchführung eines Verwaltungsverfahrens angerufen werden.

Zur Sicherstellung von Beweisen vor einem lang dauernden Zivilverfahren kann eine einstweilige Verfügung beantragt werden, wenn der Schutzrechtsinhaber befürchten muss, dass Beweise zu einem späteren Zeitpunkt nur schwer oder nicht zu beschaffen sein werden. Der Antragsteller muss dann eine Sicherstellung hinterlegen. Dies muss er auch tun, wenn er beantragt, dass die verletzenden Aktivitäten bis zum Prozessausgang eingestellt werden sollen – dies va wenn die Gefahr besteht, dass der Verletzer in seinen Handlungen fortfährt.

Vorteile: Schadensersatz kann zugesprochen werden; wesentlich größere abschreckende Wirkung als ein Verwaltungsverfahren; Beschlagnahme der gefälschten Waren oder der speziell zur Herstellung dieser Waren verwendeten Werkzeuge, Formen, Materialien etc; höhere Kompetenz der Richter (va in den Großstädten); bessere Transparenz des Verfahrens

Nachteile: dauert einige Jahre; höhere Anforderungen an die Vorlage von Beweisen; Beweise von außerhalb Chinas müssen überbeglaubigt und in chinesische Sprache übersetzt sein; Zivilverfahren sind wesentlich teurer als Verwaltungsverfahren; die Exekution von Gerichtsentscheidungen ist oft schwierig; Prozessinhalte können an die Presse gelangen

2. Verwaltungsverfahren vor der SAIC – State Administration for Industry and Commerce - bei Markenrechtsverletzungen

Voraussetzung für das Eingreifen der Behörde ist der Nachweis des Markenrechts, die Vorlage von Beweismitteln für die Fälschung (Waren, Fotos etc), die Angabe des Ortes der Rechtsverletzung sowie der Name des Rechtsverletzers.

China verlässt sich bei der Bekämpfung der Produktpiraterie überwiegend auf administrative Geldstrafen (ein paar tausend Euro sind schon viel).

---

53 Der Vollständigkeit halber sei hinzugefügt, dass bei gravierenden Verletzungen von Schutzrechten theoretisch auch vor den Strafgerichten eine Klage eingebracht werden kann. Dies ist in der Praxis jedoch nicht sehr bedeutend, dass chinesische Strafgerichte derzeit recht unwillig sind für Verletzung von Schutzrechten mögliche Gefängnisstrafen – bis zu sieben Jahren – auszusprechen. Allerdings hat eine strafrechtliche Anklage doch eine beträchtliche abschreckende Wirkung.

Unternehmen, die in der Vergangenheit Verfolgungsmaßnahmen gesetzt haben berichten, dass offizielle chinesische Stellen oft nur unter Einsatz von "Geschenken" zum Eingreifen zu bewegen waren. Diese "Geschenke" sollen angeblich bei Polizei und Justiz höher ausfallen, als bei den speziellen administrativen Stellen zum Schutz des geistigen Eigentums – SAIC.

Die Kosten der Verfolgung sind je nach Fall sehr unterschiedlich. So kann man von Kosten von € 1.600 bis 2.000.- für eine einmalige Razzia im Konsumgüterbereich vor dem SAIC inkl der Kosten für Begleitung des Detektivs etc wegen Markenrechtsverletzung ausgehen. Hier muss aber bereits die Vorarbeit des Ausfindig Machens des Zielobjektes und der Sicherstellung der juristischen Ansprüche gemacht worden sein.

Erwähnenswert ist auch, dass die lokalen Unternehmen und somit auch Fälscherunternehmen (soweit sie nicht gänzlich illegal im Untergrund arbeiten) von der SAIC die Produktionsgenehmigungen erhalten, also hier Steuer zahlen. Es besteht somit immer ein gewisser Interessenskonflikt innerhalb der AIC. Manche Fälscherunternehmen werden auch noch schnell gewarnt, dass ein Antrag eines ausländischen Rechtsinhabers vorliegt oder es werden da und dort noch Beweismittel zur Seite geschafft.

Vorteile: relativ kostengünstig; recht schnell; effizient; Anforderungen an Beweise sind weniger streng als im Zivilverfahren; die Beschlagnahmung von gefälschten Waren, aber auch Werkzeugen ist möglich; ebenso die Einsicht in die Bücher und Verträge

Nachteile: Fälscher müssen mit relativ "vielen gefälschten Waren vor Ort" erwischt werden; kein Schadenersatz; geringe Strafen; keine Verhaftung von Verdächtigen; wenig abschreckende Wirkung; Fälscher produzieren vielleicht an anderen Orten weiter

3. Verwaltungsverfahren vor dem "Technical Supervision Bureau" – TSB – der General Administration of Quality Supervision, Inspection and Quarantine[54]

Das TSB implementiert das Produktqualitätsgesetz und geht in seinem Rahmen über das Markenrecht hinaus. Es verbietet

---

54 Siehe: http://english.aqsiq.gov.cn/ (Stand: 26.06.2009).
Siehe: http://www.sipo.gov.cn/sipo_English/ (Stand: 26.06.2009).

- das Nachmachen und Fälschen von Qualitätszeichen.
- das Fälschen der Adresse des Herstellers.
- das Fälschen von Herkunftsbezeichnungen.
- die Beimengung unerlaubter Inhaltsstoffe.
- die Präsentation von gefälschter Ware als echte.
- das Vortäuschen, dass Ware von de facto geringem Wert, Qualitätsware ist.

Das TSB kann bereits bei offensichtlich falschen Angaben auf der äußeren Verpackung etc tätig werden. Dies ist ua in Fällen hilfreich, wo keine Markenrechtsverletzung vorliegt, da es der europäische Markenrechtsinhaber versäumt hat diese vollständig einzutragen.

Die Folgen des Verfahren reichen von der Beschlagnahme und Zerstörung von gefälschten Waren, die nicht den industriellen Standards entsprechen oder die eine Gefährdung der Gesundheit herbeiführen könnten, über die Beschlagnahme von Werkzeug, Material, Verpackung, das für die Schutzrechtverletzung verwendet wurde, bis hin zu Unterlassungsanordnung gegen die Fälscher, Verhängung von Strafgeldern oder Beschlagnahme der illegalen Einkommen. Schadenersatz ist auch hier nur im Zivilverfahren einklagbar.

4. Verwaltungsverfahren vor dem „Intellectual Property Office" – SIPO

SIPO implementiert das Gesetz über Patentrechte, Gebrauchs- und Geschmacksmuster. Auf der zentralen Ebene gibt es das „State Intellectual Property Office- SIPO" dem auf der Provinz- und lokalen Ebene die Intellectual Property Offices unterstellt sind.

Mit dem Nachweis der Verletzung von Patenten, Qualitäts- oder Geschmacksmustern, der Vorlage von Beweismittel für die Fälschung (Waren, Fotos, Qualitätsanalyse oder technische Zeichnungen), sowie der Angabe des Ortes der Rechtsverletzung und des Namens des Rechtsverletzers reichen die Folgen, von der Anordnung diese Produktion zu stoppen, über die Verhängung von Strafgeldern, bis hin zur Beschlagnahme der illegalen Einkommen.

5. Intellectual Property Right – IPR Complaint Center

Diese im Herbst 2006 neu eingerichtete Verwaltungsstelle soll theoretisch als „one stop shop" für alle IPR Beschwerden auf lokaler Ebene dienen.

Der Beschwerdeführer kann es sich derzeit aussuchen, ob er bei der lokal zuständigen Beschwerdestelle oder beim IPR Complaint Center seine Beschwerde einreicht. Das IPR Complaint Center gibt die Beschwerde dann intern an das lokal zuständige Büro weiter.

Theoretischer Vorteil: der Beschwerdeführer muss sich nicht selbst durch die Vielfalt der chinesischen Zuständigkeiten durchwursteln und die lokalen Beschwerdebüros unterliegen einer gewissen zentralen Kontrolle. Unterschiedliche Auffassungen zwischen den Behörden sollten durch das IPR Complaint Center bereinigt werden.

Das IPR Complaint Center prüft die Anträge auf Vollständigkeit etc.

Theoretischer Nachteil: Der Beschwerdeführer kann dann nicht mehr bei der lokalen Stelle nachfassen, ob auch etwas geschehen ist, er verliert ein bisschen die Kontrolle und Initiative.

Da das National Complaint Center politisch geführt ist, wird von ihm vielleicht doch ein zunehmender Druck auf Einhaltung der Vorschriften und Durchsetzung berechtigter Beschwerden zu erwarten sein. Es ist noch zu früh über die Effizienz dieser neuen Einrichtung ein Urteil abzugeben.

6. „General Administration of Customs" – „GAC"

Schutzrechtsinhaber haben die Möglichkeit ihre Rechte und Warenmuster bei den Zollbehörden registrieren zu lassen um, sollte bei der Ausfuhr oder Einfuhr Ware auffallen, diese beschlagnahmen zu lassen.

Über eine Anhaltung wird der Rechtsinhaber verständigt und hat nun drei Tage Zeit die Ware zu begutachten und eine Beschlagnahme zu beantragen. Der Zoll untersucht nun den Fall ex officio und entscheidet über die endgültige Beschlagnahme oder die Freigabe. Alle Beteiligten, auch der Absender und der Empfänger der Ware können Stellungnahmen abgeben.

Der Schutzrechtsinhaber kann seine Warenmuster, Marken etc für eine Dauer von 10 Jahren registrieren zu lassen.

Schutzrechtsinhaber, die keine Zoll-Registrierung durchgeführt haben, können eine „ad hoc" Beschlagnahme unter Beibringung der entsprechenden Beweismittel veranlassen. Sollte eine Anhaltung erfolgt sein, muss der Schutzrechtsinhaber binnen 20 Tagen einen gerichtlichen Beschlagnahmebeschluss beibringen.

Schutzrechtsinhaber müssen ein finanzielles Depot als Sicherheit hinterlegen.

Ein Problem bei der Beschlagnahme durch den Zoll besteht darin, dass der Zoll nicht unbedingt die Ware vernichten muss. Nach Entfernung zB von Markenzeichen, darf die Ware versteigert werden etc.

All diese unterschiedlichen Maßnahmen (a–f) können teilweise alternativ eingesetzt werden, (aber hier ist die Praxis nicht einheitlich.)

- Manche Gerichte nehmen eine Klage nicht an, wenn bereits darüber ein Verwaltungsverfahren läuft.
- Wenn sie es doch annehmen wird meist die zuständige Verwaltungs-behörde verständigt, die eventuell das Verwaltungsverfahren einstellt.
- Wenn Sie ein Zivilrechtliches Verfahren einleiten, kann meist kein Verwaltungsverfahren mehr eingeleitet werden.

7. Beweisaufnahme

Wenn Sie in China Geschäfte machen ist die Wahrscheinlichkeit groß, dass Sie früher oder später mit Fälschungen oder zumindest mit Fälschungsversuchen konfrontiert werden.

Es ist daher zweckmäßig all Ihre Unterlagen systematisch aufzubereiten, zu katalogisieren und – so möglich in chinesischer Sprache – zur schnellen Verfügung zu haben. Wenn Sie nach Aufgriff der ersten Fälschung erst beginnen müssen, Ihre Unterlagen zu übersetzen, zu beglaubigen und überzubeglaubigen, können Sie nicht schnell reagieren. Den Fälschern gegenüber erscheinen Sie daher schwach – und Schwache kann man locker und gefahrlos kopieren!

Dokumentieren Sie daher

- Exporte, Importe, Marktanteile, Werbemaßnahmen
- Sicherheitsfaktoren und Anti-Pirateriemaßnahmen an Ihren Produkten
- in der Vergangenheit aufgetauchte Fälschungen (Ort, Datum, Ursprung etc)
- die von Ihnen veranlassten Gegenmaßnahmen
- eventuell erstrittene Verwaltungsverfahren und Urteile

In all den erwähnten Verfahren erfordert die Beweisaufnahme oft viel Zeit und hohe Kosten. Je technisch aufwändiger ein Produkt ist, desto schwieriger. Denn es kommt ja oft zum Vergleich der internationalen Ware und deren Schutzrechten etc mit den in China eingetragenen Rechten – und auf dieser Basis mit den aufgefundenen „angeblich gefälschten" Produkten. Va bei weiterbe- und verarbeiteten Waren kann es hier komplizierter werden.

Beweise aus einem Verwaltungsverfahren können in einem Zivilverfahren gut verwendet werden. Es mag - je nach Situation – taktisch klug sein ein Ver-waltungsverfahren dem Zivilverfahren vorzuschalten und hier zu versuchen möglichst viele Beweise sicherzustellen, um diese im nachgeschalteten Zivilverfahren einzusetzen. Aber Achtung: Es gibt strengere formelle Anforderungen an Beweise im Zivilverfahren, als im Verwaltungsverfahren.

Viele Fälschungen werden auch über Auftrag (zT aus dem Ausland) produziert. Dh es sind oft gar keine Waren, keine Produktionsmaterialien, keine Formen und Werkzeuge permanent in der Fälscherfabrik zu finden.

D. Strategischer Umgang mit Fälschern

Gehen Sie davon aus, dass so mancher Fälscher wirklich nicht weiß, dass das Kopieren einer Ware verboten ist. Zeigen Sie „eine ruhige Stärke". Machen Sie ihn darauf aufmerksam, zeigen Sie ihm die (juristischen) Konsequenzen im In- und Ausland auf, setzen Sie Termine und überprüfen Sie diese streng. Es muss nicht immer der sofortige Gang zu den Aufsichtsbehörden, zur Polizei oder zu Gericht der beste Weg sein.

In der konfuzianischen Rechtstradition Ostasiens sucht man zuerst einmal das Gespräch und wo möglich eine Konsenslösung. Aber ein zu nachgiebiges Verhalten wird sofort als Schwäche ausgelegt! Als „schwach" zu gelten ist fatal. Sie werden nicht mehr respektiert, verlieren alle Verhandlungskraft und werden nicht mehr ernst genommen! Also suchen sie einen kooperativen, als Rechtsinhaber aber doch harten und vor allem konsequenten Mittelweg. Sie werden ernst genomen, wenn Sie im Ruf stehen, auch kleine Übertretungen sofort und konsequent zu verfolgen.

Die Behörden sollten Sie dann sofort einschalten, wenn Sie sich sicher sind, dass der Fälscher absichtlich böswillig handelt, va aber wenn er ein Wiederholungstäter ist.

Wenn Sie von Beginn Ihrer Geschäftstätigkeit in China an eine starke öffentliche Präsenz suchen, kann das zwei unterschiedliche Konsequenzen haben.

Entweder Konsumenten sehen Sie als starke, aufrechte Firma mit einem guten after-sales service, der man vertrauen kann, oder aber möglichen Fälschern erscheint Ihr Produkt als interessant und man wird versuchen es zu kopieren.

Sollten nun Fälschungen auf den Markt kommen, versuchen Sie in der Öffentlichkeit den Eindruck zu vermeiden, dass Sie durch juristisches Vorgehen gegen die Fälscher nur Ihre Markenrechte und Profitmargen sichern wollen. Zeigen Sie die Gefahr für Leib und Leben der Konsumenten durch die Fälschung oder mögliche verlorene Arbeitsplätze auf. Es darf ja nicht der Eindruck entstehen, dass durch die Geltendmachung der Schutzrechte „eine reiche ausländische Firma dadurch noch reicher werden will"!

Passen Sie aber auch zugleich auf, dass durch Ihre Öffentlichkeitsarbeit nicht Konsumenten verunsichert werden und Ihr Produkt meiden. *(weitere Details finden Sie unten im Kapitel „Vorgehen gegen Produzenten gefälschter Waren - Strategien nach Aufgriffen")*

E. Gezielte Informationsbeschaffung

Auch der wenig zimperliche chinesische Geheimdienst ist aktiv in die Wirtschaftsspionage involviert. Gezielt werden Patentschriften oder technische Fachpublikationen analysiert, strategisch wichtige Technologieunternehmen am Weltmarkt beobachtet, deren Messen und Ausstellungen besucht oder Vorträge der Manager bei Kongressen angehört. Mit Wichtigen sucht man ins Geschäft zu kommen und verhandelt oft Monate und Jahre lang über relativ kleine Verträge. Das Ziel ist aber nicht der Vertragsabschluss, sondern das stete Lernen im Kontakt mit den ausländischen Managern oder Betriebsbesuche vor Ort und dann und wann der Kauf eines Musters, um dieses zu zerlegen und zu analysieren.

F. China – „offizielle" internationale Kooperation!?

Offizielle chinesische Stellen drängen die europäischen Forschungseinrichtungen über politische Kanäle, doch chinesische Studenten für ein bis zwei Jahre Studienaufenthalt zu nehmen. In so manchen dieser Forschungszentren wird Forschung der Spitzenklasse betrieben. Man kann davon ausgehen, dass diese „Studenten" auch ein 2. Mandat haben, alles Wissen des Forschungszentrums zu kopieren und nachhause zu transferieren. Wir können davon ausgehen, dass alle diese Studenten sobald sie einmal über ein eigenes Passwort Zugang zum zentralen Computersystem der Forschungseinrichtung haben, darauf trainiert sind, die internen elektronischen Firewalls zu überspringen und alles kopieren.

Aber die Chinesen gehen in ihrer „Weisheit" noch weiter. Sie bauen ganze Forschungsstädte im Ausland in Kooperation mit dem Empfängerstaat auf – wie zB gerade in Wien. Hier soll zukunftsweisende Forschung in „beiderseitigem" Interesse betrieben werden. Junge Mitteleuropäer werden voraussichtlich mit Stolz an diesem „internationalen Zentrum" arbeiten. Die Forschungsergebnisse werden wohl bald in chinesischen Unternehmen ohne Lizenzzahlungen umgesetzt.

Ein ehemaliger Mitarbeiter der chinesischen Botschaft in Australien berichtete, dass man davon ausgehen könne, dass jeder Student, Praktikant oder Forscher direkt oder indirekt sein Wissen und seine Erkenntnisse dem „offiziellen China" zur Verfügung stellen muss!

G. China – Zusammenfassung

Produktpiraterie und vorausgehend Spionage wird in großem Stil nur möglich, wenn es zumindest teilweise einen „offiziellen" Segen dafür gibt. Dieser kann im aktiven Tun (Zwang zu Joint Ventures), aber auch in bewusst passivem Zulassen (keine Hilfe bei einer Rechtsverfolgung) bestehen.

Man kann also nicht von einem Kavaliersdelikt sprechen. Das Ganze ist organisiert und findet im großen Stil statt – soweit die negative Seite. Positiv ist zu vermerken, dass das chinesische Rechtssystem und auch die Durchsetzung von Schutzrechten zunehmend besser werden, wenn auch ausgehend von einem sehr niedrigen Niveau.

Für Schutzrechtsinhaber ist es demzufolge absolut wichtig, seine Schutzrechte auch in China eintragen zu lassen und wert, bei Verletzungen sofort und systematisch, nachhaltig zu reagieren!

Bei Problemen können Ihnen weiterhelfen

        ICC Austria – Internationale Handelskammer,
        Wiedner Hauptstrasse 73, A-1040-Wien
        Tel: +43-1-501053716
        Mail: icc@icc-austria.org

        ICC International Counterfeiting Intelligence Bureau,
        London (Tel: +44 20 7423 6960, cib@icc-ccs.uk)
        mit 3 spezialisierten Suborganisationen

- Counter force: Kooperation führender Anwaltskanzleien
- Countertech: Kooperation bekannter Sicherheitstechnologie Anbieter
- Countersearch: Zusammenschluss namhafter internationaler Detekteien

2. Abschnitt:
Markenverteidigung – rechtlicher Teil
(Christian Schumacher)

I. Rechtliche Aspekte der Markenverteidigung

Die Rechtsordnung gibt dem Markeninhaber zahlreiche Mittel an die Hand, um Eingriffe in seine Marke zu verfolgen. Tatsächlich muss die Verfolgung von Markenrechtseingriffen Bestandteil jeder umsichtigen Geschäftsführung eines Unternehmens sein. Wie in den vorhergehenden Kapiteln ausgeführt, verkörpert die Marke einen beträchtlichen Wert. Die Zuordnungsfunktion der Marke zum dahinter stehenden Hersteller oder Dienstleistungsanbieter muss gewahrt werden. Diese eindeutige Zuordnung geht verloren, wenn Dritte die Marke in identischer oder abgewandelter Form für dieselben oder ähnliche Waren oder Dienstleistungen verwenden. Die Marke wird verwässert.

Die folgenden Ausführungen sind der Abwehr von Markenrechtseingriffen in der Praxis gewidmet. Mit Ausnahme der Rechtsverfolgung auf Basis einer Gemeinschaftsmarke findet diese immer nach nationalem Recht in dem Staat, in dem die Verletzungshandlung geschieht[55], und meist auch vor Gerichten in diesem Staat statt. Verteidigungsmöglichkeiten werden dabei vor dem Hintergrund der vereinheitlichten (harmonisierten) Regelungen zum Markenrecht im Bereich der Europäischen Union beschrieben. Auch in vielen anderen Industrienationen bestehen dem Grunde nach dieselben oder ähnliche Verteidigungsmöglichkeiten. Die konkrete rechtliche und vor allem gerichtliche Durchsetzung basiert jedoch ausschließlich auf dem jeweiligen nationalen Verfahrensrecht, das sich von Land zu Land stark unterscheidet.

Zumindest im Bereich der EU sind seit kurzer Zeit die Mindest-Verteidigungsmittel harmonisiert.[56] Nicht harmonisiert ist jedoch auch hier, nach welchem Verfahren die nationalen Gerichte diese Mindest-Verteidigung gewähren. Soweit ein spezielles Verfahren für die Durchsetzung von Markenrechten im Folgenden skizziert wird, basiert dies auf den österreichischen Verfahrensvorschriften und der persönlichen Erfahrung des Verfassers vor allem nach dem österreichischen Recht.

---

55 Bei grenzüberschreitenden Rechtsverletzungen in mehreren Staaten
56 RL 2004/48/EG des Europäischen Parlaments und des Rates v 29. 4. 2004 zur Durchsetzung der Rechte des geistigen Eigentums, ABl 2004 L 157 S 45 (Berichtigung: ABl 2004 L 195 S 16 u ABl 2007 L 204 S 27).

A. Entdeckung von Eingriffen

In der Praxis erlangt der Markeninhaber auf verschiedenste Weise Kenntnis von Eingriffen in seine Marke: Oft entdecken die Geschäftsführung oder Mitarbeiter im Unternehmen des Markeninhabers in der Werbung, zB in Verkaufskatalogen, eines Mitbewerbers eine unzulässige Markenverwendung. Markenveletzungen werden aber auch von Dritten an den Markeninhaber „gemeldet": Gerade im internationalen Bereich werden Vertragshändler oder Lizenznehmer des Markeninhabers durch Markenverletzungen beeinträchtigt und haben daher ein starkes Interesse, dass der Markeninhaber aufgrund ihrer Meldung der Markenverletzung dagegen vorgeht. Bisweilen ermächtigt der internationale Markeninhaber den Vertragshändler oder Lizenznehmer im jeweiligen Land, selbst gegen die Markenverletzung vorzugehen. Dabei ist aber immer eine umfassende Abstimmung zwischen dem Markeninhaber und dem Vertragshändler oder Lizenznehmer notwendig, um die international einheitliche Verteidigung der Marke zu wahren und Schaden durch verschiedene Verteidigungsstrategien in verschiedenen Ländern zu vermeiden.

1. Typische Szenarien

Ein Markeneingriff liegt zunächst dann vor, wenn ein Dritter dieselbe Marke ohne Zustimmung des Markeninhabers für dieselben Produkte oder Dienstleistungen verwendet. In der Praxis handelt es sich dabei nur in Ausnahmefällen um Unwissenheit des Verletzers, dass die verwendete Marke bereits Schutz für den Markeninhaber genießt. Bei identischer Verwendung der Marke ist es, gerade bei bekannteren Marken, meist die Absicht des Verletzers, sein Produkt als jenes des Markeninhabers auszugeben, um von der Anziehungskraft der Marke auf die Konsumenten zu profitieren. Man spricht dann von *Markenpiraterie*. Diese erfolgt meist im internationalen Kontext. Nachgeahmte Waren werden in Billiglohnländern – meist in schlechter Qualität – produziert und über Straßenverkäufer, Straßenmärkte oder kleine Geschäfte vertrieben. Erkennbar sind diese sowohl für den Verkäufer als auch für den Konsumenten in aller Regel am deutlich niedrigeren Preis als das Markenprodukt.

Eine Markenverletzung liegt aber nicht nur bei *Fälschungen* vor. Unter bestimmten Voraussetzungen kann auch die Markenverwendung im Zusammenhang mit *Originalwaren* unzulässig sein. So schützt das Markenrecht in gewissen Grenzen auch ein *selektives Vertriebssystem* des Markeninhabers. Außerhalb des Europäischen Wirtschaftsraums (EWR)[57] vom Markeninhaber oder von Dritten mit seiner Zustimmung erstmals in Verkehr gebrachte Produkte dürfen innerhalb der EWR nicht vertrieben werden. Ein solcher

---

57 Die Mitgliedstaaten der EU und EFTA.

Parallelimport von Originalwaren von außerhalb des EWR kann vom Markeninhaber als Markenverletzung geahndet werden. Unzulässig ist der Vertrieb von Originalwaren ferner etwa auch dann, wenn deren Zustand verändert oder verschlechtert wurde. Schließlich kann im Einzelfall und unter gewissen Umständen die Markenverwendung auch im Zusammenhang mit der Originalware, etwa bei Überschreitung der Grenzen für zulässige vergleichende Werbung, eine Markenverletzung sein.

Der Markeninhaber kann sich aber nicht nur gegen die Verwendung der identischen Marke für identische Produkte oder Dienstleistungen zur Wehr setzen. Er kann auch die Verwendung eines abgewandelten (ähnlichen) Zeichens bzw die Verwendung eines (identischen oder abgewandelten) Zeichens für bloß ähnliche Waren oder Dienstleistungen verhindern. Eine Markenverletzung liegt dann vor, wenn die verwendeten Marken und die Produkte/Dienstleistungen ähnlich genug sind, dass es zu Verwechslungen kommen kann. Eine solche *Verwechslungsgefahr* besteht nicht nur dann, wenn die sich entgegenstehenden Marken so ähnlich sind, dass man beim flüchtigen Hinsehen oder -hören im Geschäftsverkehr irrtümlich annimmt, man habe es mit der Marke des Markeninhabers zu tun. Verwechslungsgefahr liegt insbesondere auch dann vor, wenn etwa der Konsument eine Serie von abgewandelten Marken des Markeninhabers oder von dem Markeninhaber nahe stehenden Unternehmen (zB Konzernunternehmen, Lizenznehmer) annimmt. Die Beurteilung, ob eine Verwechslungsgefahr vorliegt, ist eine Frage, die im Streitfall die Gerichte für jeden einzelnen Fall gesondert zu prüfen haben.

Schließlich genießen *bekannte Marken* einen besonderen, erweiterten Schutz gegen Ausbeutung der Bekanntheit der Marke und Beeinträchtigung deren Werts. Maßgeblich ist, ob das Publikum die sich entgegenstehenden Marken (aufgrund der Bekanntheit der Marke) gedanklich in Verbindung bringt, also eine *Assoziation* zur bekannten Marke herstellt. Diesfalls ist vor allem eine unlautere Rufausbeutung und die Gefahr einer Verwässerung als Markenverletzung sanktioniert. Oft wird auch der durch die Attraktionskraft einer bekannten Marke bewirkte Aufmerksamkeitswert ausgebeutet. Dabei ist es nicht von Bedeutung, ob es sich um ähnliche Waren oder Dienstleistungen handelt, solange die Gefahr einer Assoziation vorliegt. Gerade bei berühmten Marken liegt es oft nahe, diese auch für andere Produkte, zB auch im Merchandising-Bereich, zu verwenden. Inhaber bekannter Marken überwachen daher die Verwendung ihrer Marke oder einer abgewandelten Marke am gesamten Markt.

2. Beweissicherung

Um später rechtlich gegen eine Markenverletzung vorgehen zu können, muss der Markenrechtseingriff *dokumentiert* werden. Im Fall eines Gerichtsverfahrens dient diese Dokumentation als Nachweis der Verletzungshandlung.

Eine Zeitungsanzeige oder ein Werbeprospekt, der die unzulässige Marken-verwendung mit einem Hinweis auf den Verletzer als Auftraggeber der Zeitungsanzeige oder Verantwortlichem für den Verkaufsprospekt zeigt, sind vor Gericht meist unumstößliche Beweise.

Stehen solche direkt auf den Verletzer rückführbare und unanzweifelbar dokumentierte Veröffentlichungen nicht zur Verfügung, so muss die Dokumentation mit anderen Mitteln erfolgen. Viele Verletzungshandlungen lassen sich etwa durch ein Foto festhalten. Im Idealfall lassen sich bereits aus dem Foto die Identität des Verletzers und die Tatzeit erkennen. Ansonsten wäre dies durch die Aussage dessen, der der Verletzung nachgegangen ist und diese dokumentiert hat, zu belegen. Dieser sollte seine Angaben zunächst in Form einer zur Vorlage vor Gericht bestimmten „eidesstattlichen Erklärung" bestätigen und bereit sein, vor Gericht als Zeuge auszusagen. Selbst wenn alle Elemente der Markenverletzung auf einem Foto eindeutig dokumentiert sind, empfiehlt es sich, die erwähnte eidesstattliche Erklärung einzuholen und den Erklärenden im Gerichtsverfahren als Zeugen zu führen. Gerade im Zeitalter der digitalen Bildbearbeitung kann ja auf die Echtheit eines vorgelegten Fotos nicht wirklich vertraut werden. Die Vorlage eines Fotos als Dokumentation einer Markenverletzung zusammen mit einer eidesstattlichen Erklärung bzw Zeugenaussage wird aber immer ein sehr starkes Beweismittel sein, das vom behaupteten Verletzer nur äußerst schwer entkräftet werden kann.

Analog kann der Verkauf markenverletzender Waren durch einen Testkauf nachgewiesen werden. Basis der Dokumentation ist hier der Verkaufsbeleg. Im Idealfall ergeben sich alle Elemente der Markenverletzung bereits aus diesem Verkaufsbeleg, nämlich wenn auf diesem die verletzende Marke und der Name des Verkäufers aufscheinen. Meist lässt sich aber die Markenverletzung nur durch die Zeugenaussage (eidesstattliche Erklärung) des Testkäufers unter Vorlage des gekauften Produkts und des Verkaufsbelegs mit hinreichender Überzeugungskraft beweisen.

Ist eine solche urkundliche Dokumentation einer Markenverletzung nicht möglich, so ist der Markeninhaber ausschließlich auf den Beweis durch einen Zeugen angewiesen. In diesen Fällen kommt es stark auf die Glaubwürdigkeit des Zeugen an, steht doch im Fall des Bestreitens der Markenverletzung durch den behaupteten Verletzer Aussage gegen Aussage.

3. Identifikation des Verletzers

Manchmal ist es besonders schwierig, den Markenverletzer zu identifizieren. Etwa bei Verkäufen am Internet versuchen viele Verletzer, ihre Identität zu verschleiern, um eine Rechtsverfolgung zu erschweren oder zu verhindern. In vielen Fällen lässt sich die Identitätsfrage hier im Wege eines Testkaufs klären. Andere Recherchemöglichkeiten sind der Inhaber des Internet-Domainnamens für die Website, über die die markenverletzenden Produkte vertrieben werden, oder die Ausforschung von IP-Adressen.

Bei Straßenverkäufern hilft oft nur die Hinzuziehung der Markt- oder Gewerbebehörde und eines professionellen Ermittlers (Detektivs).

Die näheren Unternehmensdaten können dann in Datenbanken wie zB in Österreich der Firmendatenbank „Firmen A-Z" der WKO58, dem Firmenbuch oder Branchenverzeichnissen (Gelbe Seiten) vervollständigt bzw überprüft werden.

Der Markeninhaber kann sein Vorgehen nicht nur gegen das Unternehmen (das auch für die Rechtsverstöße seiner Mitarbeiter haftet) richten, sondern auch gegen alle anderen, die aktiv an der Markenverletzung mitgewirkt haben. So *haftet* nach der österreichischen Rechtsprechung etwa auch der *Geschäftsführer*, soweit nachvollziehbar ist, dass er in die Verletzungshandlung involviert ist. Ferner haftet nicht nur der Produzent von markenverletzenden Waren, sondern auch der (Wieder-)Verkäufer.

B. Außergerichtliche Vorgangsweise (Abmahnung)

Ist die Markenverletzung dokumentiert und der Verletzer identifiziert, so ist eine strategische Entscheidung zu treffen, welche der vorhandenen Ver-teidigungsmöglichkeiten der Markeninhaber nutzt.

In vielen Fällen geht einem gerichtlichen Einschreiten eine außergerichtliche „Abmahnung" des Verletzers zuvor.

1. Pro und Kontra

Gerichtsverfahren kosten Zeit und Geld. Auch wenn – wie in vielen Ländern, so auch in Österreich – der obsiegende Markeninhaber vom Verletzer die Kosten eines Gerichtsverfahrens ersetzt bekommt, deckt dieser etwa in Österreich tarifmäßig (pauschaliert) bestimmte Kostensatz die tatsächlich anfallenden Rechtsverfolgungskosten meist nicht vollständig. Zudem trägt der Markeninhaber das

---

58 Siehe: http://firmen.wko.at/Web/SearchSimple.aspx (Stand: 27.07.2009).

Risiko, dass ein Kostenersatz am Ende des Verfahrens aufgrund der finanziellen Situation des Verletzers uneinbringlich sein könnte.

Andererseits erfolgt ein nicht unwesentlicher Teil von Markenverletzungen aus mangelnder Kenntnis des Verletzers vom Markenschutz.

Eine außergerichtliche Kontaktaufnahme mit dem Verletzer vor Einleitung gerichtlicher Schritte bietet in einer Vielzahl von Fällen eine effiziente Möglichkeit, den rechtmäßigen Zustand wieder herzustellen und die Interessen des Markeninhabers zu wahren.

In manchen Fällen kann eine vorherige Aufforderung des Verletzers aber die gerichtliche Geltendmachung erschweren oder überhaupt vereiteln. Der Verletzer kann etwa aufgrund einer vorherigen Kontaktaufnahme bestrebt sein, die Verletzung zu verschleiern und seine Spuren zu verwischen. Oft kann der verletzte Markeninhaber etwa die näheren Informationen über den Umfang einer Markenverletzung nur im Wege einer gerichtlichen Hausdurchsuchung im Zuge eines Strafverfahrens (siehe dazu unten Punkt C.1.) erlangen. Es liegt auf der Hand, dass eine vorherige „Warnung" des Verletzers leicht dazu führen kann, dass dieser noch auf Lager befindliche Fälschungen versteckt oder beseitigt und damit den Zweck einer Hausdurchsuchung vereitelt.

2. Aufforderungsschreiben

Eine *Abmahnung* des Markenverletzers durch ein außergerichtliches Aufforderungsschreiben hat den Zweck, diesen davon in Kenntnis zu setzen, dass der Markeninhaber eine bestimmte Markenverwendung als Markenverletzung qualifiziert, und die kurzfristige Bereinigung des Sachverhalts zu ermöglichen, um ein langwieriges und kostspieliges Gerichtsverfahren zu vermeiden.

Der Markeninhaber beauftragt zur Erstellung und zum Versand eines Aufforderungsschreibens meist einen Rechtsanwalt (im Verletzungsstaat) nach vorheriger Prüfung der Sach- und Rechtslage. Im Aufforderungsschreiben wer-den die Markenrechte des Markeninhabers aufgeführt und die Rechtsnormen und rechtlichen Gründe, aus denen sich der Eingriff ergibt, kurz dargestellt. Dem Verletzer wird schließlich die Möglichkeit eingeräumt, binnen einer gesetzten Frist den Ansprüchen des Markeninhabers aufgrund der Markenverletzung nachzukommen und damit ein Gerichtsverfahren zu vermeiden.

Gegebenenfalls kann das Schreiben auch als reines *Verwarnschreiben* abgefasst werden, das ohne Geltendmachung der an sich bereits bestehenden Ansprüche des Markenverletzers erst für den Fall einer wiederholten Markenverletzung die Geltendmachung dieser Ansprüche in Aussicht stellt.

3. Unterlassungs- und Verpflichtungserklärung

Meist wird das Aufforderungsschreiben in der Form versandt, dass sich der Verletzte zur Vermeidung eines Gerichtsverfahrens im Wege einer Erklärung den Rechtsansprüchen des Markeninhabers zu unterwerfen hat. Es liegt dabei im Ermessen des Markeninhabers, ob er auf der vollständigen Erfüllung all seiner Ansprüche besteht oder – zur Ermöglichung einer raschen und effizienten Bereinigung – auf Teile seiner Ansprüche, vor allem solche, die eher weiter gehen und nicht so einfach durchsetzbar sind, verzichtet.

Manchmal wird man sich etwa bei einer Markenverletzung, die den Anschein erweckt, der Verletzer sei nicht mit Absicht, sondern lediglich aus Unachtsamkeit/Unwissenheit vorgegangen, auf die Bestätigung der zukünftigen Unterlassung und gegebenenfalls den Ersatz der Interventionskosten des einschreitenden Rechtsanwalts beschränken. Andererseits wird man bei schwerwiegenderen oder absichtlichen Markenverletzungen den gesamten Umfang der Ansprüche ausschöpfen (was aber nicht ausschließt, dass im Zuge darauf folgender außergerichtlicher Verhandlungen von schwerer begründ- und durchsetzbaren Ansprüchen Abstand genommen wird, um eine rasche Bereinigung zu ermöglichen).

Zu den Ansprüchen des Markeninhabers siehe unten Punkt C.2.c.

C. Gerichtliche Schritte

Kann die Angelegenheit nicht außergerichtlich bereinigt werden, so ist es notwendig, gerichtliche Hilfe in Anspruch zu nehmen. Dazu ist – gemeinsam mit dem für das Verfahren zu bevollmächtigenden Rechtsanwalt – abzuwägen, welche Verfahrensart die für den jeweiligen Sachverhalt am Geeignetsten ist. Grundlegend ist zu entscheiden, ob ein Strafverfahren (siehe sogleich Punkt C.1.) oder ein Zivilverfahren (siehe unten Punkt C.2.) eingeleitet werden soll. Im Sonderfall von rechtsverletzenden Internet-Domainnamen ist ferner ein Schlichtungsverfahren (siehe unten Punkt D.) möglich.

1. Strafverfahren

Markenrechtsverletzungen (und andere Verletzungen gewerblicher Schutz-rechte) sind in Österreich und vielen anderen Staaten gerichtlich strafbar. Allgemein sind Strafverfahren so ausgestaltet, dass ein staatlicher Ankläger das Verfahren in Gang setzt und Bestrafungsanträge beim Strafgericht stellt. In Markenverletzungsangelegenheiten erfolgt eine Verfolgung jedoch meist nur über Antrag des geschädigten Markeninhabers (und nicht von Amts wegen).

In Österreich hat der Markeninhaber darüber hinaus eine besonders starke Stellung im Strafverfahren, indem er anstelle des Staatsanwalts die Funktion des Anklägers wahrnimmt (siehe unten Punkt C.1.b.).

a) Pro und Kontra für die Wahl des Strafverfahrens

Das Strafverfahren unterscheidet sich vom Zivilverfahren dadurch grundlegend, dass im Strafverfahren der Staat sein Bestrafungsmonopol gegen Rechtsverletzer ausübt, wogegen in Zivilverfahren über privatrechtliche Ansprüche zwischen den Parteien (zB aufgrund Vertrag oder Schädigung) entschieden wird. Je nach nationaler Verfahrensordnung kann das Strafverfahren ein sehr wirkungsvolles und effizientes Mittel der Rechtsverfolgung sein. Dies gilt vor allem dann, wenn – wie in Österreich – der Markeninhaber in die Lage versetzt wird, den Gang des Verfahrens zu bestimmen und voranzutreiben. Ist dem nicht so, so können Strafverfahren aufgrund der bloß amtswegigen (Weiter-) Betreibung des Verfahrens sehr langatmig sein.

Ein entscheidender Aspekt für die Einleitung eines Strafverfahrens ist die oft bestehende Möglichkeit, effiziente gerichtliche *Beweissicherungsmaßnahmen* zu beantragen. Hier ist vor allem die Vornahme einer *Hausdurchsuchung* zu nennen, in deren Zuge Beweise über Art, Umfang und weitere Beteiligte an der Markenverletzung gesichert und Eingriffsgegenstände (Fälschungen) beschlagnahmt werden können.

Aufgrund der grundsätzlich amtswegigen Durchführung von Strafverfahren sind Kostenaufwand und -risiko meist geringer als in Zivilverfahren. Dies führt einerseits zu dem Vorteil, dass die Kostenbelastung des Markeninhabers schon von Vornherein geringer ausfällt, andererseits aber auch dazu, dass Kostenersatz auch bei finanzschwachen Gegnern eher erlangt werden kann.

Gerade auch aus dem vorgenannten Grund hat sich die Einleitung von Strafverfahren in Piraterifällen – also im Zusammenhang mit Fälschungen – bewährt. Der Vertrieb von Fälschungen ist für ein Strafverfahren, in dem möglichst eine eindeutige Rechtsverletzung vorliegen sollte, auch besonders geeignet. Anders bei komplexen Abgrenzungsfragen, also wenn im Einzelfall zu entscheiden ist, ob die Verwendung einer bestimmten ähnlichen Marke bereits verletzend ist oder nicht. Für solche Fälle ist die spezielle Expertise der Zivilgerichte gefragt, die bei Strafgerichten meist nicht vorliegt. Zudem können die Rechtsmittelmöglichkeiten für den Markeninhaber im Strafverfahren – wie in Österreich – eingeschränkt sein.

b) Österreich – der Markeninhaber als Ankläger

Eine Spezialität des österreichischen Strafverfahrens führt dazu, dass die Einleitung eines solchen in Österreich besonders vorteilhaft für den Markeninhaber ist. In Österreich tritt nämlich der *Privatankläger* im Strafverfahren an die Stelle des öffentlichen Anklägers (Staatsanwalt). Nicht nur liegt es am Markeninhaber, das Strafverfahren überhaupt in Gang zu setzen – dies ist auch in vielen anderen Staaten der Fall –, sondern der Markeninhaber ist insofern „Herr des Verfahrens", als er als Privatankläger dessen Gang bestimmt und vorantreibt.

In der Praxis hat sich dieses Verfahren in Pirateriefällen sehr bewährt. Die österreichischen Strafgerichte und die mit der Vornahme (zB einer Hausdurchsuchung) betrauten Sicherheitsbehörden verfügen über Erfahrung in Angelegenheiten des gewerblichen Rechtsschutzes. Vorbereitende Verfahrenshandlungen können meist effizient und innerhalb eines nicht allzu langen Zeitrahmens durchgeführt werden.

c) Zuständiges Gericht

Als Grundregel gilt, dass Markenrechtsverletzungen meist am zweckmäßigsten in jenem Staat verfolgt werden können, in dem die Verletzungshandlung stattgefunden hat. Welches Gericht dann konkret innerhalb jenes Staates zuständig ist, richtet sich nach den innerstaatlichen Vorschriften. Hervorzuheben ist, dass die EU-Mitgliedstaaten für Verfahren wegen der Verletzung von Gemeinschaftsmarken spezielle Gerichte vorzusehen haben. In Österreich wurde das Landesgericht für Strafsachen Wien ausschließlich mit der Durchführung von Strafverfahren aufgrund Verletzung von Gemeinschaftsmarken betraut. Somit ist in Österreich unabhängig davon, wo die Markenrechtsverletzung innerhalb Österreichs begangen wurde oder wo der Verdächtige wohnt, für Strafverfahren wegen Verletzung einer Gemeinschaftsmarke das Landesgericht für Strafsachen Wien zuständig. Dies führt zu einer gewissen Spezialisierung der zuständigen Richter am Landesgericht für Strafsachen Wien in Markenverletzungsstreitigkeiten und einer Zentralisierung der Verfahren in Wien für den Fall, dass der Markeninhaber Inhaber einer Gemeinschaftsmarke ist. Auch aus dieser Sicht ist die Registrierung einer Gemeinschaftsmarke für den Markeninhaber von Vorteil.

d) Vorbereitung des Verfahrens

Um ein Strafverfahren einleiten zu können, benötigt Ihr Rechtsanwalt im Allgemeinen folgende Informationen:
- Hinweis auf die bestehenden Markenrechte (zumindest Identifizierung der Marken, möglichst mit Registrierungsnummer – der Rechtsanwalt kann aber auch beauftragt werden, selbst die bestehenden Markenrechte im betreffenden Staat zu erheben);
- Zeit, Ort und weitere Nachweise über die Rechtsverletzung (Testkauf, Verkaufsanzeige, Angebot im Laden etc);

- verfügbare Beweismittel, insbesondere Dokumentation (Urkunden und/oder eidesstattliche Erklärung) der Verletzungshandlung.

e) Antragsfrist
Im Strafverfahren kann – je nach nationalem Verfahrensrecht – Eile geboten sein:

Das jeweils anwendbare Strafverfahrensrecht kann – neben *Verjährungsfristen* – eine Frist ab Kenntnis von der Markenrechtsverletzung vorsehen, binnen welcher Frist das Strafverfahren beim Strafgericht einzuleiten ist. Dabei kann es sich durchaus um Fristen von nur wenigen Wochen handeln. Besteht mangels früherer Fälle nicht bereits Kenntnis von etwaigen Fristen im jeweiligen Staat, so sollte sicherheitshalber umgehend bei einem lokalen Rechtsanwalt Auskunft über die anwendbare Frist eingeholt werden.

f) Gerichtliches Verfahren
Je nach anwendbarem Strafverfahrensrecht wird zunächst etwa die Einleitung von vorbereitenden Schritten oder Ermittlungshandlungen bei Gericht zu beantragen sein, insbesondere die bereits oben erwähnte Hausdurchsuchung zum besseren Nachweis über Art, Umfang und weitere Beteiligte an der Markenverletzung. Gerade die Möglichkeit der Durchführung einer solchen Hausdurchsuchung spricht ja oft für die Einleitung eines Strafverfahrens. Ferner kann in einem Ermittlungsverfahren eine erste Vernehmung des Verdächtigen erfolgen. Anhand des Ergebnisses der Hausdurchsuchung und der Rechtfertigung des Verdächtigen lässt sich für den Privatankläger die Stärke seiner Verfahrensposition und der Verteidigungsargumente des Verdächtigen abschätzen. In der Praxis verläuft die Verteidigung meist auf zwei Ebenen:

- Das Vorliegen der Verletzungshandlung wird bestritten – die Fälschung sei etwa nicht vom Verdächtigen, sondern von einem anderen Unternehmen verkauft worden.
- Mangelnder Vorsatz – für die Strafbarkeit ist meist eine vorsätzliche Markenverletzung notwendig. Kurz zusammengefasst muss sich der Täter bewusst gewesen sein, eine Markenverletzung zu begehen. Oft lässt sich bei einem gewerblichen Verkäufer der Vorsatz aus Indizien erschließen, insbesondere der bei Fälschungen üblicherweise sehr niedrige Preis im Vergleich zu Originalen muss gerade von einem gewerblichen Verkäufer als Hinweis auf eine Fälschung erkannt werden.

Im Zuge einer mündlichen Strafverhandlung wird das Gericht in der Folge Beweise aufnehmen und ein Urteil fällen.

g) Ergebnis und vorzeitige Beendigung (Vergleich)

Grundsätzlich führen Strafverfahren entweder zu einem Schuldspruch und Bestrafung des Angeklagten oder aber zum Freispruch. Gerade bei einer Erstverurteilung kann die Strafe unter Setzung einer Probezeit lediglich bedingt verhängt werden. Üblicherweise sehen die einzelnen Staaten Geld- oder Haftstrafen vor.

In Österreich sieht die Strafverfahrensordnung auch die Möglichkeit des Privatanklägers vor, seine privatrechtlichen Ansprüche (Anspruch auf Zahlung einer angemessenen Lizenzgebühr, Schadenersatz oder Herausgabe des Verletzergewinns) zu beantragen. Die praktische Erfahrung zeigt jedoch, dass die Strafgerichte den Privatankläger mit solchen Ansprüchen meist auf den Zivilrechtsweg verweisen.

Schließlich hat der Verurteilte dem Privatankläger Verfahrens- und Vertretungskosten nach pauschalierten Tarifsätzen zu ersetzen. Ferner kann die Vernichtung der Eingriffsgegenstände (der Fälschungen) und die Ermächtigung zur Veröffentlichung des Urteils in Medien in angemessenem Umfang auf Kosten des Verurteilten ausgesprochen werden.

Eine Verfahrensordnung wie jene in Österreich, in der der Privatankläger als „Herr des Verfahrens" die Anklage jederzeit fallen lassen kann, eröffnet die Möglichkeit, alle Ansprüche des Markeninhabers aus Anlass des Strafverfahrens durch einen *Vergleich* zu bereinigen. In der Praxis kommt dies gerade in Pirateriefällen sehr häufig vor, da die Beweislage für den Verletzer oft erdrückend und es für seine zukünftige Geschäftstätigkeit vorteilhaft ist, eine strafgerichtliche Verurteilung zu vermeiden. Meist wird im Rahmen eines Vergleichs zumindest bedungen, dass der Verletzer sich zur zukünftigen Unterlassung des Vertriebs von Fälschungen sowie zur Beseitigung noch vorhandener Eingriffsgegenstände verpflichtet und einen bestimmten Schaden-ersatzbetrag, der insbesondere auch im Hinblick auf die Kosten der Rechtsverfolgung bemessen wird, leistet.

2. Eingriffsverfahren vor den Zivilgerichten

a) Pro und Kontra für die Wahl des Zivilverfahrens

Im Zivilverfahren können alle dem Markeninhaber aufgrund einer Markenverletzung zustehenden Ansprüche geltend gemacht werden (siehe dazu im Detail unten Pkt C.2.c.). Die Ansprüche sind nicht wie im Strafverfahren auf Bestrafung des Markenverletzers durch den Staat gerichtet, sondern zB auf zukünftige Unterlassung der Markenverletzung und Zahlung eines angemessenen Entgelts für die bisherige Benutzung bzw von Schadenersatz. Ein wesentliches Rechtsschutzinstrument im Zivilverfahren ist die Möglichkeit des Antrags auf Erlassung einer einstweiligen Verfügung (siehe unten Pkt C.2.d.), womit eine gerichtliche Verpflichtung zur Unterlassung weiterer Markenverletzungen rasch durchgesetzt werden kann.

Da die Zivilgerichte meist im Vergleich zu den Strafgerichten über eine größere Expertise in Angelegenheiten des gewerblichen Rechtsschutzes verfügen, ist die Einleitung eines Zivilverfahrens vor allem dort die beste Wahl des Markeninhabers, wo Abgrenzungsfragen im Einzelfall und schwierige Rechtsfragen zu beurteilen sind. Auch die Möglichkeit zur Erhebung von Rechtsmitteln kann für den Markeninhaber umfassender sein (Rechtsmittelzug bis zum Höchstgericht) als im Strafverfahren.

Die Harmonisierung des Rechtsschutzes im Gebiet der Europäischen Gemein-schaft durch die eingangs bereits erwähnte EU-Richtlinie zur Durchsetzung der Rechte des geistigen Eigentums sollte dazu führen, dass dem Markeninhaber auch im Zivilverfahren *Beweissicherungsmöglichkeiten* vor dem Prozess – ähnlich wie eine Hausdurchsuchung im Strafverfahren – zur Verfügung stehen werden. Gerade in Staaten, in denen die Effizienz von Strafverfahren aufgrund der amtswegigen Durchführung zu wünschen lässt, wird somit in Zukunft auch in Fällen, in denen bisher aufgrund der Möglichkeit der Durchführung einer Hausdurchsuchung ein Strafverfahren bevorzugt wurde, in Zukunft auch die Einleitung eines Zivilverfahrens ein guter Weg der Rechtsdurchsetzung sein.

b) Zuständiges Gericht

Als Grundregel gilt auch in Zivilverfahren, dass Markenrechtsverletzungen meist in jenem Staat zu verfolgen sind, in dem die Verletzungshandlung stattgefunden hat (oder gegebenenfalls eine solche droht). Welches Gericht dann konkret innerhalb jenes Staates zuständig ist, richtet sich nach den innerstaatlichen Vorschriften. Hervorzuheben ist, dass die EU-Mitgliedstaaten für Verfahren wegen der Verletzung von Gemeinschaftsmarken spezielle Gerichte vorzusehen haben. In Österreich wurde das Handelsgericht Wien ausschließlich mit der Durchführung von Zivilverfahren aufgrund von Verletzung von Gemeinschaftsmarken betraut. Auch aus dieser Sicht ist die Registrierung einer Gemeinschaftsmarke für den Markeninhaber von Vorteil, ist bei speziell mit Gemeinschaftsmarkenangelegenheiten betrauten Gerichten doch von einer größeren Spezialisierung auszugehen (was insbesondere in Österreich für das Handelsgericht Wien als einziges in Gemeinschaftsmarkenangelegenheiten zuständiges Gericht, das überdies mit Fachrichtern im gewerblichen Rechtsschutz besetzt ist, gilt).

Es ist davon auszugehen, dass Zivilverfahren grundsätzlich bei jenem Gericht anhängig zu machen sind, in dessen Sprengel der Markenverletzer seinen Sitz hat oder wohnt. Gegebenenfalls, insbesondere wenn der Verletzer im Verletzungsstaat keinen (Wohn-) Sitz hat, bestimmt sich die Zuständigkeit nach dem Ort der Markenverletzung.

Zu speziellen Zuständigkeitsvarianten beim gemeinschaftsweiten Vorgehen auf Basis einer Gemeinschaftsmarke (siehe unten Pkt C.2.e.) Zu beachten ist bei alldem, dass die Durchsetzung (Exekution) von den durch ein Urteil erlangten Ansprüchen oft (zB im Hinblick auf die Unterlassung) nur in jenem Staat möglich ist, in dem der Markenverletzer seinen (Wohn-)Sitz hat. Die Effizienz der Durchsetzung ist damit von der Effizienz der Exekutionsführung im betreffenden ausländischen Staat und vor allem davon, ob in diesem solche ausländischen Urteile überhaupt durchsetzbar sind (zB ist eine Durchsetzung in den USA nicht gesichert) abhängig.

c) Durchsetzbare Ansprüche

Von vordringlichem Interesse ist es für den Markeninhaber meist, dass dem Verletzer gerichtlich (und nötigenfalls durch Exekution durchsetzbar) verboten wird, weitere Markenverletzungshandlungen zu begehen. Dementsprechend sehen die Markenschutzgesetze einen Anspruch des Markeninhabers gegen den Verletzer auf *Unterlassung* weiterer Markenrechtseingriffe vor. In diesem Zusammenhang ist auch der Anspruch auf *Beseitigung* rechtsverletzender Produkte oder Werbemittel zu nennen.

Von großer Bedeutung sind ferner *Zahlungsansprüche* aufgrund der Markenverletzung. Hier kann grob zwischen folgenden Grundlagen für den Zahlungsanspruch unterschieden werden:

- Zahlung eines *angemessenen Entgelts* für die (rechtswidrige) Markenverwendung: Im Wege einer Analogie zu üblicherweise für rechtmäßige Benutzung vereinbarten Lizenzgebühren sollen Markeninhaber und Verletzer so gestellt werden, als ob ein Lizenzvertrag geschlossen worden wäre.
- *Schadenersatz*: Schadenersatz gebührt üblicherweise nur bei verschuldeter Markenverletzung, also wenn dem Verletzer fahrlässiges oder vorsätzliches Handeln vorzuwerfen ist. Da die Bezifferung des konkret durch die Markenverletzung verursachten Schadens (zB der Nachweis, dass eine Umsatzeinbuße gerade aufgrund der Markenverletzung eingetreten ist) meist schwierig ist, sehen die Markenschutzgesetze bisweilen – so etwa in Österreich – ohne weitere Nachweise über die Schadenshöhe einen *Mindestschadenersatz* in Höhe des doppelten angemessenen Entgelts vor.
- *Herausgabe des Gewinns*, den der Verletzer durch die Markenverletzung erzielt hat: Auch hier ist Verschulden üblicherweise Voraussetzung des Zuspruchs.

Ein Anspruch auf *Rechnungslegung* dient dazu, dem Markeninhaber die Berechnung des Zahlungsanspruchs zu ermöglichen. Meist hat der Markeninhaber ja keine Kenntnis vom gesamten Umfang der Markenverletzung. Im Wege der Rechnungslegung hat der Verletzer die durch die Markenverletzung generierten Umsätze offen zu legen und eine Überprüfung durch einen Sachverständigen zuzulassen.

Im harmonisierten Markenrecht der EU wurde neuerdings festgelegt, dass der Markeninhaber in allen Mitgliedstaaten der EU gegen den Verletzer einen Anspruch auf umfassende Information über die Hintergründe der Markenverletzung hat. Dieser *Auskunftsanspruch* zielt auf Informationen über die Lieferanten, Abnehmer und den Vertriebsweg markenverletzender Produkte ab, damit der Markeninhaber den gesamten Komplex einer Markenverletzung aufdecken und weitere Verletzungen leichter verhindern kann.

Zu nennen ist ferner ein Anspruch des Markeninhabers auf *Urteilsveröffentlichung* auf Kosten des Verletzers.

d) Einstweilige Verfügung

Wie bereits erwähnt ist es meist das vordringliche Interesse des Markeninhabers, möglichst rasch eine weitere Markenverletzung zu verhindern, um die damit einhergehenden Schäden durch Verwechslungen oder Verwässerung zu begrenzen. Gerichtliche Mühlen mahlen nun aber meist eher langsam, was schon dadurch begründet ist, dass dem Markenverletzer angemessene Gelegenheit zur Verteidigung gegeben werden muss, ein umfassendes Beweisverfahren durchzuführen ist und beide Parteien die Möglichkeit zur Anfechtung ihnen nicht genehmer Entscheidungen im Rechtsmittelweg an ein übergeordnetes Gericht haben müssen. Eine rechtskräftige Entscheidung im Instanzenzug wird meist (im günstigsten Fall) zumindest ein Jahr dauern – im schlimmsten Fall auch 5 oder mehr Jahre.

Gerichtlicher Schutz vor Markenverletzungen wäre nicht effizient und darüber hinaus in vielen Fällen wirkungslos, wenn gerichtliche Sanktionen, insbesondere das nötigenfalls zwangsweise durchsetzbare Verbot weiterer Markenverletzungen, nicht rasch zu erlangen wären.

Diesem Zweck dienen einstweilige Verfügungen. Der Markeninhaber kann hier in einem verkürzten Verfahren (es wird kein umfassendes Beweisverfahren durchgeführt) vorläufigen Rechtschutz, insbesondere das Verbot (die Unterlassung) weiterer Markenverletzungen, beantragen. Solch vorläufiger Rechtschutz ist sofort mit Erlass der einstweiligen Verfügung und bis im Hauptverfahren eine endgültige Entscheidung getroffen wurde wirksam. Auf diese Weise kann der Markeninhaber binnen Wochen oder Tagen, in dringenden Notfällen gegebenenfalls auch binnen Stunden eine gerichtliche Anordnung erreichen, der der Verletzer unterworfen ist. Führt der Verletzer seine Eingriffshandlungen dennoch weiter, so greifen die schärferen Sanktionen für Zuwiderhandeln gegen gerichtliche Aufträge, die im Wege des Exekutionsverfahrens geltend zu machen sind.

e) Spezialfall: Gemeinschaftsweites Vorgehen auf Basis einer Gemeinschaftsmarke

Der Schutz einer registrierten Marke ist traditionell auf jenes Land beschränkt, in dem die Marke registriert wurde. Wird die Marke in mehreren Ländern gleichzeitig verletzt, so muss der Markeninhaber grundsätzlich nach dem Recht des jeweiligen Schutzlands und gegebenenfalls vor mehreren Gerichten Klage erheben.

Für den Bereich der Europäischen Union besteht mit der Gemeinschaftsmarke ein einheitliches Markenrecht, dessen Schutz sich auf das gesamte Gebiet der Europäischen Gemeinschaft erstreckt. Gestützt auf eine Gemeinschaftsmarke kann der Markeninhaber vor einem einzigen Gericht die Untersagung weiterer Markenverletzungen für das *gesamte Gebiet der Europäischen Gemeinschaft* beantragen. Unter bestimmten Voraussetzungen ist es sogar möglich, ein einziges Verfahren gegen alle Beteiligten an der Markenverletzung (zB Hersteller, Importeur und Vertriebshändler) zu führen, egal in welchem Staat sie ihren Sitz haben.

f) Vorbereitung des Verfahrens

Um ein Zivilverfahren einleiten zu können, benötigt Ihr Rechtsanwalt im Allgemeinen folgende Informationen:

- Hinweis auf die bestehenden Markenrechte (zumindest Identifizierung der Marken, möglichst mit Registrierungsnummer – der Rechtsanwalt kann aber auch beauftragt werden, selbst die bestehenden Markenrechte im betreffenden Staat zu erheben);
- Zeit, Ort und weitere Nachweise über die Rechtsverletzung (Testkauf, Verkaufsanzeige, Angebot im Laden, etc);
- verfügbare Beweismittel, insbesondere Dokumentation (Urkunden und/oder eidesstattliche Erklärung) der Verletzungshandlung.

g) Frist zur Einleitung

Für die Einleitung eines Gerichtsverfahrens kann – je nach nationalem Verfahrensrecht – Eile geboten sein: Die Rechtsordnungen sehen üblicherweise *Verjährungs-* und *Verwirkungsfristen* vor, was zur Folge hat, dass eine Klage nicht mehr eingebracht werden kann, wenn der Markeninhaber nach Kenntnis von der Markenverletzung nicht binnen einer gewissen Frist reagiert oder Markenverletzungen trotz Kenntnis über eine längere Zeit toleriert. Für den Antrag auf Erlassung einer *einstweiligen Verfügung* können zudem besondere Dringlichkeitsvoraussetzungen bestehen – wie etwa in Deutschland, wo bei längerem Zuwarten die für eine einstweilige Verfügung vorausgesetzte Dringlichkeit nicht mehr angenommen wird.

h) Verfahren

Die Einzelheiten des Gerichtsverfahrens richten sich nach den im jeweiligen Verfahrensstaat geltenden Verfahrensvorschriften. Grundsätzlich ist zunächst vom Markeninhaber Klage zu erheben, worauf dem beklagten Markenverletzer die Möglichkeit zur Verteidigung gegeben wird (Klagebeantwortung). Daran schließt ein Beweisverfahren, in dem der Sachverhalt zu klären ist (also ob und wie die Markenverletzung stattgefunden hat). Anschließend ergeht ein Urteil, das durch Rechtsmittel (Berufung) an eine übergeordnete Instanz angefochten werden kann. In der übergeordneten Instanz trifft meist ein größeres Kollegium (Senat) die Entscheidung. Je nach dem konkreten Verfahrensrecht besteht ein weiterer Rechtszug bis zum Höchstgericht mit mehr oder weniger starken Zugangsbeschränkungen – üblicherweise sind die Höchstgerichte nicht zur Entscheidung in jedem einzelnen Fall berufen, sondern nur zur Entscheidung in Fällen, die Rechtsfragen von allgemeiner Bedeutung aufwerfen.

D. Spezielles Verfahren betreffend Internet-Domainnamen

1. Domain-Grabbing

Bekanntlich sind Markeninhaber, insbesondere von berühmten Marken, damit konfrontiert, dass Internet-Domainnamen, die ihre Marke enthalten, von nichtberechtigten Dritten registriert werden. Meist geschieht dies in der Absicht, aus der Bekanntheit der Marke Kapital zu schlagen, indem die Internet-Nutzer, die an sich eine Website des Markeninhabers suchen, auf die fremde Seite „umgeleitet" werden. Besteht der vom Dritten registrierte Internet-Domainname ausschließlich aus der Marke und ist dieser für den Markeninhaber von Interesse (zB <meinemarke.com>), so blockiert die Registrierung durch einen nichtberechtigten Dritten den Markeninhaber, diese für ihn wertvolle Domain selbst zu registrieren und zu benutzen.

In vielen Fällen sind die traditionellen Markenverletzungsverfahren vor nationalen Gerichten nicht oder nur schlecht dazu geeignet, sich gegen dieses „Wegschnappen" eines aufgrund der Marke wertvollen Internet-Domainnamens („Domain-Grabbing") zu wehren.

2. UDRP

Aus diesem Grund hat die Namensverwaltungsorganisation im Internet (ICANN[59]) ein besonderes Streitbeilegungsverfahren für Internet-Domainnamen eingeführt. Diese *Uniform Domain-Name Dispute Resolution Policy (UDRP)*[60] ist

- für alle generischen Top-Level-Domains (zB <.com>) und
- für einige Länder-Domains (zB <.ch>, <.fr>)

anwendbar. Für die kürzlich eingeführte Top-Level-Domain <.eu> wurde ein ähnliches Verfahren geschaffen.[61]

Die Domainverwaltungen für andere Länderkürzel haben teilweise spezielle Streitbeilegungsverfahren entwickelt. Praktische Relevanz haben solche Streitbeilegungsverfahren nur dann, wenn sie – wie die UDRP – für den Domaininhaber verpflichtend sind, er sich also auf ein solches Verfahren einlassen muss. Wenig praktische Relevanz haben Streitbeilegungsverfahren, denen sich der Domaininhaber nur freiwillig unterwirft (wie zB für die österreichische Länderkennung <.at> vorgesehen), ‚aber inzwischen eingestellt, da es meist gerade im Interesse eines Domain-Grabbers liegt, eine effiziente Rechtsdurchsetzung zu vermeiden.

3. Verfahren

Im Verfahren nach der UDRP kann ein Markeninhaber

- die Übertragung (oft vor nationalen Gerichten nicht möglich) oder
- Löschung

eines Internet-Domainnamens begehren, wenn er

- sein Markenrecht,
- fehlende berechtigte Interessen des Domaininhabers und
- die Bösgläubigkeit des Domaininhabers

nachweisen kann.

---

59 *Internet Corporation for Assigned Names and Numbers; siehe: http://www.icann.org (Stand: 27.07.2009).*
60 *Siehe: http://www.icann.org/en/dndr/udrp/policy.htm (Stand: 27.07.2009).*
61 *Siehe: http://www.adr.eu (Stand: 27.07.2009).*

Der Domaininhaber reicht dazu einen entsprechenden Antrag bei einer von ICANN dafür anerkannten Institution (in Europa wird meist das bei der WIPO[62] in Genf eingerichtete Arbitration and Mediation Center[63] angerufen). Binnen kurzer Frist wird dem Domaininhaber Gelegenheit zur Äußerung gegeben und ein Panel aus einem oder drei Streitschlichtern entscheidet darüber, ob dem Antrag Folge gegeben wird. Eine so angeordnete Übertragung oder Löschung eines Internet-Domainnamens hat die jeweilige Registrierungsstelle sodann umzusetzen, sofern der Domaininhaber nicht binnen 10 Geschäftstagen die Einleitung eines Gerichtsverfahrens betreffend den Internet-Domainnamen nachweist.

In der Praxis hat sich gezeigt, dass ein Markeninhaber mittels des UDRP-Ver-fahrens in den meisten „Domain-Grabbing"-Fällen rasch und effizient die Übertragung des strittigen Domainnamens erreichen kann. Da sich der Antragsteller jedoch der Gerichtsbarkeit am Sitz des Domaininhabers oder des Registrars[64] unterwerfen muss, kann die Führung eines zur „Anfechtung" der Entscheidung etwa eingeleiteten Gerichtsverfahrens im Einzelfall sehr aufwändig sein.

E. Weitere Verteidigungsmöglichkeiten

1. Kennzeichenschutz ohne Markenregistrierung

In der Praxis bietet die Registrierung einer Marke in den jeweiligen Registern jedenfalls den besten Schutz vor und die besten Verteidigungsmöglichkeiten gegen Markenverletzungen. Unternehmenskennzeichen sind aber in gewissem Umfang auch dann geschützt, wenn keine Markenregistrierung vorliegt.

Auch derjenige, der auf die Registrierung seiner Marke „vergessen" hat, ist also nicht gänzlich ungeschützt.

a) Namensrecht

Die Pariser Verbandsübereinkunft[65], der grundlegende internationale Vertrag zum Markenschutz, dem ein Großteil der Staaten der Welt angehört, sieht einen Schutz des Handelsnamens ohne Notwendigkeit der Registrierung, sondern bei bloßer

---

62 World Intellectual Property Organisation.
63 Siehe: http://www.wipo.int/amc/en/ (Stand: 27.07.2009).
64 Der Internet-Provider, der die Registrierung durchführt.
65 Pariser Verbandsübereinkunft zum Schutz des gewerblichen Eigentums vom 20. 3. 1883, zuletzt revidiert in Stockholm am 14. 7. 1967 (PVÜ).

Benutzung im jeweiligen Staat vor.66 Für die Praxis hat dies dann Bedeutung, wenn es um eine „Hausmarke" geht, die identisch mit dem Firmenschlagwort ist. Aus Kosten- oder Zeitgründen kann ein international tätiger Markeninhaber ja nicht immer lückenlos Markenschutz in allen Ländern sicherstellen. Hier kann eben der Schutz des (ausländischen) Handelsnamens nach der Pariser Verbandsübereinkunft helfen, wobei es für die Effektivität dieses Schutzes aber immer darauf ankommen wird, wie sehr die Gerichte oder Behörden im betreffenden Staat bereit sind, diesen Schutz auch durchzusetzen. Oft wird mit einer registrierten Marke ein besserer Schutz bestehen. Im Notfall könnte den säumigen Markeninhaber dieser Schutz aber im Hinblick auf seine Hausmarke retten.

b) Markenschutz kraft Benutzung

Die meisten Rechtsordnungen gewähren bloß benutzten, aber nicht registrierten Marken dann Schutz, wenn diese aufgrund ihrer Benutzung innerhalb der beteiligten Verkehrskreise (Konsumenten, Vertriebshändler, etc) als Kennzeichen des Unternehmens gelten. Diese sogenannte „Verkehrsgeltung" bzw „Verkehrsdurchsetzung" muss der Markeninhaber dabei im Verletzungsverfahren speziell nachweisen (durch Benutzungsnachweise und in der Praxis insbesondere meist durch Verkehrsumfragen anerkannter Marktforschungsinstitute). Konkret muss es dem Markeninhaber gelingen darzulegen, dass die beteiligten Verkehrskreise dann, wenn sie eine Marke (Wort, Logo, aber zB auch Produktform oder -ausstattung – also das Produktdesign) im Zusammenhang mit einem bestimmten Produkt sehen, annehmen, dass dieses von einem einzigen Unternehmen (dessen Namen sie aber nicht unbedingt nennen können müssen) stammt.

Auch hier ist durch den spezifisch notwendigen Verkehrsgeltungsnachweis im Verletzungsfall ein entscheidender Nachteil zur registrierten Marke gegeben.

c) Sittenwidrige Übernahme/Nachahmung

Rechtsordnungen sehen meist auch den Schutz gegen sittenwidrige Übernahmen oder Nachahmungen von Unternehmenskennzeichen gemäß den jeweiligen Verboten unlauteren Wettbewerbs vor. In der Praxis ist dies meist dann von Bedeutung, wenn es sich bei der Marke um die Form oder Ausstattung eines Produkts (Produktdesign) oder etwa einen kreativen Werbeslogan handelt. Meist ist der Schutz an spezielle Bedingungen geknüpft, aus denen sich die Unlauterkeit des Handelns ergibt, zB das identische Kopieren eines Designs/Werbeslogans oder die bewusste ähnliche Übernahme, um dadurch den Eindruck zu vermitteln, der Konsument habe es mit dem bekannteren Produkt oder einem Lizenznehmer des Mitbewerbers zu tun.

---

66 Art 8 PVÜ.

2. Urheberrecht

Eine Marke kann bisweilen eine so kreative Schöpfung sein, dass ihr nach dem jeweiligen Recht des Schutzlands Urheberrechtsschutz zukommen kann. Zu denken ist an die Gestaltung eines Logos, einen kreativen Werbeslogan oder das Produktdesign. Die Anforderungen an urheberrechtlichen Schutz unterscheiden sich in den verschiedenen Staaten maßgeblich. Bei kreativen Marken kann es für den Markeninhaber aber durchaus zweckmäßig sein, im Verletzungsfall auch urheberrechtliche Ansprüche prüfen zu lassen.

3. Designschutz

Das Design eines Produkts kann unter bestimmten Voraussetzungen Markenschutz genießen. Für den Schutz eines neuartigen Designs sehen die Rechtsordnungen spezielle Schutzinstrumente vor, deren Voraussetzungen unabhängig von einem Markenschutz bestehen können. Wie bereits oben in Punkten E.1.c. und E.2. erwähnt können für den Schutz einer Produktausstattung auch die Vorschriften gegen unlauteren Wettbewerb und das Urheberrecht herangezogen werden.

Für den speziellen Designschutz ist grundsätzlich die Registrierung beim jeweiligen nationalen Amt für den gewerblichen Rechtsschutz notwendig. Hinzuweisen ist jedoch auf ein spezielles Schutzinstrument des EU-Rechts, wonach auch ein *nicht registriertes Design* innerhalb der ersten drei Jahre nach Präsentation des Designs in der Öffentlichkeit speziell gegen Nachahmungen geschützt ist.[67]

---

[67] Schutz des nicht eingetragenen Gemeinschaftsgeschmacksmusters nach VO (EG) 6/2002 des Rates v 12. 12. 2001 über das Gemeinschaftsgeschmacksmuster, ABl 2002 L 3 S 1 (Berichtigung: ABl 2002 L 179 S 31).

F. Zollanhaltung an der Grenze

Anhaltungen von verdächtigen Warentransporten oder Warensendungen durch die Zollbehörden haben sich als effektives Mittel zum Schutz des Markeninhabers vor Markenrechtsverletzungen erwiesen. Eine Verordnung der Europäischen Union[68] schafft die Grundlage dafür, dass die Zollbehörden europaweit Waren anhalten können, bei denen *Fälschungsverdacht* besteht.

1. Antrag

Neben Anträgen, die sich auf einen EU-Mitgliedstaat beschränken, kann der Markeninhaber insbesondere mittels eines einzigen Antrags die Anhaltung verdächtiger Waren im gesamten Gebiet der Europäischen Union beantragen.

2. Aufgriff

Stellt sodann eine Zollbehörde fest, dass bei Waren Fälschungsverdacht besteht, so werden diese zurückbehalten und der Markeninhaber sowie der Anmelder oder Besitzer der Waren werden davon verständigt. Der Markeninhaber hat dann die Möglichkeit, die Waren zu begutachten, um festzustellen, ob es sich tatsächlich um Fälschungen handelt oder nicht. Ist der Fälschungsverdacht aufgrund der Begutachtung entkräftet, sind die Waren von der Zollbehörde freizugeben. Bestätigt sich jedoch der Verdacht, so hat der Markeninhaber binnen einer Frist von 10 Arbeitstagen ab Erhalt der Aufgriffsmeldung (diese Frist kann einmal um weitere 10 Arbeitstage verlängert werden) ein *Gerichtsverfahren* zur Feststellung, ob es sich tatsächlich um Fälschungen handelt, einzuleiten. Verstreicht diese Frist ungenützt, so sind die Waren ebenfalls freizugeben.

---

[68] *VO (EG) 1383/2003 des Rates v 22. 7. 2003 über das Vorgehen der Zollbehörden gegen Waren, die im Verdacht stehen, bestimmte Rechte geistigen Eigentums zu verletzen, und die Maßnahmen gegenüber Waren, die erkanntermaßen derartige Rechte verletzen, ABl 2003 L 196 S 7 (Berichtigung: ABl 2004 L 381 S 87).*

3. Amtswegige Vernichtung

Um gerade für Warensendungen von geringem Umfang eine effiziente Behandlung zu ermöglichen, können die Mitgliedstaaten ein *verkürztes Verfahren* vorsehen, wonach der Anmelder oder Besitzer der Waren aufgefordert wird, innerhalb der (ebenfalls einmal verlängerbaren) Frist von 10 Arbeitstagen einer amtswegigen Vernichtung der unter Fälschungsverdacht angehaltenen Waren zu widersprechen. Nur wenn ein solcher *Widerspruch* fristgemäß einlangt, muss der Markeninhaber wie in Punkt F.2 beschrieben ein Gerichtsverfahren einleiten, um die Vernichtung der Waren zu erreichen. Andernfalls, also wenn kein Widerspruch durch den Anmelder, Besitzer oder Eigentümer der Waren erfolgt, sind diese von den Zollbehörden zu vernichten (nachdem Proben oder Muster entnommen worden sind, die zunächst aufzubewahren sind, damit sie in etwaigen Gerichtsverfahren als Beweismittel vorgelegt werden können).

AUTORENVERZEICHNIS

(in alphabetischer Reihenfolge)

Dr. Maximilian Burger-Scheidlin

Maximilian Burger-Scheidlin ist Geschäftsführer der ICC Austria – International Chamber of Commerce / Internationale Handelskammer. Seine Beratungsschwerpunkte beinhalten Außenhandel und Recht, internationale Streitbeilegung, Prävention von Wirtschaftskriminalität (Anti-Korruption, Produktpiraterie, Spionage, Import-Export Betrug). Außerdem ist er Lehrbeauftragter an der Donau-Universität, Krems, Partner der ICC-Commercial Crime Services in London und Mitglied der ICC Commission on Anti-Corruption in Paris. Burger-Scheidlin ist Koautor von „The Corruption Monster", "echt falsch - will die Welt betrogen sein?", "Fighting Corruption - a Corporate Practices Manual", Paris.

icc@icc-austria.org | www.icc-austria.org

StB Mag. Iris Burgstaller

Iris Burgstaller ist Steuerberaterin und Prokuristin bei TPA Horwath in Wien. Ihre Tätigkeitsschwerpunkte beinhalten die Rechtsformgestaltung, die internationale Steuerplanung mit Schwerpunkt auf Verrechnungspreise, und die steuerliche Optimierung nationaler und internationaler Transaktionen. Sie ist Mitglied der ICC Commission on Taxation und Autorin diverser Publikationen zu nationalem und internationalem Steuerrecht, sowie Fachvortragende.

iris.burgstaller@tpa-horwath.com | www.tpa-horwath.com

RA Dr. Franz-Martin Orou, LL.M.

Franz-Martin Orou ist Rechtsanwalt in Wien und Spezialist für internationales Vertriebsrecht und Schutz des geistigen Eigentums / Intellectual Property Law, insbesondere Markenrecht. Er ist Lehrbeauftragter für Marketing- und Medienrecht an der FH Salzburg am Lehrgang für Betriebswirtschaft & Informationsmanagement und Autor diverser Publikationen im Bereich des gewerblichen Rechtsschutzes.

orou@fmo.co.at | www.fmo.co.at

RA Dr. Christian Schumacher, LL.M.

Christian Schumacher ist als Partner in der Kanzlei Schönherr Rechtsanwälte tätig und im Bereich IP und unlauterer Wettbewerb spezialisiert. Er berät regelmäßig österreichische und internationale Mandanten in allen Aspekten des gewerblichen Rechtsschutzes. Seine Spezialisierung umfasst ferner das Medienrecht. Er ist Autor zahlreicher Veröffentlichungen, Vortragender an der Universität Wien und der Anwaltsakademie.

ch.schumacher@schoenherr.at | www.schoenherr.at

Dr. Robert Trasser

Robert Trasser ist selbständiger Markenberater in Innsbruck und hat langjährige Projekterfahrung bei der Analyse der Erfolgsprinzipien und Positionierung von Marken. Er trägt regelmäßig international zum Thema „Marke" vor, und lehrt Marketing und Markenführung an mehreren österreichischen Fachhochschulen. Außerdem war er Veranstalter des Markentag Tirol 1996-1999 und des Markenpreises Tirol 1997-2003, und ist Mitglied der österreichischen Werbewirtschaftlichen Gesellschaft.

robert.trasser@trasser.at | www.trasser.at

ICC Austria – Ihr Partner rund um Außenhandel und Recht

ICC Austria ist spezialisiert auf Außenhandel und Recht, internationale Vertragsgestaltung, internationale Schiedsgerichtsbarkeit, sowie die Prävention von Wirtschaftskriminalität.

Bei folgenden Stichworten sollten Sie an ICC Austria denken
Import-Export – juristische Themen des Vertrages, Transports, Risikogestaltung
Incoterms, Dokumentenakkreditive + Bankgarantien

Schiedsgerichtsbarkeit + Mediation
Prävention von Produktpiraterie, Korruption, Spionage
Prävention Import-Export-, Projektfinanzierungs-, Geldanlagebetrug

Beratung
Wir, bzw. die mit uns kooperierenden Experten und Anwälte beraten Sie gerne in Ihrer Tagesarbeit:

Bei Fragen rund um die Vorbereitung, Ausarbeitung und effiziente Durchsetzung Ihrer Export- und Importverträge bzw. bei tagesaktuellen Problemen rund um die Abwicklung Ihrer Verträge, Investitionen und Outsourcing. Wir schulen rund um Themen wie AGBs Eigentumsvorbehalt, Bankgarantien, Dokumentenakkreditive, Wechselrecht, Dual Use und Exportbeschränkungen, Haftungen bei internationalen Zulieferungen etc.

Helfen, wenn es zu Konflikten zwischen Ihnen und Ihren Partnern kommt bzw. zeigen Ihnen, wie Sie bereits präventiv zukünftige Konflikte mit Partnern vermeiden können
Zeigen Ihnen Modi operandi von Wirtschaftskriminellen und wie Sie sich präventiv vor Angriffen von Betrügern, Spionen, Produktpiraten und vor Korruptionsattacken etc. schützen können.

Internationale Musterverträge
Die ICC erarbeitet ausgewogene Musterverträge, die Rücksicht auf die Interessen beider Parteien nehmen, aus z.B. internationale Vertriebs-, Kauf-, Vertretungs-, Turnkey- und Franchiseverträge.

Seminare und Publikationen
Wir veranstalten zu obigen Themen zahlreiche Seminare und publizieren Fachbücher. Unsere Mitglieder erhalten 20% Rabatt auf unsere Seminare und 10% auf unsere Publikationen.

Rahmenbedingungen für Ihre Geschäftsabwicklung
Die ICC, gegründet 1919, ist die einzige weltweite Vereinigung von international tätigen Firmen, Anwälten, Banken, Speditionen, Versicherungen, die Rahmenbedingungen für die internationale Wirtschaft formt. ICC Austria ist Teil dieses globalen Expertennetzes mit Büros in 90 Ländern.

Die ICC erstellt laufend Regeln für den internationalen Handel wie Incoterms, Bankgarantien, Dokumentenakkreditive, ATA-Carnets etc., die in vielen Kauf- oder Liefervertrag verwendet werden.

Wir sind für Sie da

ICC Austria – International Chamber of Commerce
Dr. Max Burger-Scheidlin, Geschäftsführer
1040 Wien,   Wiedner Hauptstraße 73
T: +43 1 50105 3716   F: +43 1 50105 3703

ICC Austria Spezialgebiete

Export-Import Verträge	UN-Kaufrecht	Bankgarantien	Korruptionsprävention	Schiedsgerichtsbarkeit
Incoterms	Eigentumsvorbehalt	Akkreditive	Betrugsvermeidung	Mediation
Musterverträge	Force Majeur	Produktfälschung	Spionageabwehr	

SPEZIALKANZLEI FÜR
IMMATERIALGÜTERRECHT

Rechtsanwaltskanzlei
RA Dr. Franz-Martin Orou

Im Dickicht des Immaterialgüterrechts braucht es **Spezialisten**, die den **Durchblick** haben.
FMO ist eine **spezialisierte** Rechtsanwaltskanzlei für:

- *Markenrecht - Markenmanagement*
- *Urheberrecht*
- *Designrecht*
- *Bekämpfung von Produktpiraterie*
- *Internetrecht + IT*
- *Vertriebsrecht*
- *Lizenzrecht, insbesondere Franchising*

Kanzlei:	A-1170 WIEN, Geblergasse 93/8		Tel:	+43-1-90 680 710
Sprechstelle:	A-1010 WIEN, Zelinkagasse 6 (bei der Börse)		Fax:	+43-1-90 680 90710

o f f i c e @ f m o . c o . a t

w w w . f m o . c o . a t

SPECIALIZED LAW FIRM
INTELLECTUAL PROPERTY

Law Offices of
Dr. Franz-Martin Orou
Attorney at Law

In the jungle of intellectual property rights there is a need for **experts** with clear **insights**.
FMO is a **highly specialized** law firm for:

- *Trademarks – Trademark Management*
- *Copyrights*
- *Designs*
- *Combating Piracy and Counterfeiting*
- *Cyberspace Law and IT*
- *Sales Rights*
- *Licensing and Franchising*

Back office:	Geblergasse 93/8, A-1170 VIENNA, AUSTRIA		Tel:	+43-1-90 680 710
Front office:	Zelinkagasse 6, A-1010 VIENNA, AUSTRIA		Fax:	+43-1-90 680 90710

o f f i c e @ f m o . c o . a t

w w w . f m o . c o . a t

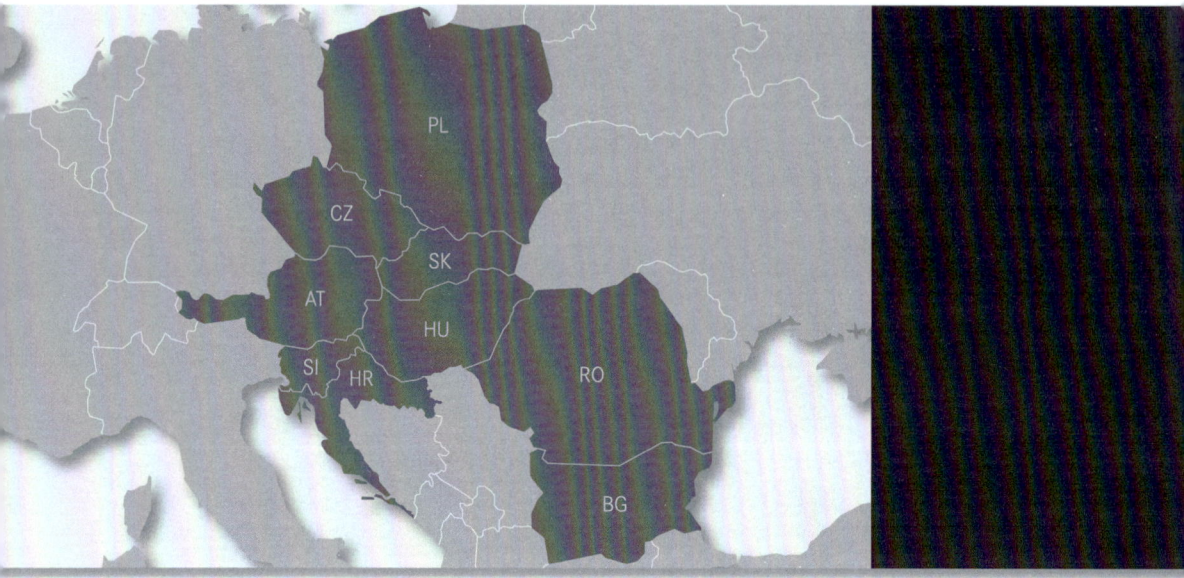

9 Länder. 1 Unternehmen.

Beratung auf höchstem Niveau:

- Steuerberatung
- Wirtschaftsprüfung
- Unternehmensberatung
- Corporate Finance Consulting

www.tpa-horwath.com

TPA Horwath
A-1020 Wien, Praterstraße 62-64
Tel. +43 1 588 35-0, Fax DW 500
E-Mail: wien@tpa-horwath.com

Bulgarien | Kroatien | Österreich | Polen | Rumänien | Slowakei | Slowenien | Tschechien | Ungarn

Mitglied von Crowe Horwath International (Zürich) – einer weltweiten Vereinigung rechtlich selbstständiger und unabhängiger Steuerberater, Wirtschaftsprüfer und Unternehmensberater.

VERKAUFEN

IHR MAGAZIN FÜR ERFOLG IM VERTRIEB

ÖSTERREICHS *einziges* FACHMAGAZIN FÜR VERKAUF UND VERTRIEB

▶ 6 x jährlich pünktlich in Ihrem Postfach

▶ Tipps für Ihre Fachliteratur, Seminare und Veranstaltungen

▶ Interviews, Stories, Spezialthemen

▶ Zugriff auf VERKAUFEN-Online-Archiv

Einfach online bestellen: www.verkaufen.co.at

www.verkaufen.c